できる®ホームページ・ビルダー22

SP対応

広野忠敏&できるシリーズ編集部

インプレス

できるシリーズは読者サービスが充実！

わからない操作が解決

できるサポート

本書購入のお客様なら**無料**です！

書籍で解説している内容について、電話などで質問を受け付けています。無料で利用できるので、分からないことがあっても安心です。なお、ご利用にあたっては220ページを必ずご覧ください。

詳しい情報は 220ページへ

ご利用は3ステップで完了！

ステップ1 書籍サポート番号のご確認

対象書籍の裏表紙にある6けたの「書籍サポート番号」をご確認ください。

ステップ2 ご質問に関する情報の準備

あらかじめ、問い合わせたい紙面のページ番号と手順番号などをご確認ください。

ステップ3 できるサポート電話窓口へ

●電話番号（全国共通）

0570-000-078

※月～金　10:00～18:00
　土・日・祝休み
※通話料はお客様負担となります

以下の方法でも受付中！

▼

インターネット

FAX

まえがき

スマートフォンの爆発的な普及で、インターネットのサービスは私たちが生活するうえでなくてはならない存在になっています。インターネットのさまざまなサービスのなかでも、一番使われているのがホームページやWebサービスと呼ばれているサービスです。皆さんもさまざまな情報を収集するために、利用したことがあるはずです。

ホームページを作る最も簡単な方法は、ホームページ作成ソフトと呼ばれるソフトを使う方法です。本書では国内で最も人気があるホームページ作成ソフト「ホームページ・ビルダー22」を使ってホームページを作る方法を解説します。

本書では、ホームページの作り方をまったく知らない人を対象に、ホームページを作る方法を解説します。はじめに、ホームページ・ビルダーのテンプレートを元にして簡単なホームページを作ってみましょう。HTMLやCSSなど、ホームページに関する知識がなくてもドラッグアンドドロップでパーツを配置したり、テキストを入力したりするだけで、本格的なホームページが完成します。

さらに、作成したホームページにいろいろなパーツを挿入してコンテンツを充実させていく方法、ホームページをソーシャルネットワーキングサービスと連携させる方法などをステップを追いながら丁寧に紹介しています。ホームページを作るための知識がまったくなくても、本書を読み進めていけば、美しいデザインで機能的なホームページを作ることができることでしょう。

また、本書ではホームページの作り方だけではなく、ホームページを作るときに欠かすことができない知識についても解説しました。本書をはじめから読み進んでいけば、ホームページを作る方法だけではなく、ホームページの仕組みやホームページを作るために必要な考え方についても理解できるはずです。

最後に、本書の企画・編集に携わっていただいた高木大地さん、できるシリーズ編集部のみなさん、本書の制作にご協力いただいたすべての方々に、心より感謝致します。

2020年4月
広野忠敏

できるシリーズの読み方

レッスン

見開き完結を基本に、やりたいことを簡潔に解説

やりたいことが見つけやすいレッスンタイトル

各レッスンには、「○○をするには」や「○○って何?」など、“やりたいこと”や“知りたいこと”がすぐに見つけられるタイトルが付いています。

機能名で引けるサブタイトル

「あの機能を使うにはどうするんだっけ?」そんなときに便利。機能名やサービス名などで調べやすくなっています。

キーワード

そのレッスンで覚えておきたい用語の一覧です。巻末の用語集の該当ページも掲載しているので、意味もすぐに調べられます。

レッスン 22

追加したパーツを移動するには

パーツの移動

ホームページ・ビルダー SPでは、ページに挿入したパーツはマウスのドラッグ操作で移動させることができます。ページに挿入したボタンを移動してみましょう。

1 移動するパーツを選択する

ここでは本文中に配置する

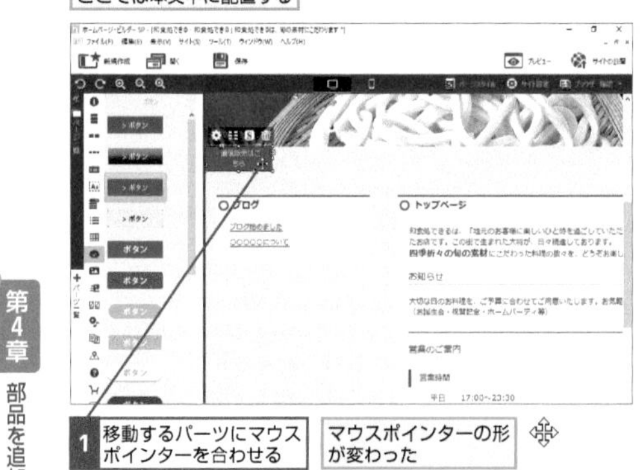

1 移動するパーツにマウスポインターを合わせる

マウスポインターの形が変わった

2 移動する場所を選択する

1 移動したい場所までドラッグ

「ここにパーツをドラッグ」と表示された

キーワード

パーツ	p.213

HINT!

パーツは縦にしか移動できない

パーツは縦方向にしか移動できません。文章中にパーツを移動したり、パーツ同士を横に並べたりすることはできないので注意しましょう。

HINT!

パーツの移動を中止するには

ドラッグ中にパーツの移動をキャンセルしたいことがあります。そのようなときは、パーツを編集領域の外までドラッグすれば、パーツの移動をキャンセルできます。

マウスポインターがこのように表示されたら、パーツの移動をキャンセルできる

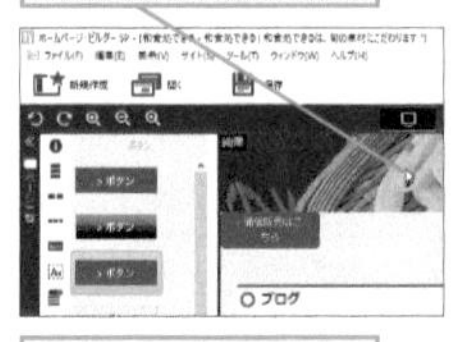

Escキーを押すと、すぐに操作をキャンセルできる

間違った場合は?

手順3で思った通りの場所にパーツを移動できなかったときは、もう一度正しい位置に移動し直します。

第4章 部品を追加しよう

左ページのつめでは、章タイトルでページを探せます。

手 順

必要な手順を、すべての画面とすべての操作を掲載して解説

手順見出し

「○○を表示する」など、1つの手順ごとに内容の見出しを付けています。番号順に読み進めてください。

解説

操作の前提や意味、操作結果に関して解説しています。

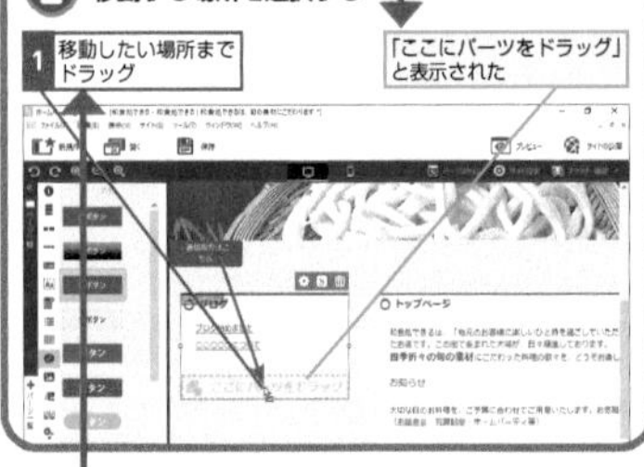

操作説明

「○○をクリック」など、それぞれの手順での実際の操作です。番号順に操作してください。

間違った場合は?

手順の画面と違うときには、まずここを見てください。操作を間違った場合の対処法を解説してあるので安心です。

テクニック ドラッグ操作でパーツの移動先を表示する

マウスのドラッグでパーツを移動するときに、パーツの移動先が編集領域に表示されていないことがあります。そのようなときは、パーツを編集領域の上端または下端にドラッグしましょう。上端に移動させると編集領域が下に、下端に移動させると編集領域が上にスクロールします。移動先が編集領域に表示されたら、そこにパーツを配置します。

ページの下部にパーツをパーツを挿入したい

編集領域が下にスクロールした

1 編集領域の下端までドラッグ

3 移動したパーツを確認する

パーツが移動した

レッスン⑰を参考に、保存しておく

HINT!

配置済みのパーツも移動できる

ページ内にすでに配置されているパーツも、このレッスンと同じ手順で移動できます。編集領域のパーツをドラッグしましょう。

Point

パーツは後で移動できる

ページに挿入したパーツは、後から自由に移動できます。大まかな位置に挿入してからパーツを移動するようにすると、ページをきれいにレイアウトできるので試してみましょう。パーツを移動するときも、編集領域に「ここにパーツをドラッグ」という内容の目印が表示されます。編集領域に表示される目印を目安にパーツを移動しましょう。

テクニック

レッスンの内容を応用した、ワンランク上の使いこなしワザを解説しています。身に付ければパソコンがより便利になります。

右ページのつめでは、知りたい機能でページを探せます。

HINT!

レッスンに関連したさまざまな機能や、一歩進んだ使いこなしのテクニックなどを解説しています。

Point

各レッスンの末尾で、レッスン内容や操作の要点を丁寧に解説。レッスンで解説している内容をより深く理解することで、確実に使いこなせるようになります。

※ここに掲載している紙面はイメージです。実際のレッスンページとは異なります。

目 次

第4章　部品を追加しよう　63

第5章　画像を編集しよう　81

第9章　ホームページ・ビルダーの便利な機能を使おう 139

第10章　ホームページを広めよう 171

ご利用の前に必ずお読みください

本書は、2020年4月時点で開発中の「ホームページ・ビルダー®22」の情報をもとに「ホームページ・ビルダー®22」の操作について解説しています。下段に記載の「本書の前提」と異なる環境の場合、または本書発行後にアップデートなどで、「ホームページ・ビルダー®22」の機能や操作方法、画面などが変更された場合、本書の掲載内容通りに操作できない可能性があります。本書発行後の情報については、弊社のホームページ（https://book.impress.co.jp/）などで可能な限りお知らせいたしますが、すべての情報の即時掲載ならびに、確実な解決をお約束することはできかねます。本書の運用により生じる、直接的、または間接的な損害について、著者ならびに弊社では一切の責任を負いかねます。あらかじめご理解、ご了承ください。

本書で紹介している内容のご質問につきましては、できるシリーズの無償電話サポート「できるサポート」にて受け付けております。ただし、本書の発行後に発生した利用手順やサービスの変更に関しては、お答えしかねる場合があります。また、本書の奥付に記載されている初版発行日から3年が経過した場合、もしくは解説する製品やサービスの提供会社がサポートを終了した場合にも、ご質問にお答えしかねる場合があります。できるサポートのサービス内容については220ページの「できるサポートのご案内」をご覧ください。なお、都合により「できるサポート」のサービス内容の変更や「できるサポート」のサービスを終了させていただく場合があります。

●用語の使い方

本文中では、「Microsoft® Windows® 10」のことを「Windows 10」、「Microsoft® Windows® 8.1」のことを「Windows 8.1」と記述しています。また、「ホームページ・ビルダー®22」のことを「ホームページ・ビルダー22」または「ホームページ・ビルダー」と記述しています。また、本文中で使用している用語は、基本的に実際の画面に表示される名称に則っています。

●本書の前提

本書では、「Windows 10」に「Microsoft Egde」と開発中の「ホームページ・ビルダー22」がインストールされているパソコンで、インターネットに常時接続されている環境を前提に画面を再現しています。Windows 8.1をお使いの場合、一部画面や操作が異なることもありますが、基本的に同じ要領で進めることができます。また、本書ではレンタルサーバーとして「ホームページ・ビルダー サービス」の利用を申し込んだ前提で操作を進めています。

第1章

ホームページを作る準備をしよう

ホームページ・ビルダーを使えば、誰でも簡単にホームページを作ることができます。この章では、ホームページ・ビルダーを使う前に覚えておきたいことやホームページ・ビルダーをパソコンにインストールする方法を紹介します。

●この章の内容

レッスン 1

ホームページ・ビルダーでできること

ホームページ・ビルダーの機能

ホームページ・ビルダーはホームページを作成するためのソフトウェアです。ホームページ作成の知識がなくてもホームページを作ることができます。

デザインが整ったホームページを作成できる

ホームページ・ビルダーなどのホームページ作成ソフトを使わないでキレイなデザインのホームページを作るには、ホームページについての詳しい知識が必要になります。ホームページ・ビルダーには、あらかじめプロがデザインしたテンプレートが用意されています。ホームページ・ビルダーのテンプレートを元に、画像や文章を入れ替えるだけで、簡単にデザインの整った美しいホームページを作ることができます。

会社名や写真、文章などをテンプレートに当てはめれば、デザインの整ったホームページを作成できる

会社やお店の概要、所在地などのページが最初から一通り用意されている

HINT!

使用するホームページ・ビルダーを最初に決めておこう

ホームページ・ビルダー SPで作成したページやサイトはホームページ・ビルダー クラシックで読む込みや編集ができません。また、ホームページ・ビルダー クラシックで作成したページやサイトを、ホームページ・ビルダー SPで読み込むことや編集をすることもできません。つまり、ホームページ作成の途中でソフトを変えて編集することができないのです。はじめにどちらのホームページ・ビルダーを使うのかを決めておきましょう。

通常サイトとWordPressサイト

ホームページ・ビルダー SPでは、ホームページを作成する際に「通常サイト」と「WordPressサイト」のどちらかを選べるようになっています。通常サイトは一般的なホームページのことで、ページの公開や更新はプロバイダーなどのサーバーに、ホームページのファイルを転送することで行います。もう一方のWordPressサイトは、WordPressと呼ばれるコンテンツマネジメントシステムを使う方法で、ホームページの骨格だけを作成し、更新や投稿などはブラウザーを使って行います。本書では、「通常サイト」を作成する方法を紹介します。

◆通常サイト
ホームページのデザインや記事など、すべてホームページ・ビルダーから更新する

◆WordPressサイト
ホームページ・ビルダーでデザインなどを作成し、更新はパソコンやスマートフォンのブラウザーから行う

HINT!

「WordPress」って何？

WordPressはコンテンツ・マネジメント・システム（CMS）と呼ばれるインターネットのサーバーで動作するソフトウェアです。WordPressでは、インターネットから記事の管理や投稿ができるためブログと似た機能を使用できます。また、時系列以外の記事の作成や、固定ページと呼ばれる記事以外のページを作ることもできるのが特徴です。ホームページ・ビルダーでは、WordPressテンプレートを選択すると、WordPressに対応したホームページを作成できます。なお、本書ではWordPressについては解説しません。

Point

ホームページ・ビルダーでプロ並みのページを作れる

ホームページ・ビルダー 22には「ホームページ・ビルダー クラシック」と「ホームページ・ビルダー SP」の2つのホームページ作成ソフトが含まれています。「ホームページ・ビルダー クラシック」を使うと、はじめからデザインを考えてホームページを作ることができます。「ホームページ・ビルダー SP」は、あらかじめ用意された豊富なテンプレートを元にして簡単にホームページを作成できるのが特徴です。本書ではホームページ・ビルダー SPの操作方法について解説していきます。

レッスン

2 ホームページの全体像をイメージしよう

ページ構成と素材

実際にホームページを作り始める前に、大体でいいのでホームページのイメージを考えておきましょう。イメージが決まったら画像などの素材を準備します。

ホームページに必要な要素

ホームページは、会社などのロゴや連絡先の情報、ほかのページに移動するためのサイトナビゲーション、文章や写真などの内容（コンテンツ）が含まれている領域で構成されているのが一般的です。まずは、これから作ろうとするページのイメージを大体でいいので考えておきます。このときに、掲載する会社のロゴはどうするのかといったことや、トップページに掲載するイメージ写真や紹介文などを準備しておきましょう。

お店や会社の名前が表示される

お店のコンセプトや会社の概要を掲載できる

サイトナビゲーションからほかのページに移動できる

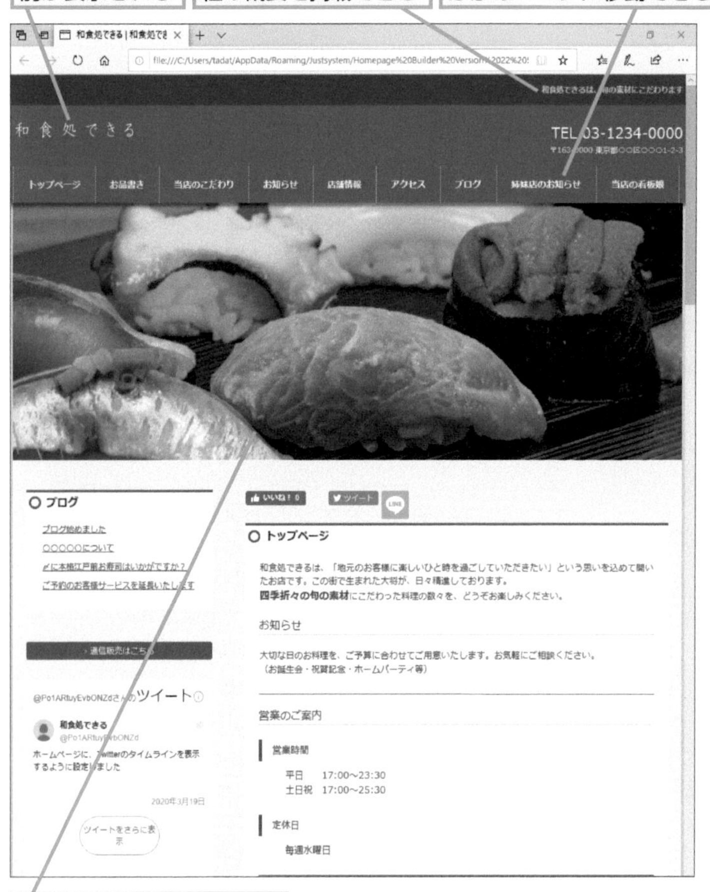

ホームページを印象付ける写真が表示される

> キーワード

コンテンツ	p.210
サイトナビゲーション	p.211
ページ	p.214
ホームページ	p.215
ロゴ	p.215

HINT!

スマートフォンでのブラウザー表示は？

ホームページを作るときに忘れてはいけないのがスマートフォンへの対応です。スマートフォン向けのページを別に作る方法もありますが、ホームページ・ビルダーで作成するページはスマートフォンのブラウザーで表示したときに、自動的に最適に表示されるようになっています。そのため、スマートフォン向けのページを別に作る必要はありません。

パソコン向けのページを作れば、自動的にスマートフォン向けのページも作成される

ホームページ全体の構成

ホームページはトップページと、そのほかのページのように複数のページで構成されているのが一般的です。ホームページを作るときは、全体の構成を考えておくことも大切です。テンプレートから作成したページはそのままでは使えません。テンプレートから作成したページを元に、内容の加筆修正を行い、さらに不必要なページを削除し、必要なページを追加していきます。自分がこれから作りたいホームページにはどんなページが必要なのかをあらかじめ考えておきましょう。

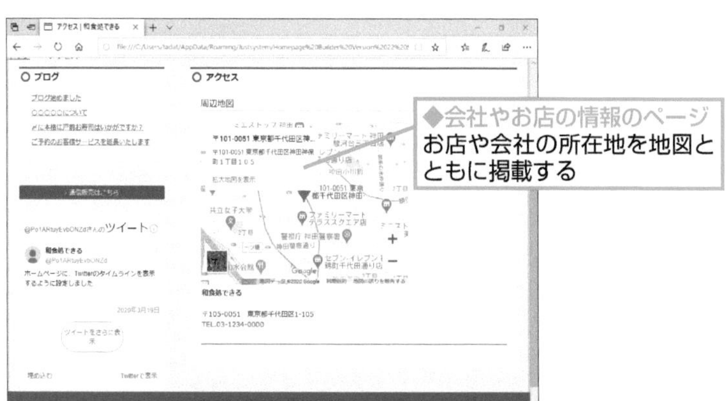

HINT! 本書で作成するホームページとサンプルファイル

本書では「和食店」のページを作成していきます。本書でホームページ作成に使用した画像を利用したい場合は、インプレスのホームページからサンプルファイルをダウンロードしてください。サンプルファイルの利用方法については、付録1と2で詳しく解説しています。

HINT! 著作権や肖像権に注意しよう

写真や文章をホームページに掲載するときは著作権や肖像権に気を付けましょう。自分が撮影したものでも、タレントや他人の写真は肖像権を侵害することになるため、ホームページで公開することはできません。また、インターネットで公開されてる写真や画像、文章をそのまま使うと、著作権を侵害することになります。訴訟になることもあるので絶対にやめましょう。

Point ホームページを作るには写真などの素材も必要

ホームページを作るときは、行き当たりばったりで作るのではなく、自分がこれから作りたいホームページ構成を大体でいいので考えておくと作業がはかどるでしょう。作りたいホームページのアイデアが決まったら、デジタルカメラの写真や会社のロゴといった素材を準備するのも忘れないようにしましょう。例えば、商品の説明をするページを作りたいときなどは文章だけで作るよりも、写真を添えたページにした方がより訴求力のあるページにできます。

レッスン 3

ホームページを公開する場所を決めよう

ホームページのサーバー

ホームページを公開するにはインターネット上のサーバースペースが必要です。ホームページを公開する前に、ホームページのサーバーについて説明します。

ホームページを公開するサーバーが必要

ホームページを公開するには、ホームページを公開するためのサーバースペースが必要です。インターネットに常時接続しているサーバーにホームページのファイルを転送することで、インターネットに接続した人がホームページを見られるようになります。

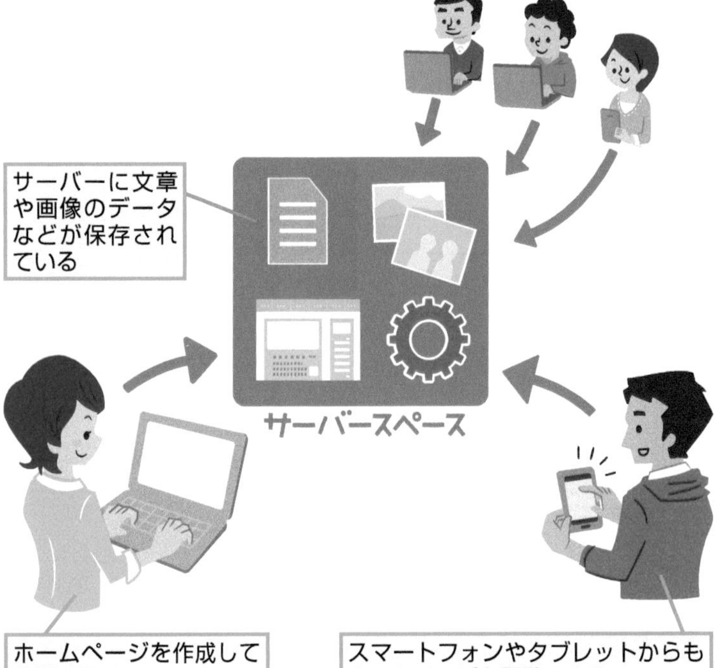

キーワード

HINT!

すでにホームページを開設しているときは

プロバイダーのサーバースペースやレンタルサーバーなど、すでにホームページを開設するためのサーバースペースがあるときは、新しいサービスに加入する必要はありません。現在利用しているサービスを使ってホームページを公開することができます。

HINT!

「ドメイン」って何？

ホームページのURLには2種類あります。1つはプロバイダーのサーバーなどで使われるURLで、一般的にホームページのURLはプロバイダーが定めたURLになります。もう1つは自分で決めたURLを使えるサービスで、こうしたサービスのURLは「独自ドメイン」と呼ばれています。

▼独自ドメインのURLの例
http://（自分で決めた名前）.co.jp

▼プロバイダーのURLの例
http://（プロバイダーの名前）.or.jp/~
（プロバイダーとの契約時に決められた名前）

テクニック テスト用サーバーも用意すると便利

ホームページを作るときは、公開用のサーバーを使うのではなく、まずは無料のホームページスペースなどテスト用のサーバーを利用してホームページ・ビルダーの操作に慣れておきましょう。ホームページ・ビルダーの操作になれてから、公開用のサーバーに本来作りたかったホームページをアップロードすれば、サーバーにホームページ作成過程の余計なファイルが残らないなどのメリットがあります。もし、テスト用のサーバーが用意できないときは、公開用のフォルダーとは別のフォルダーにホームページを作る方法もあります。

サーバーを用意する

ホームページ・ビルダーで作成したホームページを公開するためには、サーバースペースを借りる必要があります。ホームページを公開するためには、プロバイダーのホームページ公開サービスを利用したり、レンタルサーバーサービスを利用したりする方法があります。予算や使いやすさを考えて選択しましょう。

●サーバーの種類

種類	内容
プロバイダーのホームページ公開サービス	無料または比較的安価なのが特徴。ホームページ用の容量が少ないことがある。独自ドメインが使えないこともある
ホームページ専用のサービス	容量によって料金はさまざま。月額数百円～千円程度。あらかじめ設定されているドメインだけではなく、独自ドメインを使うことができる場合もある。メールなどの付帯サービスが豊富なのも特徴。商用利用できない場合もあるので注意が必要
レンタルサーバー	大容量なので大規模なサイトを公開するのに向いている。1台のサーバーを占有するタイプと、1台のサーバーを複数の人が使うタイプがある。占有する場合は月額数千円～数万円程度の料金が必要。独自ドメインを使うことができる。最も機能は豊富だが、サーバーに関する知識が必要になることもある
ホームページ・ビルダーサービス	ジャストシステムが提供するホームページ公開サービス。独自ドメインを使うことができる。容量によってプランが違う。ホームページ・ビルダーと最も親和性が高いオフィシャルサービス。困ったときはサポートに電話で問い合わせて聞くことができる

HINT! サーバーの容量はどのくらいあればいいの？

ホームページ・ビルダー SPの通常サイトをインターネットに公開するときは、画像を多用しないのであれば100MB程度の容量で十分です。

Point ホームページ作りの準備をしよう

ホームページを作り始める前に、準備をしましょう。本書では「ホームページ・ビルダー 22」を使ってホームページを作る方法を紹介します。まずは、自分のパソコンにホームページ・ビルダー 22をインストールして、ホームページ・ビルダーが使えるように準備をしましょう。さらに、本書では2つあるホームページ・ビルダーの中でも「ホームページ・ビルダー SP」を使って、テンプレートからホームページを作っていきます。実際にホームページを作成する方法については、後の章で詳しく説明します。また、ホームページを公開する場所（サーバー）についても考えておきましょう。公開用のサーバーを用意しなければ、ホームページを公開することができないので注意しましょう。

レッスン

4 ホームページ・ビルダーを使えるようにするには

ホームページ・ビルダー22のインストール

ホームページ・ビルダーを使うには、まず「インストール」と呼ばれる作業が必要です。インストールとは、ソフトウェアをドライブに入れる作業のことです。

1 ダウンローダーを実行する

ジャストシステムや販売サイトのWebページから、ホームページ・ビルダー22のダウンローダーを入手しておく

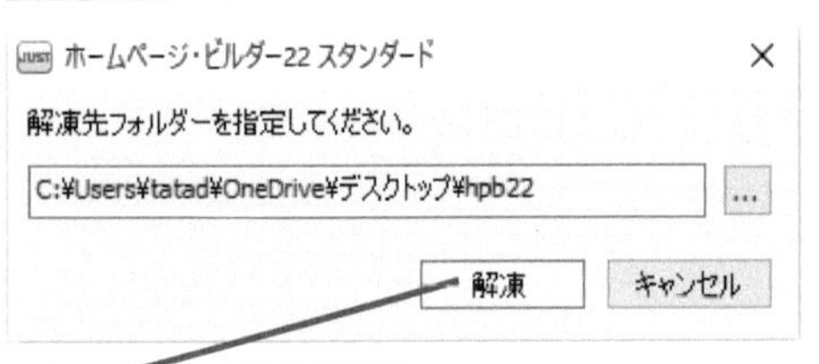

ダウンローダーを実行しておく

1 [解凍]をクリック

2 インストールプログラムがダウンロードされる

インストールプログラムのダウンロード画面が表示された

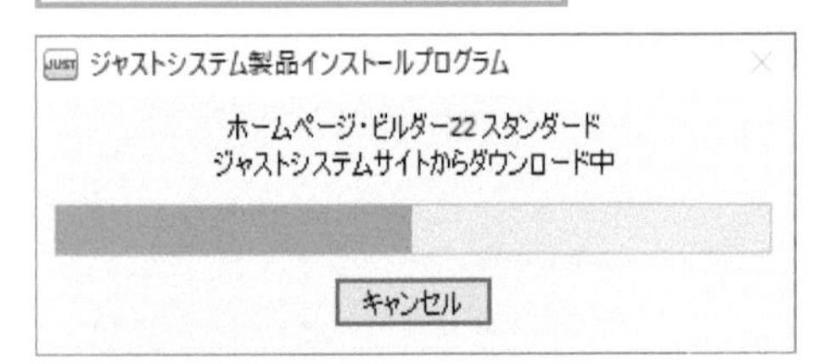

インストールプログラムが解凍されるまでしばらく待つ

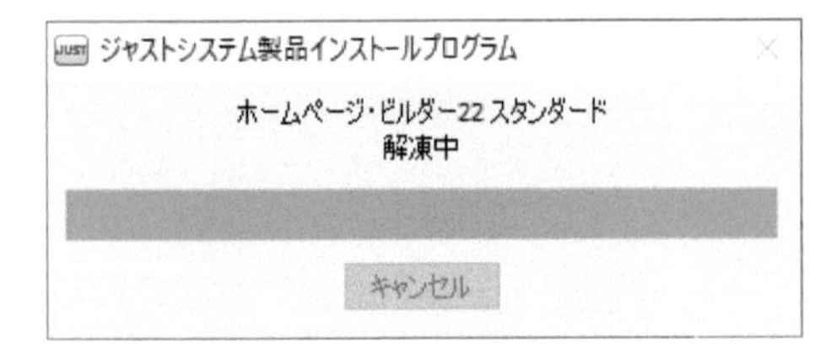

キーワード

ホームページ・ビルダー SP p.215
ホームページ・ビルダー クラシック p.215

HINT!

購入方法によってダウンロードの方法が変わる

ホームページ・ビルダー22は、量販店の店頭で購入した場合や通販サイト、ジャストシステムから直接ダウンロード購入する場合によって、ダウンローダーの入手方法が変わります。ここでは、ダウンローダーの入手後にインストールを実行する方法を紹介します。

HINT!

DVDなどのメディアでは提供されない

ホームページ・ビルダー22は、DVDメディアなどでは提供されません。インターネット経由でインストールプログラムをダウンロードし、インストールを実行します。インターネット環境や時間帯によってダウンロードに時間がかかることもあるので、余裕を持ってインストールを実行しましょう。

3 ホームページ・ビルダーのインストールプログラムを起動する

ホームページ・ビルダー 22のインストールの画面が表示された

1 [ホームページ・ビルダー 22のインストール]をクリック

4 インストールの開始を許可する

[ユーザーアカウント制御] ダイアログボックスが表示された

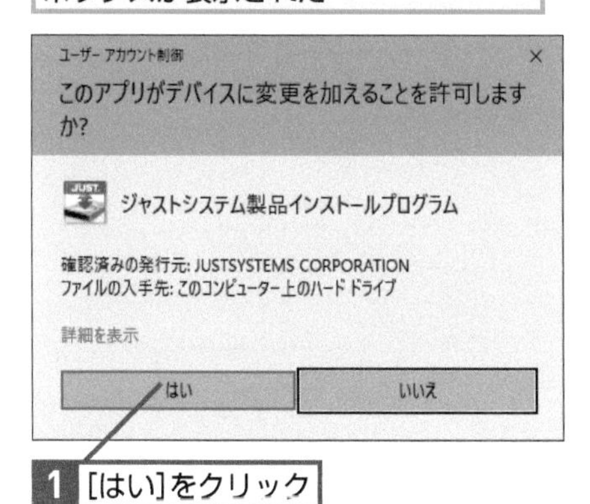

1 [はい]をクリック

HINT!

インストールの前にほかのソフトウェアを終了しておく

ホームページ・ビルダー 22をインストールする前に、起動中のほかのソフトウェアをすべて終了する必要があります。もし、タスクバーにホームページ・ビルダー 22のインストールプログラム以外のボタンが強調表示されているときは、以下の手順で起動中のソフトウェアを終了します。

ほかのソフトウェアを終了しておく

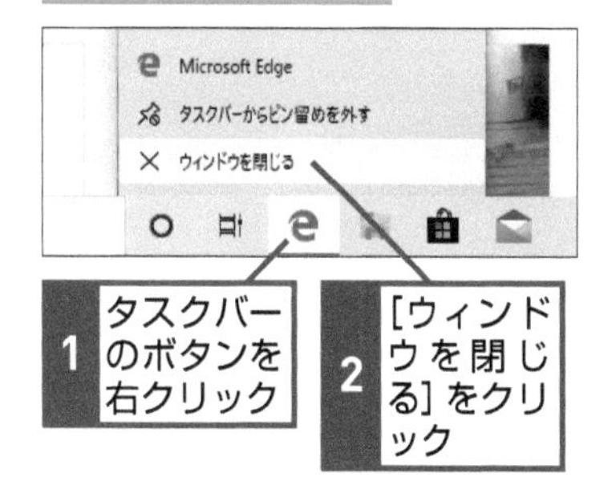

1 タスクバーのボタンを右クリック

2 [ウィンドウを閉じる] をクリック

HINT!

「ユーザーアカウント制御」って何？

手順4で表示される［ユーザーアカウント制御］ダイアログボックスは、プログラムやソフトウェアの発行元をインストールするユーザーが確認し、インストールを実行するかしないかを選択する機能です。ここでは［はい］をクリックして操作を進めてください。

間違った場合は？

手順3で［ホームページ・ビルダー 22のインストール］以外をクリックしてしまったときは、［閉じる］ボタンをクリックして、もう一度［ホームページ・ビルダー 22のインストール］をクリックし直します。

次のページに続く

5 使用許諾契約に同意する

[使用許諾契約] 画面が表示された

1 ここを下にドラッグして利用規約の内容を確認

2 [同意する] をクリッ

6 シリアルナンバーとオンライン登録キーを入力する

[シリアルナンバー・オンライン登録キー・User IDの入力]画面が表示された

1 シリアルナンバーを入力

2 オンライン登録キーを入力

3 [次へ] をクリック

HINT!

ドライブの空き容量を確認しておこう

ホームページ・ビルダーをインストールするには、ドライブに最低でも数GBの空き容量が必要です。さらに、ホームページを保存するための領域も必要になります。インストーラーをダウンロードする前にストレージの空き容量を確認しておきましょう。通常はCドライブにホームページ・ビルダーがインストールされるので、Cドライブの［空き領域］を確認しておきましょう。

1 エクスプローラーをクリック

2 [PC] をクリック

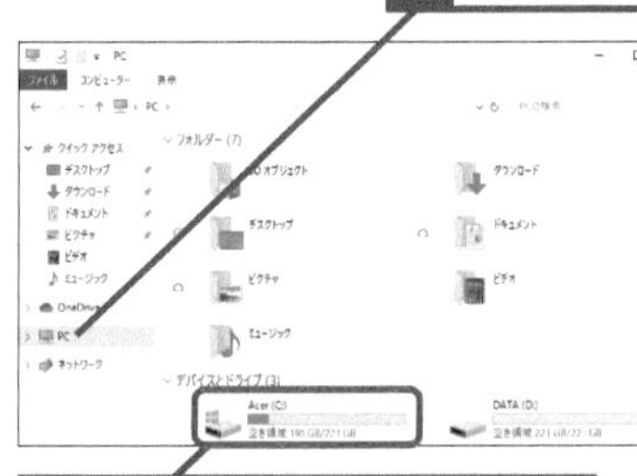

3 Cドライブの[空き領域]を確認

●インストールに必要な空き容量

エディション	必要な空き容量
スタンダード	2.4GB以上
スタンダード/アカデミック版	
ビジネスプレミアム	4.1GB以上

テクニック 以前のバージョンをインストールしているときは

古いバージョンのホームページ・ビルダーがインストールされているパソコンに、ホームページ・ビルダー22をインストールしようとすると、以下のような画面が表示されます。ホームページ・ビルダー 19 クラシック以前のバージョンのホームページ・ビルダーでは、本書で紹介している方法でホームページ・ビルダーSPを使うことはできません。間違って以前のバージョンのホームページ・ビルダーを起動してしまわないようにするためにも［はい］ボタンをクリックして、以前のバージョンのホームページ・ビルダーを削除しましょう。なお、以前のバージョンのホームページ・ビルダーを削除しても、作成したホームページはハードディスクから削除されないので安心してください。

古いバージョンがパソコンにあるときは、インストール中にアプリ削除の確認画面が表示される

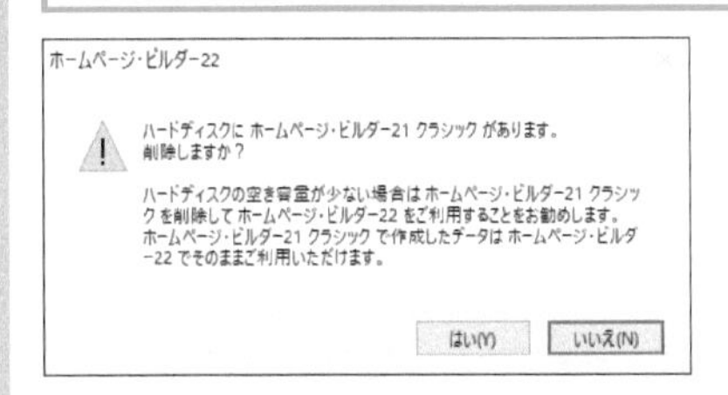

［はい］をクリックすると、続けてクラシックを削除するか、確認の画面が表示される

ホームページ・ビルダー 22の起動時に［設定情報の移行］の画面が表示される

設定情報の移行
以前のバージョンのホームページ・ビルダーが見つかりました
サイト情報やオプション設定を以前のバージョンから移行することができます
移行を行いたいバージョンを以下の一覧でチェックしてください
☑ホームページ・ビルダー SP バージョン 21 (オプション設定)
☑このダイアログを、次回起動時には表示しない
OK　キャンセル

サイトへの転送設定やオプション設定を以前のバージョンから移行できる

7 インストールするアプリケーションを選択する

［アプリケーションの選択］画面が表示された

ここではすべてインストールする

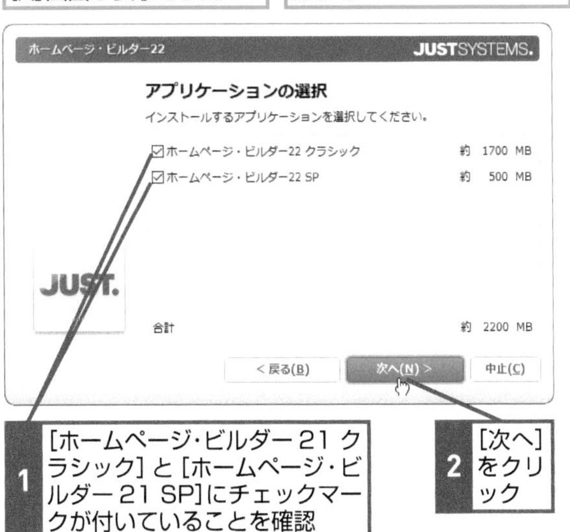

1 ［ホームページ・ビルダー 21 クラシック］と［ホームページ・ビルダー 21 SP］にチェックマークが付いていることを確認

2 ［次へ］をクリック

HINT! 便利なツールも自動的にインストールされる

ホームページ・ビルダーをインストールすると、「ウェブアートデザイナー」や「ファイル転送ツール」などのツールも同時にインストールされます。「ウェブアートデザイナー」は、ページで利用できるさまざまな素材を作成するためのソフトウェアです。

間違った場合は？

手順6～8の画面でインストールの設定の間違いに気付いたときは、［戻る］ボタンをクリックしましょう。1つ前の画面が表示されるので、あらためて設定し直します。

次のページに続く

8 インストールを開始する

[インストールの開始] 画面が表示された

1 [インストール開始]をクリック

2 しばらく待つ

注意 お使いのパソコンやインターネットへの接続状況によっては、インストールに10～20分程度かかることがあります

HINT!

忘れないようにユーザー登録をしておこう

ホームページ・ビルダー22のインストールが終わったら、必ずユーザー登録をしておきましょう。ユーザー登録は、インターネット経由で行います。ユーザー登録をしておくと、ジャストシステムからさまざまな情報提供を受けられます。ホームページ・ビルダーを起動して、以下のように操作し、表示されたホームページでユーザー登録を行います。

ホームページ・ビルダーを起動しておく

1 [ヘルプ]をクリック

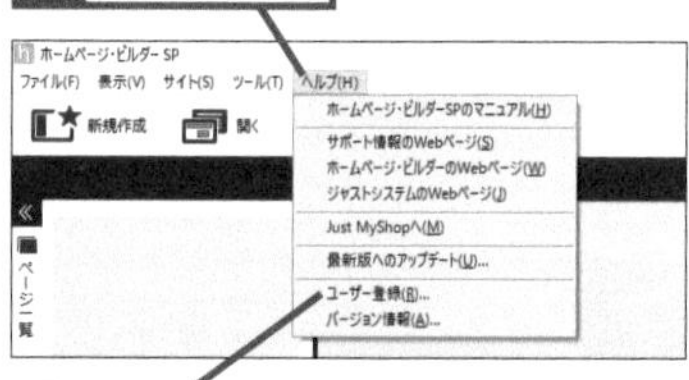

2 [ユーザー登録]をクリック

間違った場合は？

手順8で［戻る］ボタンをクリックしてしまった場合は、手順7からやり押します。

第1章 ホームページを作る準備をしよう

9 インストールを完了する

新しいアップデートが見つかった場合は、右のHINT!を参考に、アップデートを実行しておく

インストールの画面に戻った

1 ［終了する］をクリック

10 デスクトップを確認する

ホームページ・ビルダーのアイコンが表示された

デスクトップにダウンローダーがあるときは、削除しておく

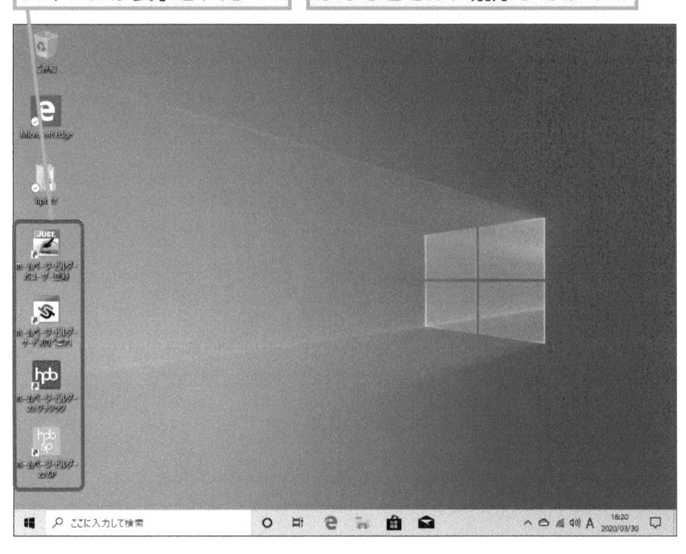

HINT!

アップデートで常に最新の状態に

ホームページ・ビルダーは、プログラムの不具合を修正したアップデートプログラムが随時提供されます。インストールの実行中に［オンラインアップデート］の画面が表示されたときは、ホームページ・ビルダーを最新の状態にしておきましょう。また、ホームページ・ビルダーを起動した後でアップデートをすることもできます。［ヘルプ］メニューの［最新版へのアップデート］をクリックします。定期的にアップデートを確認して、ホームページ・ビルダーを最新の状態にしましょう。

Point

ハードディスクの空き容量を確認しておこう

ホームページ・ビルダー 22のインストールを行うことで、初めてパソコンでホームページ・ビルダー 22を使うことができるようになります。以前に作ったサイトがあるときは、ホームページ・ビルダー SPだけでなく、ホームページ・ビルダー クラシックも同時にインストールしておきましょう。ホームページ・ビルダー22をインストールするには、ドライブに数GBの空き容量が必要です。ただし、これだけの容量が空いていれば快適に使えるかというと、必ずしもそうとはいえません。ストレージの空き容量が少ないと、デジタルカメラで撮影した写真など、ホームページで使う素材のファイルを保存できないからです。素材などを保存する容量を確保するためにも、余裕のある空き容量を用意しておきましょう。

この章のまとめ

●ホームページ作りの準備をしよう

ホームページを作る前に、ホームページ作りの準備をします。ホームページを作ってインターネットに公開するには、ホームページ作成ソフトを使う方法が最も簡単です。本書では「ホームページ・ビルダー 22」を使ってホームページを作る方法を紹介します。まずは、自分のパソコンにホームページ・ビルダー 22 をインストールして、ホームページ・ビルダーが使えるように準備をしましょう。また、ホームページを公開するためのサーバーの準備も済ませておきましょう。本書では2つあるホームページ・ビルダーの中でも「ホームページ・ビルダー SP」を使って、テンプレートからホームページを作っていきます。実際にホームページを作成する方法については、後の章で詳しく説明します。ここでは、ホームページ作成の大体の流れを把握しておき、これから作成しようとするホームページの構成を大まかに考えておきましょう。

ホームページ作成の準備

パソコンにホームページ・ビルダーをインストールして使えるようにしておく

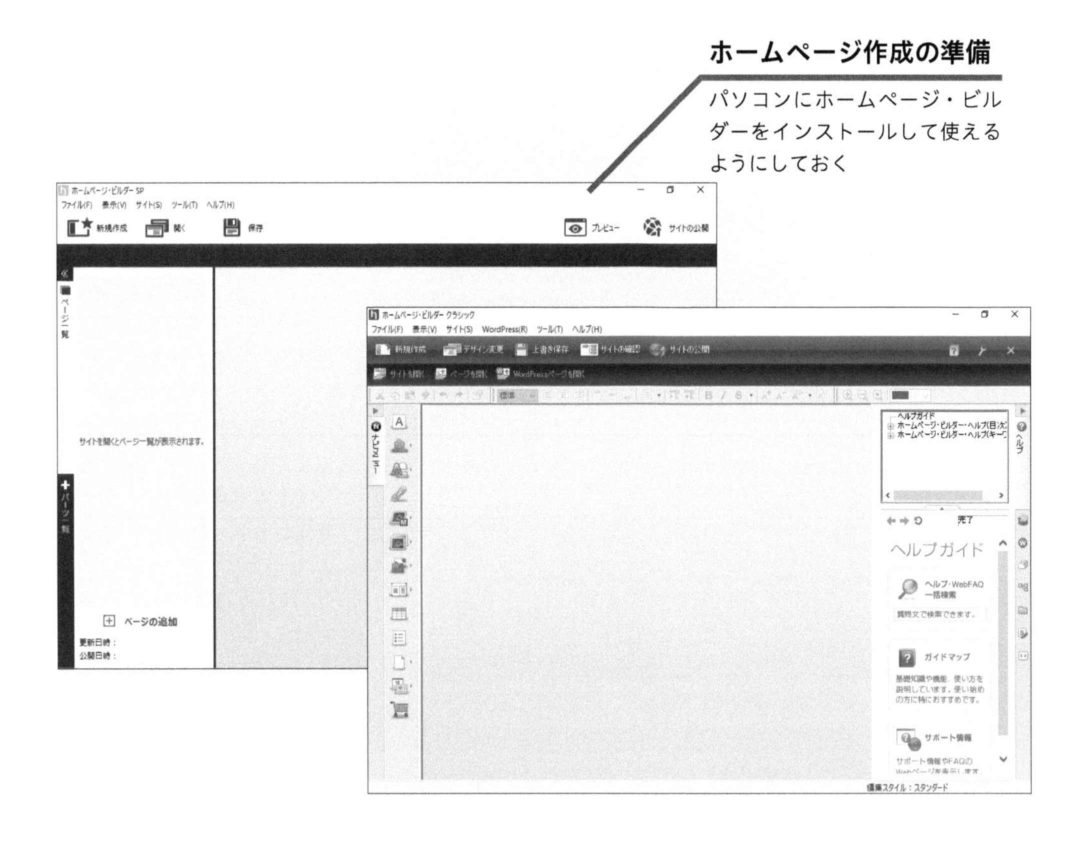

第2章

ホームページの骨格を作ろう

ホームページ・ビルダー SPには、テンプレートと呼ばれるホームページのひな形が用意されています。この章では、あらかじめ用意されているテンプレートを使ってホームページの骨格を作成する方法を解説します。

●この章の内容

レッスン
5 ホームページ・ビルダーを起動するには

起動

ホームページ・ビルダーを使ってホームページを作るには、まず起動する必要があります。デスクトップのショートカットから起動しましょう。

Windows 10での起動

1 ホームページ・ビルダーを起動する

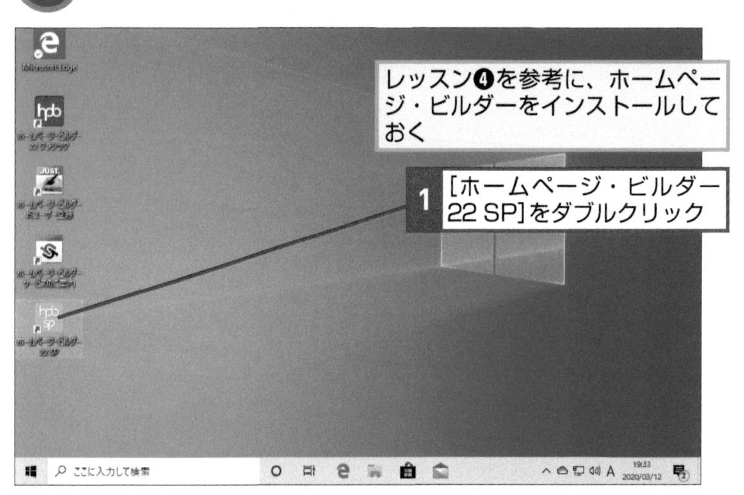

2 ガイドメニューを閉じる

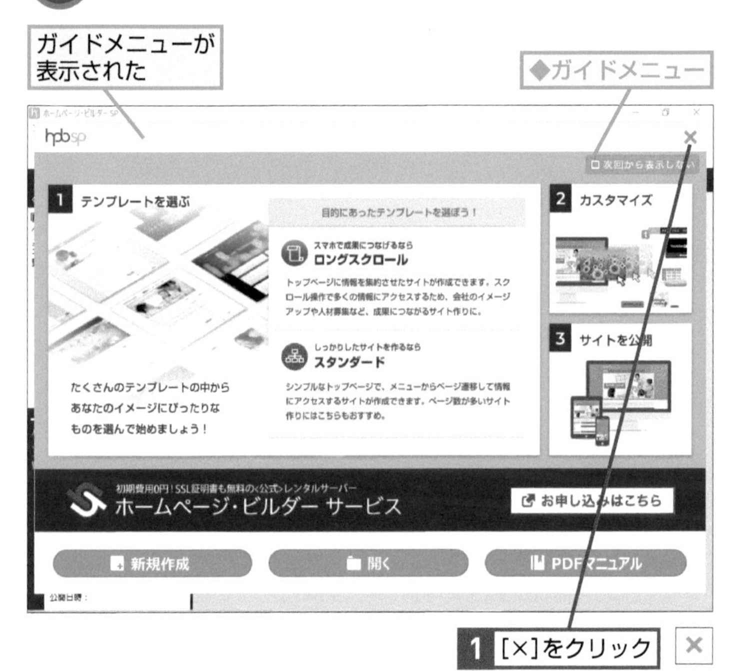

キーワード

HINT!

「ガイドメニュー」って何？

ガイドメニューは、ホームページ・ビルダーを起動したときに一番初めに表示される画面のことです。ガイドメニューには、ホームページを作成するための作業の流れが解説されていて、手順通りに操作すれば、ホームページの作成から公開までを実行できます。

HINT!

起動中にショートカットフォルダーが作成される

ホームページ・ビルダーの起動中のみ、素材などを参照できるショートカットフォルダーがデスクトップに作成されます。またOneDriveの初期設定によっては、ホームページ・ビルダーの起動時に同期に関するエラーメッセージが表示される場合があります。パソコンに問題があるわけではありませんが、気になる場合はタスクバーの［OneDrive］のアイコン（☁）をクリックし、［同期の一時停止］から同期を一時停止する時間を選びましょう。

間違った場合は？

手順1でホームページ・ビルダー以外のアプリケーションを起動してしまったときは、［閉じる］ボタンをクリックしてアプリケーションを終了した後、手順1からやり直します。

テクニック [スタート]メニューから起動することもできる

Windows 10では、[スタート] メニューからホームページ・ビルダーを起動できます。Aniversary Updateが適用されたWindows 10では、[スタート] ボタンをクリックし、[スタート] メニューを表示して、ホームページ・ビルダーを探しましょう。Aniversary Updateが適用されていないWindows 10を使っているときは、[スタート] ボタンをクリックした後に [すべてのアプリ] をクリックしてホームページ・ビルダーを探します。ホームページ・ビルダーのアイコンをクリックするとホームページ・ビルダーを起動できます。

1 [スタート]をクリック

2 ここをドラッグして下にスクロール

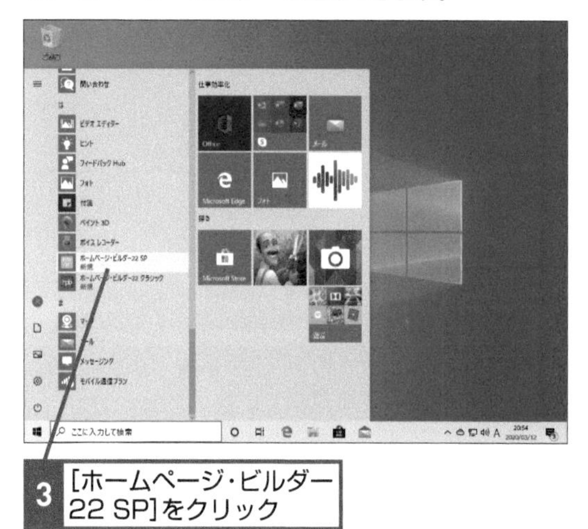

3 [ホームページ・ビルダー22 SP]をクリック

③ ホームページ・ビルダーが起動した

ガイドメニューが消えた

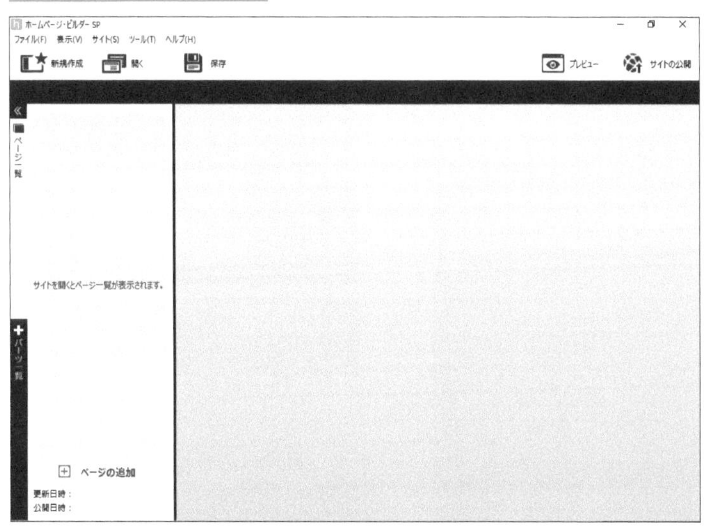

続けてレッスン❻でホームページの開設を進める

HINT! ガイドメニューを表示しないようにするには

起動時にガイドメニューを表示しないように設定することもできます。起動時にガイドメニューを表示したくないときは、[ツール] メニューの [オプション] をクリックして [オプション] ダイアログボックスを表示します。[ガイドメニュー (ようこそダイアログ)] をクリックしてチェックマークをはずせば、次にホームページ・ビルダーを起動したときにガイドメニューは表示されません。

次のページに続く

Windows 8.1での起動

① スタート画面を表示する

1 [スタート]をクリック

② アプリビューを表示する

スタート画面からアプリビューに切り替える

1 ここをクリック

③ ホームページ・ビルダーを起動する

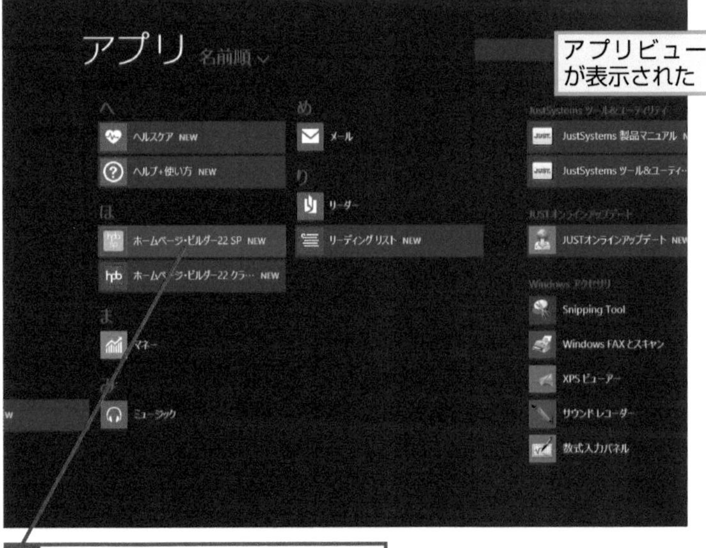

1 [ホームページ・ビルダー 22 SP]をクリック

HINT!

デスクトップから起動してもいい

このページではWindows 8.1のスタート画面からホームページ・ビルダーを起動する方法を紹介していますが、ホームページ・ビルダーは、デスクトップに追加されたショートカットから起動しても構いません。デスクトップから起動するには、初めにデスクトップを表示しておきます。

HINT!

ホームページ・ビルダーをスタート画面に登録するには

スタート画面にホームページ・ビルダーを登録しておくと、素早くホームページ・ビルダーを起動できます。ホームページ・ビルダーをスタート画面に登録するには、アプリビューに表示されている［ホームページ・ビルダー 22 SP］のアイコンを右クリックしてから［スタート画面にピン留めする］をクリックします。

1 ショートカットアイコンを右クリック

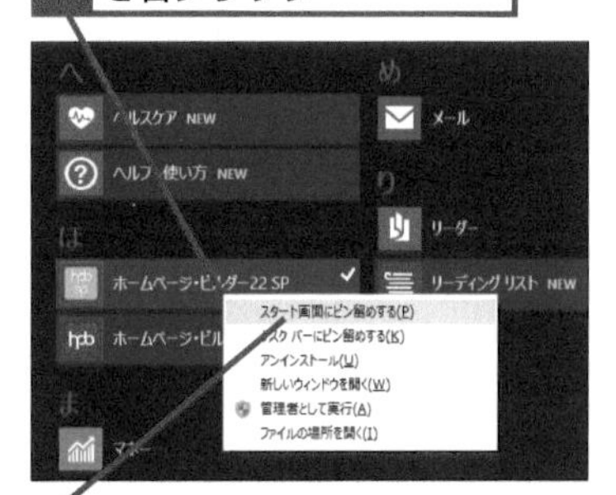

2 [スタート画面にピン留めする]をクリック

間違った場合は？

間違ってほかのアプリを起動してしまったときは、［閉じる］ボタンをクリックしてアプリを閉じてから、もう一度ホームページ・ビルダーを起動し直します。

④ ガイドメニューを閉じる

ガイドメニューが表示された

◆ガイドメニュー

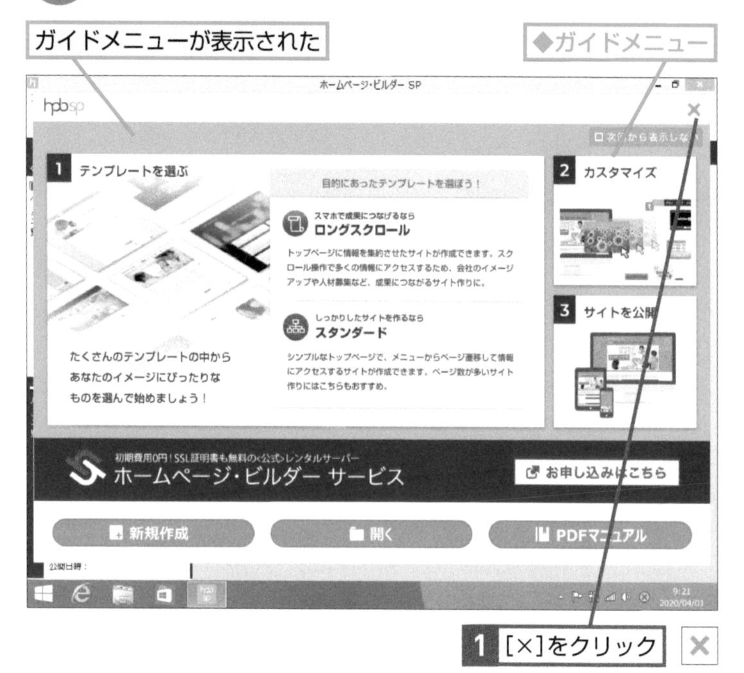

1 [×]をクリック

⑤ ホームページ・ビルダーが起動した

ガイドメニューが消えた

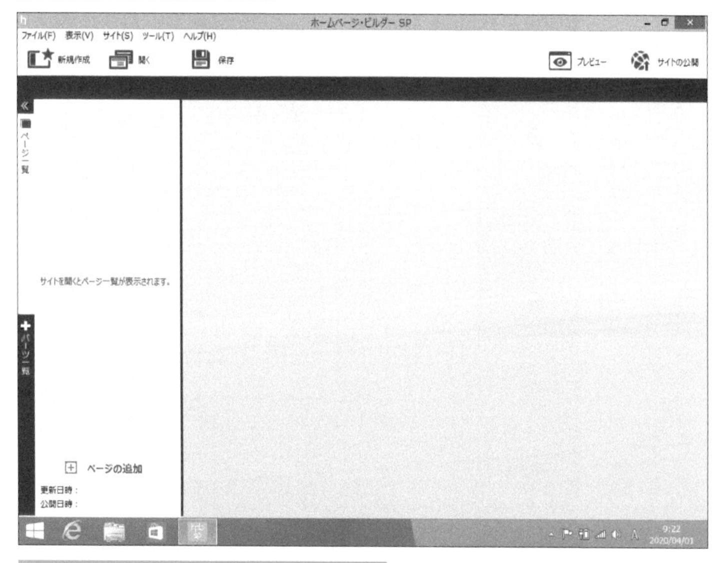

続けてレッスン❻でホームページの開設を進める

HINT!

タスクバーにホームページ・ビルダーを登録するには

タスクバーにホームページ・ビルダーを登録しておくと、スタート画面を表示せずにホームページ・ビルダーを起動できます。タスクバーにホームページ・ビルダーを登録するには、アプリビューに表示されている［ホームページ・ビルダー 22 SP］のアイコンを右クリックして［タスクバーにピン留めする］をクリックします。

1 ショートカットアイコンを右クリック

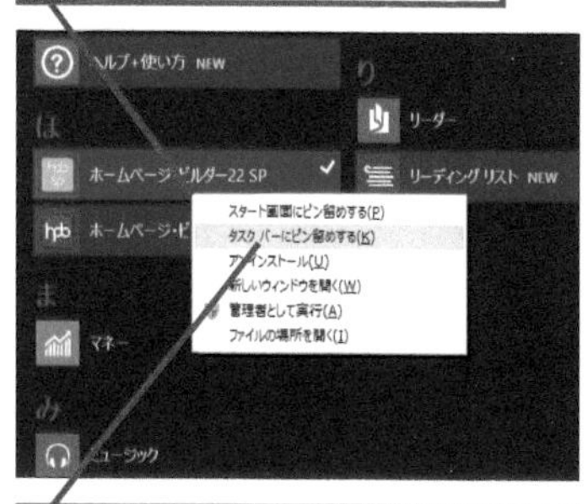

2 ［タスクバーにピン留めする］をクリック

Point

ホームページ・ビルダーはいろいろな方法で起動できる

パソコンにホームページ・ビルダーをインストールした後は、ホームページ・ビルダーを起動しましょう。ホームページ・ビルダーをインストールすると、デスクトップにホームページ・ビルダーのショートカットアイコンが作成されます。アイコンをダブルクリックすると起動できるので覚えておきましょう。なお、ホームページ・ビルダーはデスクトップのショートカット以外から起動することもできます。パソコンの環境に応じて起動方法を確認しておきましょう。

レッスン

6 テンプレートを選択するには

テンプレートの種類

ホームページ・ビルダー SPには、たくさんのテンプレートが用意されています。これから作るページのイメージに最も近いテンプレートを選びましょう。

ホームページのテーマに近いテンプレートを選ぼう

ホームページ・ビルダー SPには、[ベーシック] や [ポップ]、[ナチュラル] などいろいろなテーマのテンプレートが用意されています。テンプレートを選ぶときは、これから自分が作ろうとするホームページのイメージに最も近いテンプレートにするといいでしょう。例えば、ホームページのテーマカラーを決めておき、テーマカラーに一番近いイメージのテンプレートを選びましょう。ホームページのテーマカラーは、ホームページの印象を決める大切な要素です。また、清潔感のあるホームページを作りたいときは青や白など寒色系の色を使うのが効果的です。なお、赤やオレンジといった暖色系の色は、見る人に親しみやすさや、明るい印象を与えることができます。

あらかじめ用意されたさまざまなデザインから選択できる

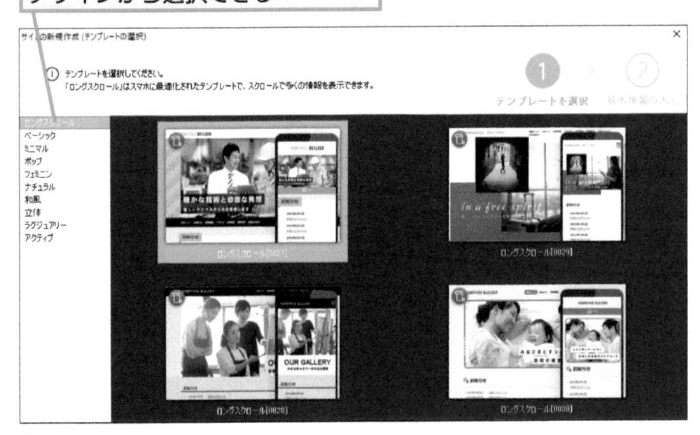

選択する業種によってページの構成が変わる

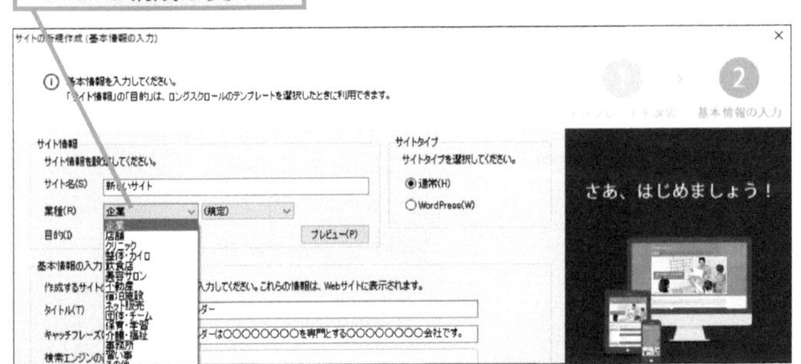

キーワード

テンプレート	p.212
ホームページ	p.215

HINT!

後からテンプレートを変更するには

ホームページ・ビルダー クラシックの「フルCSSプロフェッショナルテンプレート」で作成したページは、デザインチェンジの機能を使えば、後からホームページ全体のイメージを変更できます。ホームページ・ビルダー SPのテンプレートから作成したページも、後からテンプレートを変更できますが、それまで行った編集が破棄されてしまうことがあります。ホームページ・ビルダー SPで作成するページは、後からテンプレートを変更する前提で考えるのではなく、ページを作成する前に、このレッスンを参考に、会社やお店のイメージに合ったテンプレートを選択しましょう。

第2章 ホームページの骨格を作ろう

業種によって作成するページが変わる

テンプレートからホームページを作成するときには、ホームページの配色を決めるテーマのほかに、実際にどのような構成でページを作成するのかを決める［業種］を選択します。［業種］には［企業］や［店舗］などがあり､例えば［企業］には［建築］と［製造］といったサブカテゴリーがさらに用意されています。それぞれの業種によって作成されるページの構成が変わってきます。テーマと業種を組み合わると、清潔なイメージの企業ページや明るいイメージの店舗のページなど、いろいろなイメージのホームページを作成できます。

◆ミニマル[0003]
シンプルで堅実なイメージの企業などに向いている

◆ポップ[0004]
明るく楽しそうなイメージで店舗などに向いている

HINT!
業種によってページの構成を選択できる

ホームページ・ビルダー SPでテンプレートを選ぶときは、まずサイト全体の色合いやイメージを選択します。さらに、テンプレートには複数の［業種］が用意されていて、業種によってページの構成が異なるさまざまなサイトを作成できるようになっています。

Point
ホームページのイメージにあったテンプレートを選ぼう

テンプレートは自由に選ぶことができますが、どのテンプレートにしてもいいのかというと、そうではありません。テンプレートにはあらかじめ決められた配色があり、それと作りたいホームページのイメージが合っているテンプレートを選びましょう。例えば、会社のページを作りたいときは［ベーシック］や［ポップ］、［ナチュラル］などのシンプルな配色のテンプレートを、お店のホームページを作りたいときは、お店で販売している製品のイメージに近いテンプレートを選んでおくといいでしょう。

レッスン

7 ホームページ全体のデザインを決めるには

サイトの新規作成

複数のテンプレートの中から、自分のホームページにあったテンプレートを選択します。これから作るホームページのイメージに近いテンプレートを使いましょう。

1 [テンプレートの選択] の画面を表示する

レッスン❺を参考に、ホームページ・ビルダーを起動しておく

1 [新規作成] をクリック

2 テンプレートのデザインを選択する

[サイトの新規作成] ダイアログボックスが表示された

ここでは今回作成する和食店のホームページにあったデザインを選択する

1 [和風] をクリック

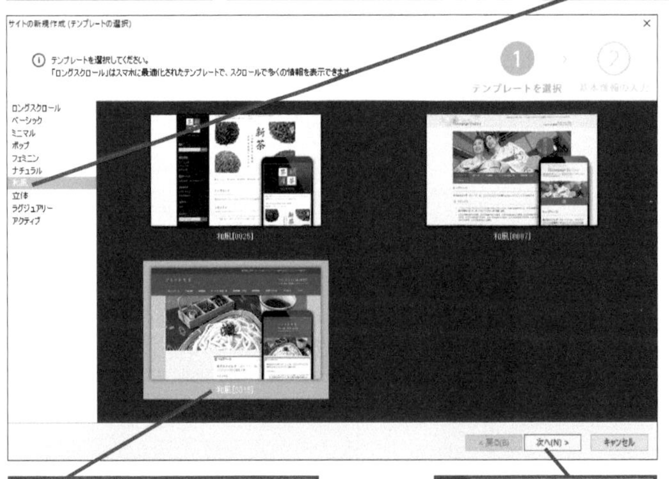

2 [和風[0015]]をクリック

3 [次へ]をクリック

キーワード

通常サイト	p.212
テンプレート	p.212

HINT!

テンプレートはどれを選択すればよいの？

テンプレートを選ぶときは、これから作ろうとするページの色合いにあったものを選びましょう。清潔感のあるホームページを作りたいときは青や白など寒色系の色を使うのが効果的です。また、赤やオレンジといった暖色系の色は、見る人に暖かい印象を与えることができます。

●テンプレートの種類

テンプレートの種類	向いているサイト
ロングスクロール	スマートフォンに最適化されたサイトを作成できる
ベーシック/ミニマル	企業のサイトに向いている
ポップ	飲食店や学習塾などのサイトに向いている
フェミニン/ナチュラル	色遣いが優しいデザイン。女性向けのサイトや落ち着いた雰囲気のお店に向いている
和風	和食店や居酒屋、和風小物を扱うサイトなどに向いている
立体	立体的な素材を利用しているデザイン。奥行きのあるイメージのサイトを作ることができる
ラグジュアリー	白を基調とした清潔なデザイン。ブライダルサービス、クリニックといった業種のサイトに向いている
アクティブ	スポーツを扱うサイトに向いている

3 サイトタイプの種類を選択する

ここでは［通常］を選択する

1 ［通常］をクリック

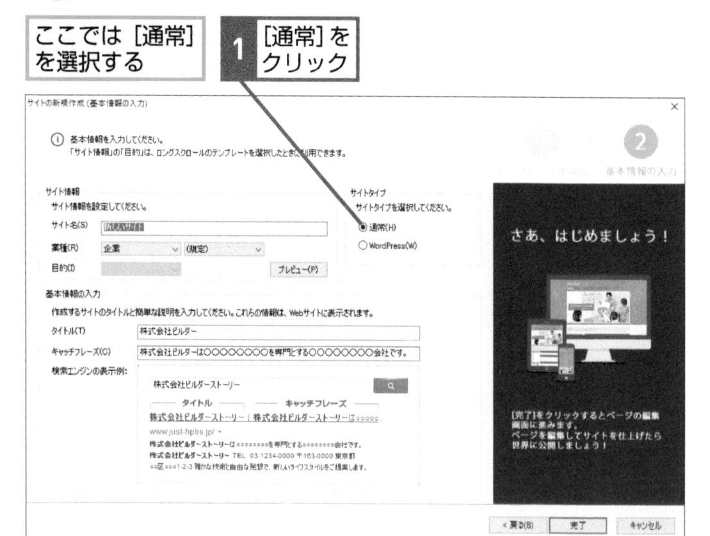

4 サイト名を入力する

ここではサイト名を「和食処できる」とする

1 サイト名を入力

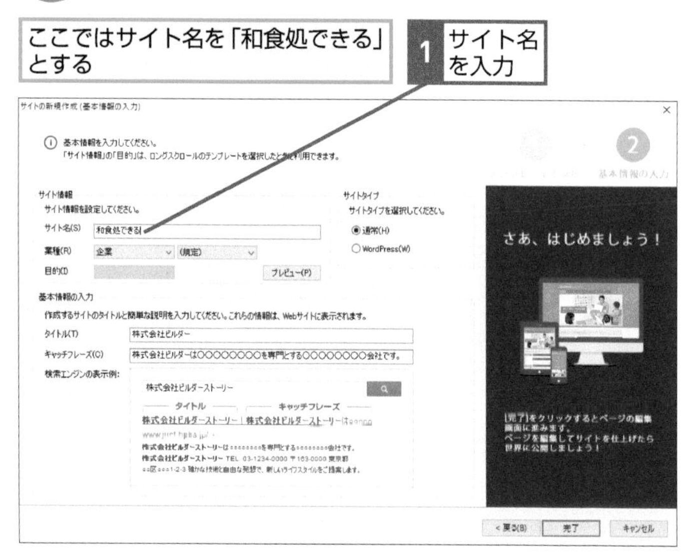

HINT!

［ロングスクロール］はどんなときに使うの？

「ロングスクロールSPテンプレート」とは、スマートフォンでWebページを見たとき、必要な情報をスクロールするだけですべての情報を確認できるテンプレートです。1ページに必要な情報をまとめられるので、ホームページを閲覧するユーザーの離脱を防げます。

HINT!

［サイトタイプ］は何を選択すればいいの？

サイトタイプには［通常］と［WordPress］の2つがあります。［通常］は一般的なサイトのことを差し、プロバイダーにホームページスペースがあれば、作成したホームページをインターネットに公開できます。［WordPress］はサーバー側がWordPressに対応している必要があります。本書では［通常］のサイトタイプを選択して操作を進めます。

HINT!

「サイト名」って何？

サイト名とは、作成したホームページが保存されるフォルダーのことです。自分で区別できるように適切なサイト名を入力しておけば、後でサイトを開くときに、確実に目的のサイトを開くことができます。

間違った場合は？

手順2で間違ってほかのテンプレートを選択した場合は、もう一度正しいデザインテンプレートをクリックします。

次のページに続く

5 業種を選択する

ここでは［飲食店］の［和食］を選択する

1 ここをクリックして［飲食店］を選択

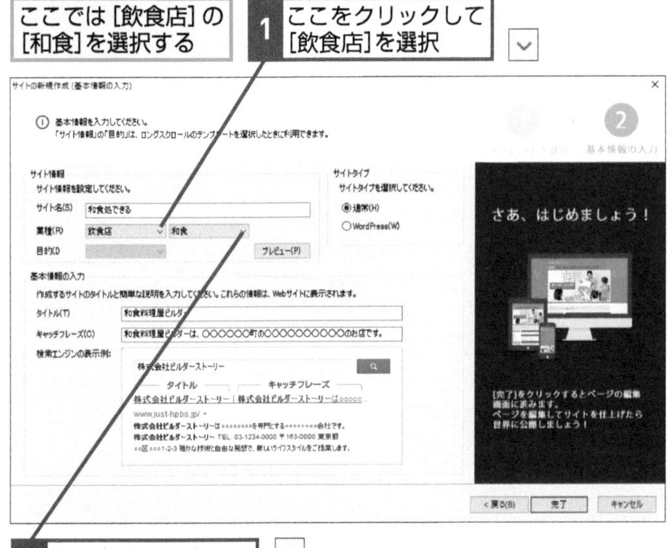

2 ここをクリックして［和食］を選択

6 基本情報を入力する

ホームページ上で表示される情報を入力する

1 タイトルとキャッチフレーズを入力

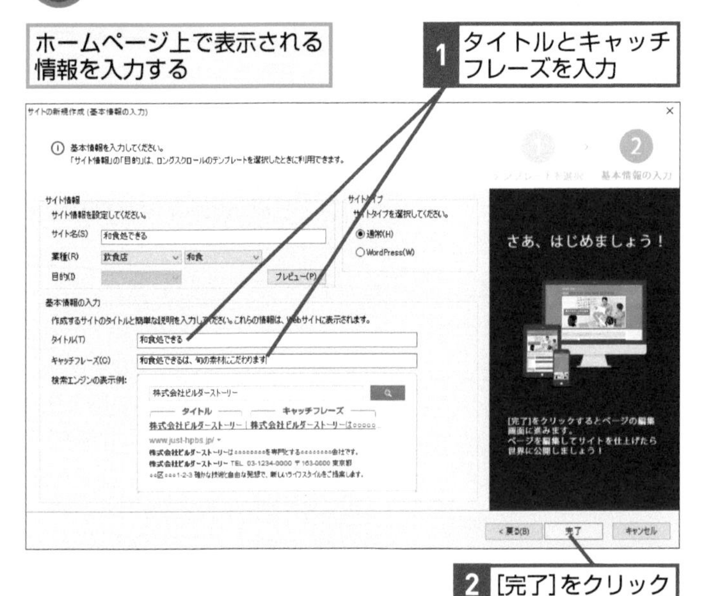

2 ［完了］をクリック

HINT! 業種によって作成されるページが違う

手順5では［業種］から［飲食店］-［和食］を選択していますが、選ぶ業種と業種のカテゴリーによって作成されるページの数やテキストの構成が変わります。これから作りたい業種に合わせて選択しましょう。なお、個人のページを作りたいときは［その他］-［趣味］を選択します。

HINT! 基本情報は何を入力すればいいの？

基本情報に入力する内容は、検索サイトの検索結果に表示されることがあります。タイトルは会社名やお店の名前を設定するのが一般的です。キャッチフレーズは、そのホームページの概要を簡単に説明した内容にします。ただし、キャッチフレーズは必ず検索サイトに表示されるわけではありません。

HINT! 検索サイトにはどのように表示されるの？

検索サイトがホームページの情報をインデックス（収集）するときには、タイトルとキャッチフレーズを重視します。一般に、検索結果では、ここで設定した［タイトル］と［キャッチフレーズ］が表示されるので、分かりやすく簡潔な内容を入力しましょう。

検索サイトではタイトルとキャッチフレーズが表示される

タイトル　キャッチフレーズ
株式会社ビルダーストーリー｜株式会社ビルダーストーリーは○○○○○...
www.just-hpbs.jp/
株式会社ビルダーストーリーは○○○○○○○○を専門とする○○○○○○○○会社です。
株式会社ビルダーストーリー TEL. 03-1234-0000 〒163-0000 東京都

間違った場合は？

手順5で間違った業種を選択してしまった場合は、もう一度同じ操作で業種を選択し直しましょう。

テクニック 後からテンプレートのデザインを変更する

ホームページの文字などのスタイルは、後から一括で変更することができます。スタイルを変更したいときは［ページスタイル］ボタンをクリックしてから、変更したいスタイルを選択します。例えば、［コンテンツ］の文字色を変更すると、現在編集中のページだけではなく、サイト内のすべてのページの文字色を変えることができます。なお、［すべてクリア］をクリックすると、変更を破棄して元に戻せます。

1 ［ページスタイル］をクリック

文字のフォントや背景の色などを変更できる

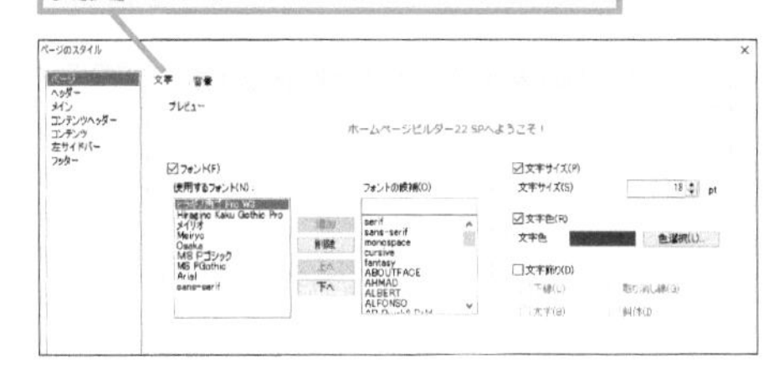

7 テンプレートの選択を終了する

「テンプレートを保存しました。」と表示された

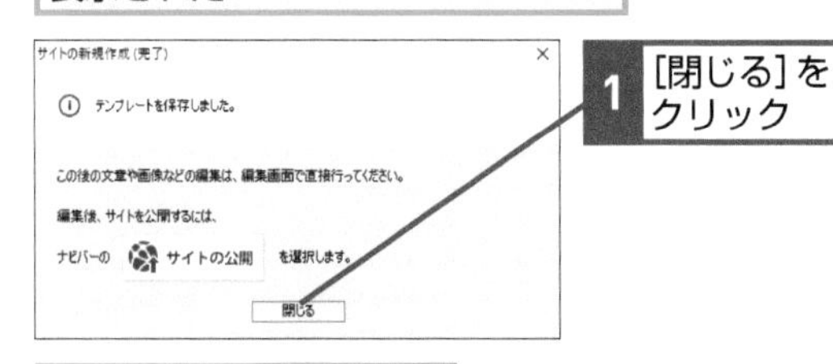

1 ［閉じる］をクリック

ホームページ・ビルダーの画面に戻った

選択したテンプレートの編集画面が表示された

HINT! ページは自動的に保存される

テンプレートからホームページを作成したときは、すべてのページが自動で保存されます。そのため、ここでは保存の操作は不要です。

Point デザインの整ったホームページを簡単に作れる

ホームページ・ビルダー SPは、テンプレートと呼ばれるひな型を使ってホームページを作ります。テンプレートを使うと、ホームページ作成の知識がまったくなくても、デザインが整ったきれいなホームページを簡単に作ることができます。テンプレートは、これから自分が作りたいページにイメージに合ったものを選択しましょう。まったく違うイメージのテンプレートを選んでしまうと、後でサイト全体を作り直さなければならないこともあるので注意しましょう。

レッスン 8

ホームページ・ビルダーの画面構成を知ろう

ホームページ・ビルダーの画面構成

ホームページ・ビルダー SPの画面構成を覚えましょう。ホームページ・ビルダーSPの画面は、編集領域やナビバーなどで構成されています。

よく使う機能はナビバーから操作する

メニューバーの下にある「ナビバー」には、「新規作成」や「開く」、「サイトの公開」などよく使う機能を呼び出すためのボタンが配置されています。また、ツールバーやメニューバーを使うと、「ナビバー」から呼び出させない機能を使うこともできます。それぞれの名前や位置、使い方を覚えておきましょう。

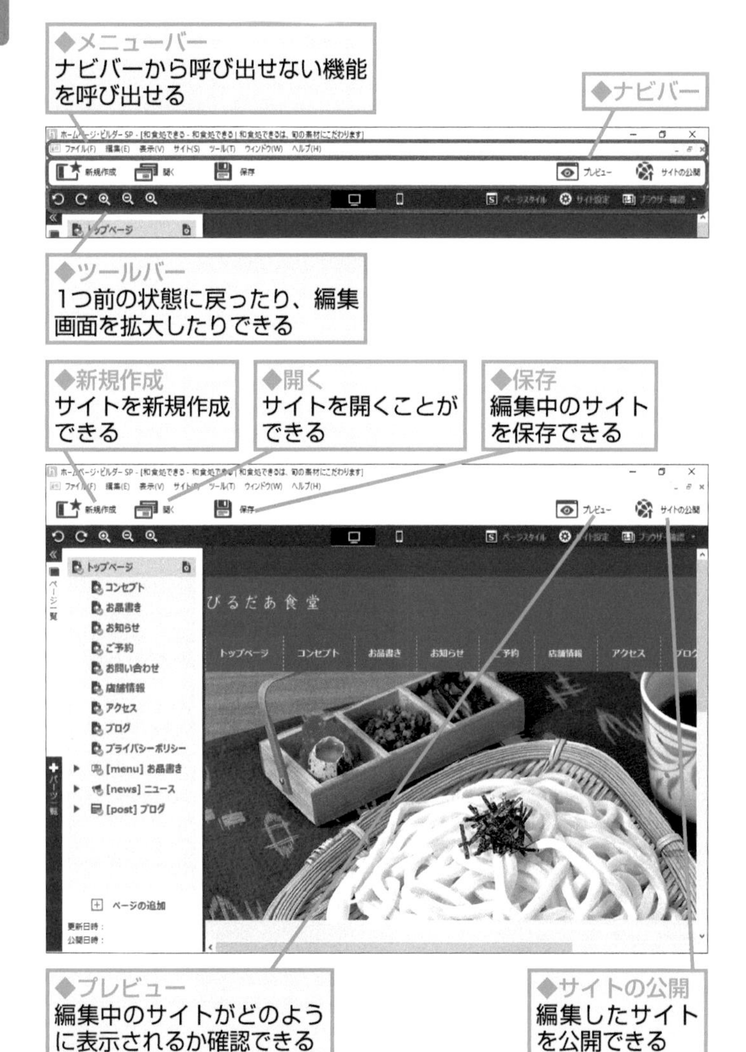

キーワード

ナビバー	p.213
パーツ	p.213
ページ	p.214

HINT!

画面を大きく表示するには

ナビバーやページ一覧、パーツ一覧を非表示にすると、編集画面を広げることができます。ページの全体を編集領域に表示できないときや、ページを横にスクロールさせないとパーツの選択ができないときなどは、編集領域を広くすると作業しやすくなります。

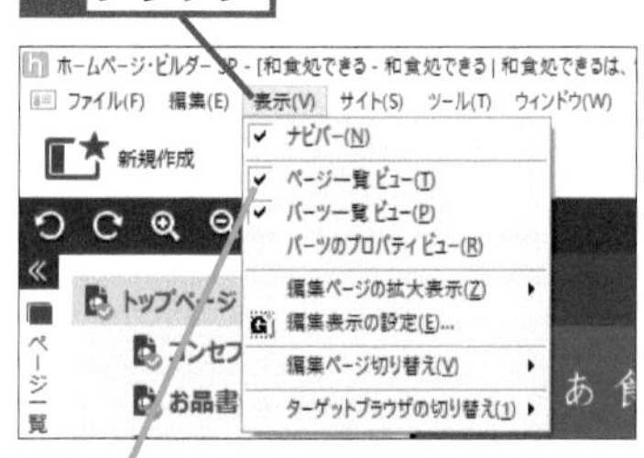

非表示にしたい画面の名前をクリックしてチェックマークをはずす

ページやパーツを一覧できる

ページ一覧ビューは、サイトに含まれているページの一覧が表示されます。もう一方のパーツ一覧ビューには、ページに挿入できるパーツの一覧が表示されます。ホームページ・ビルダー SPでホームページを作成したり、編集するときは、まずページ一覧ビューから編集したいページを開きます。次に､必要に応じてパーツ一覧ビューに表示されている部品をページに挿入しながら作成します。簡単な作業の流れを覚えておきましょう。

◆ページ一覧ビュー
サイトに含まれるページの一覧が表示される

◆パーツ一覧ビュー
さまざまなパーツが用意されており、ホームページに挿入できる

挿入できるパーツの一覧が表示される

ここをクリックしてページ一覧ビューとパーツ一覧ビューを切り替える

HINT!

「パーツ」って何？

パーツとは、ページ内に挿入できる部品のことです。ホームページ・ビルダー SPは、ページにさまざまなパーツを追加して、そのパーツを編集することでホームページを作成します。パーツにはいろいろな種類があり、ページ内に自由に挿入することができるようになっています。また、テンプレートから作成したページは、あらかじめパーツが挿入されています。それらのパーツも自由に編集することができます。詳しくは第4章で解説します。

Point

画面の構成を覚えて編集の準備をしよう

次の章からは、ページ内の文字やパーツを編集して、ページを作成していきます。実際にページを編集する前に、ホームページ・ビルダー SPの画面とナビバーやページ一覧、パーツ一覧などの役割を覚えておきましょう。ホームページ・ビルダー SPでは、編集領域に表示されたページに、いろいろなパーツや文字を追加して、パーツの細かい設定を変更していくことでページを作成していきます。

レッスン 9

ホームページの構成を確認しよう

テンプレートの要素

テンプレートからホームページを作成すると、いくつかのまとまったページで構成されたホームページができあがります。ページの構成や内容を確認してみましょう。

ホームページを構成するページの内容を確認する

テンプレートを選んでページを作成すると、いくつかのページがまとめて出来上がります。どのようなページが作成されるのかは、テンプレートで選んだ［業種］によって違います。例えば、業種で［店舗］を選ぶと、トップページのほかに「コンセプト」や「商品紹介」「会社案内」など、お店のホームページを運営するのに必要なページがまとめて作成されるので、ページの構成を考える手間を省くことができます。なお、ここで作成されたページの中に不要なページがあるときは、後で削除できるほか、新しいページを追加することもできます。

キーワード

テンプレート p.212

HINT!

インターネットに公開するには

テンプレートからホームページを作成しただけでは、インターネットに公開されません。インターネットにページを公開する方法は、第7章で詳しく解説します。

◆トップページ
会社や店舗のイメージを伝えるような写真や文章を掲載する

内容は、テンプレートによって異なる

◆お品書き
料理の写真や説明文、価格などを掲載する

◆コンセプト
店舗や会社のこだわりや商品の概念などを掲載する

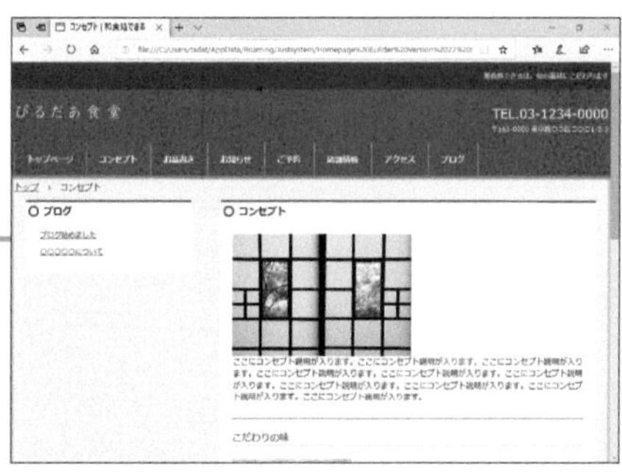

◆店舗情報
店舗名や代表者名、所在地など店舗の概要を掲載する

ページを構成する要素を確認する

テンプレートからページを作成したら、ページ内の要素を確認してみましょう。1つのページはいくつかの要素（パーツ）に分かれています。例えば、トップページではサイトのタイトル、タイトルバナー、サイトナビゲーション、本文、フッターなどのパーツで構成されています。どのようなパーツで構成されているのかは、ページの内容によって異なりますが、ホームページ・ビルダーSP では、パーツをカスタマイズしたり、新しいパーツを追加してホームページを作成していきます。

HINT! ページごとに要素は変わる

ページの種類によっては特殊なパーツが使われていることもあります。例えば、「アクセス」のページには地図が挿入されています。また、お問い合わせのページにはお問い合わせフォームが挿入されています。それぞれのページでどのような要素が使われているのかだいたいを把握しておくと、後で楽に編集できることを覚えておきましょう。

[アクセス] のページでは、ここに地図を挿入できる

Point テンプレートで作成したページを確認しておこう

テンプレートを使うと複数のページが一度に作成されます。作成されたページを見て、どのページが必要なのか、どのページが不要なのか、さらには新しく追加すべきページがあるかどうかを確認します。次に、それぞれのページの内容を確認しておきます。このときは、どの画像を差し替えるのかといったことや、オリジナルのホームページにするために、どのパーツを編集するのかといったことを考えておきましょう。ここで、しっかりと確認して今後の編集の流れを頭に入れておけば、ページの編集作業をスムーズに進められます。

レッスン

10

ホームページ・ビルダーを終了するには

ホームページ・ビルダーの終了

作業が終わったら、ホームページ・ビルダーを終了しておきましょう。[閉じる] ボタンを使う方法以外にも、いろいろな方法があります。

[閉じる] ボタンから終了する

1 ホームページ・ビルダーを終了する

1 [閉じる]をクリック

2 ホームページ・ビルダーが終了した

ホームページ・ビルダーが終了し、デスクトップが表示された

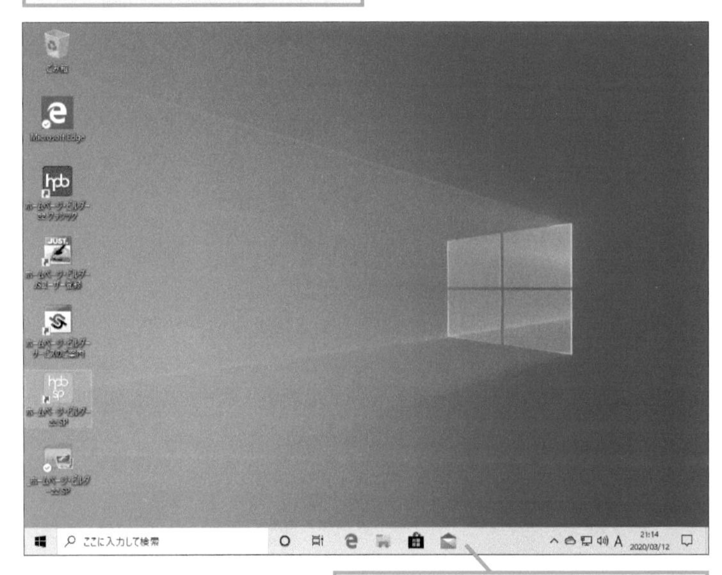

タスクバーからホームページ・ビルダーのボタンが消えた

キーワード

ページ p.214

HINT!

保存の確認画面が表示されたときは

終了時にページの保存を確認するダイアログボックスが表示されることがあります。このダイアログボックスでは、ページを編集して保存し忘れていたときに、うっかり閉じてしまうといった失敗を防げます。ページを保存したいときは [はい] ボタンを、保存したくないときは[いいえ]ボタンをクリックしましょう。なお、保存については、レッスン⓱で詳しく解説します。

保存する場合は[はい]を、しない場合は [いいえ] をクリックする

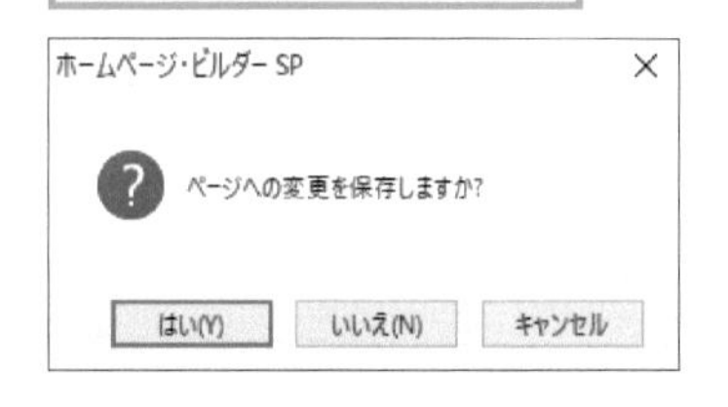

間違った場合は?

手順1で [ページを閉じる] ボタン(×) をクリックしても、ページが閉じるだけでホームページ・ビルダーは終了しません。もう一度はじめからやり直します。

[ファイル] メニューから終了する

1 [ファイル] メニューを表示する

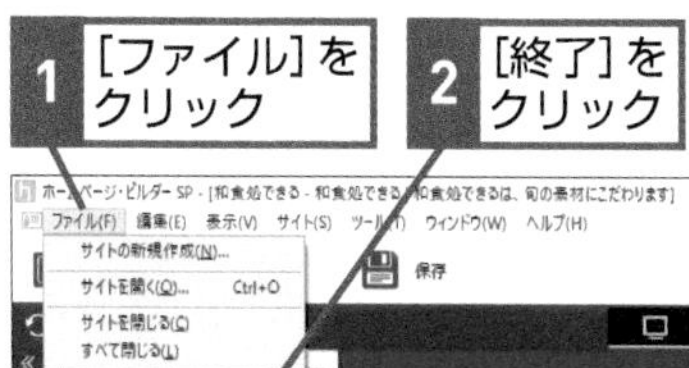

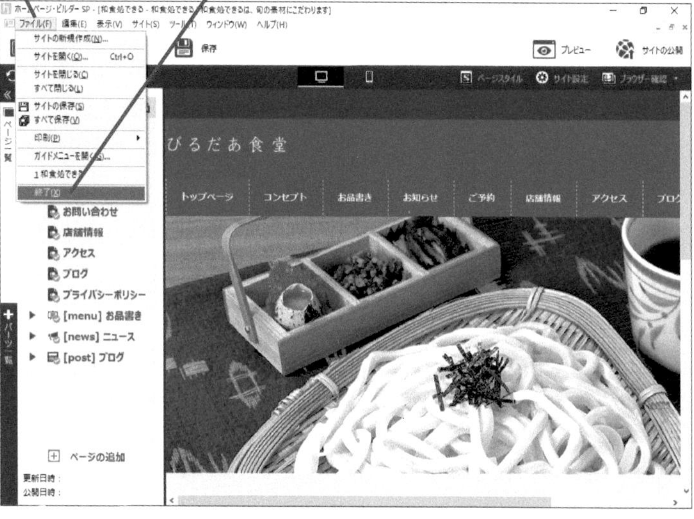

2 ホームページ・ビルダーが終了した

ホームページ・ビルダーが終了し、デスクトップが表示された

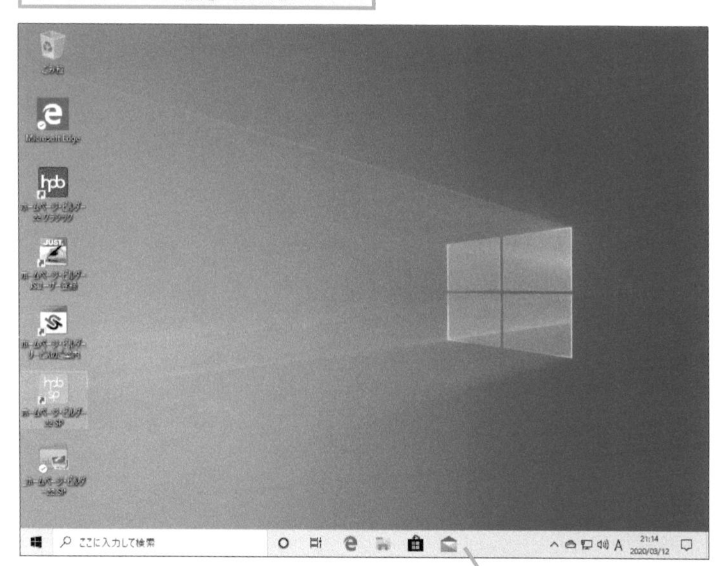

タスクバーからホームページ・ビルダーのボタンが消えた

HINT! タスクバーからも終了できる

ホームページ・ビルダーが最小化されていたり、デスクトップが表示されていたりして、画面にホームページ・ビルダーが表示されていないことがあります。その場合も、タスクバーを使えばホームページ・ビルダーを終了させることができます。タスクバーにあるホームページ・ビルダーのボタンを右クリックしてから［ウィンドウを閉じる］をクリックしましょう。

1 ホームページ・ビルダーのボタンを右クリック

2 [ウィンドウを閉じる] をクリック

Point ホームページ・ビルダーを使い終わったら終了しておこう

ホームページ・ビルダーの作業が終了したら、ホームページ・ビルダーを終了しましょう。ホームページ・ビルダーには、このレッスンで紹介しているように［閉じる］ボタンで終了する方法と、[ファイル] メニューから終了する方法があります。どちらの方法でも、ホームページ・ビルダーを終了できるので、覚えやすい方法で終了しましょう。

この章のまとめ

●テンプレートからホームページの骨格を作る

ホームページ・ビルダー SPにあらかじめ用意されているテンプレートを使えば、ホームページ作りの知識がまったくなくても、簡単にホームページを作ることができます。テンプレートの中から、これから作成したいホームページの内容に合わせてデザインを選ぶだけで、デザインとレイアウトの整ったホームページの骨格が出来上がります。テンプレートから作ったページは誰が作っても同じようになりがちだと思うかもしれません。しかし、ページにレイアウトされている画像や文字などを入れ替えれば、自分だけのオリジナルのページを作ることができます。この後の章では、文章や画像を編集して、テンプレートで作成したページをオリジナルのページに仕上げていきます。

簡単にホームページのひな型を作成できる

テンプレートを選び、ホームページの骨格を作る

第3章 文字を編集しよう

テンプレートから作成したページは、そのまま使うことはできません。ページ内の文字を編集してオリジナルのページを作ってみましょう。この章では、テンプレートから作成したサイトやページを開く方法や、ページ内の文字を編集する方法について説明します。

●この章の内容

レッスン 11

ホームページ・ビルダーで文字を編集しよう

文字の編集

この章ではテンプレートを元にして、文字の入力や書式の変更などの編集をします。テンプレートを編集すれば自分だけのオリジナルのページにできます。

ホームページ・ビルダーの操作方法

ホームページ・ビルダーを使い始める前に、ページの一覧や編集画面の役割を覚えておきましょう。ホームページの文字や画像は編集領域と呼ばれる画面で編集します。編集画面の編集領域にはフォーカス枠と呼ばれる枠が表示され、どの部分を編集しているのかがすぐに分かるようになっています。

キーワード

ナビバー	p.213
フォーカス枠	p.214
ページ一覧ビュー	p.214

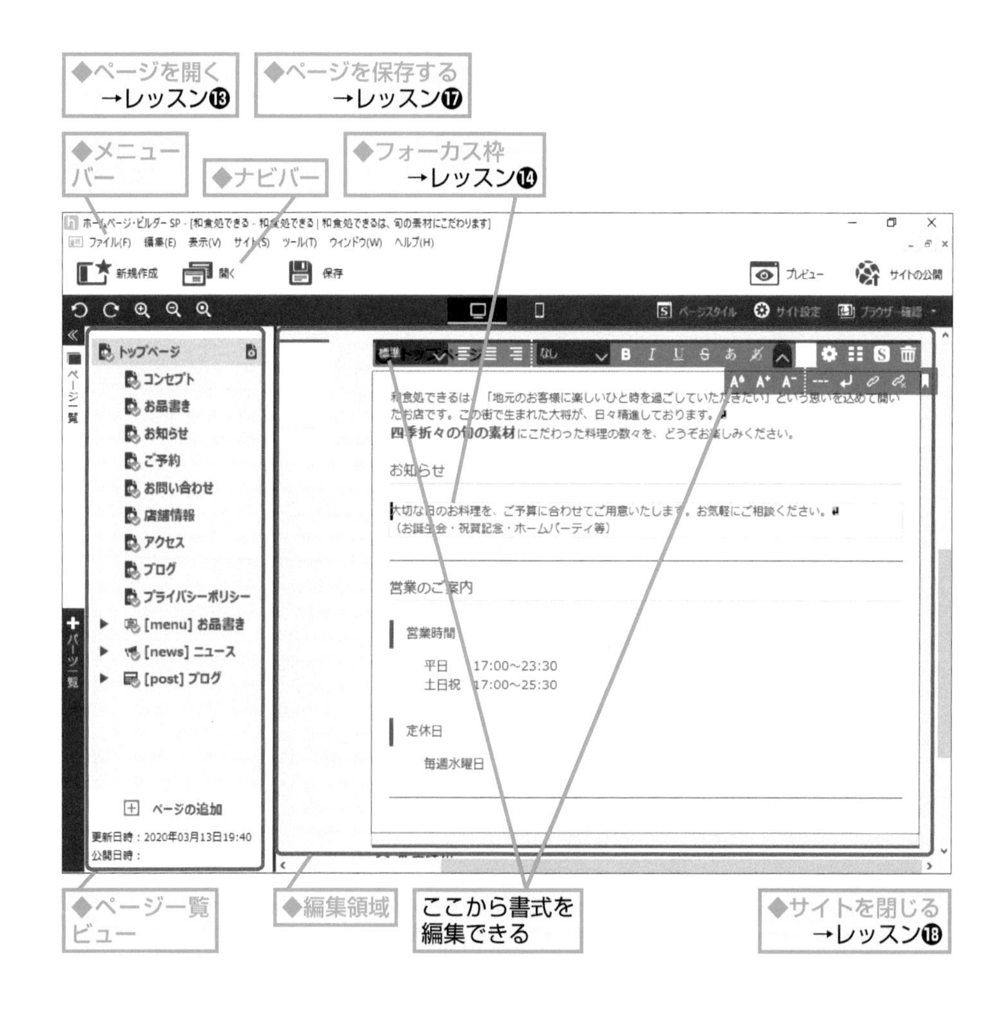

文字を編集して内容を充実させる

テンプレートには、「ここに文字を入力する」ということが分かるように、仮の文字があらかじめ入力されています。テンプレートのままの状態では、ホームページとして意味を持たないので、文章を入力して内容（コンテンツ）を充実させていきましょう。ホームページ・ビルダーでは、文章を入力するだけではなく、文字の書式を変更したり、箇条書きにしたりする機能があります。ホームページ・ビルダーの編集機能を使って、魅力的な内容のページを作りましょう。

●文字を編集する

テンプレートには、仮の文字や文章が入力されている

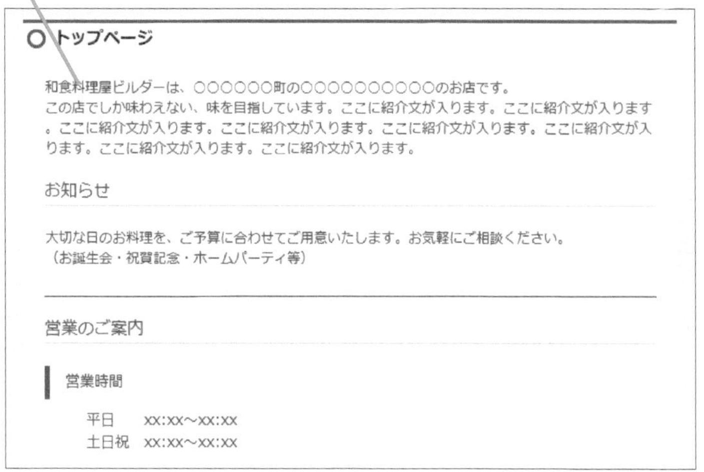

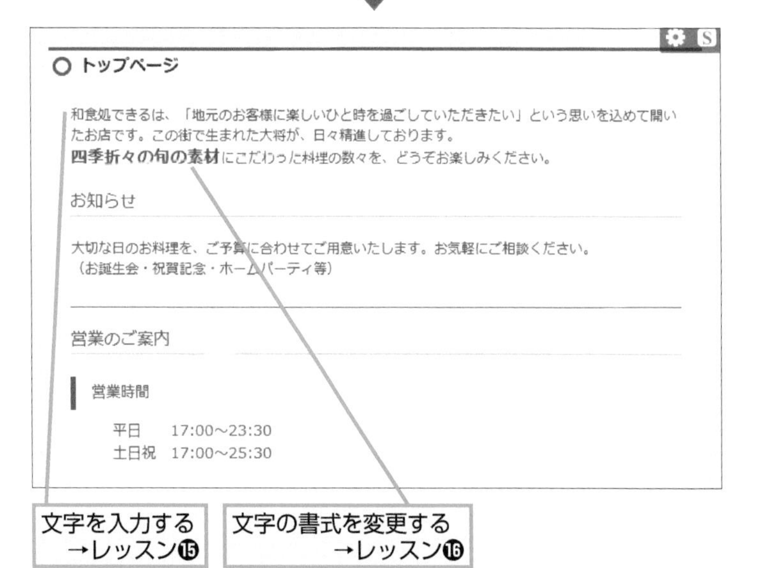

文字を入力する
→レッスン⑮

文字の書式を変更する
→レッスン⑯

HINT!

編集領域は拡大・縮小できる

ツールバーの虫眼鏡ボタンをクリックすると、編集領域を拡大、縮小することができます。［編集領域の縮小］をクリックすると、編集領域にページ全体を表示させることができます。全体の構成を確認したいときに使いましょう。また、［編集領域の拡大］をクリックすると編集領域を拡大できます。細かい部分を微調整するときは、拡大しておくと調整しやすくなります。

［編集領域の拡大］と［編集領域の縮小］をクリックすれば、編集領域の大きさを変更できる

［編集領域の表示倍率をリセット］をクリックすれば、編集領域の大きさが最初の倍率に戻る

Point

文字を編集して オリジナルのページにしよう

テンプレートで作成したページには、タイトルやキャッチフレーズは入力されていますが、すべて仮の文章です。テンプレートでページを作成した後は、ページ内の文章を修正することでオリジナルのホームページを作ることができます。まずは、ホームページ・ビルダーの画面の構成を確認しておきましょう。

レッスン

12 サイトを開くには

開く

第2章で作ったホームページを編集する前に、サイトを開いておきましょう。サイトを開くと、編集画面にはトップページが表示されます。

1 ガイドメニューを閉じる

レッスン❺を参考に、ホームページ・ビルダーを起動しておく

ガイドメニューが表示された

1 [閉じる]をクリック

2 [サイト一覧/設定] ダイアログボックスを表示する

ガイドメニューが閉じた

1 [開く]をクリック

キーワード

ガイドメニュー	p.210
フォルダー	p.214

HINT!

ガイドメニューから直接サイトを開くには

以下の手順で、ガイドメニューからサイトを開くこともできます。[サイトを開く] ダイアログボックスが表示されたら、開きたいサイトを選択します。

1 [開く]をクリック

手順3の画面が表示される

3 サイトを選択する

[サイト一覧/設定]画面が表示された

ここではレッスン❼で作成したサイトを開く

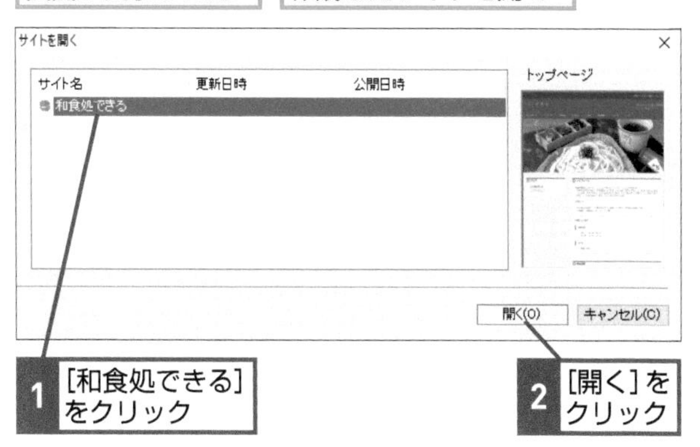

4 選択したサイトの編集画面が表示された

サイトのトップページが表示された

ここにサイト名が表示される

HINT!

不要なサイトを削除するには

不要になったサイトは、以下の手順で削除できます。ただし、削除されるのはホームページ・ビルダーで管理しているサイトの情報のみです。サーバーにアップロードしたページが削除されるわけではありません。

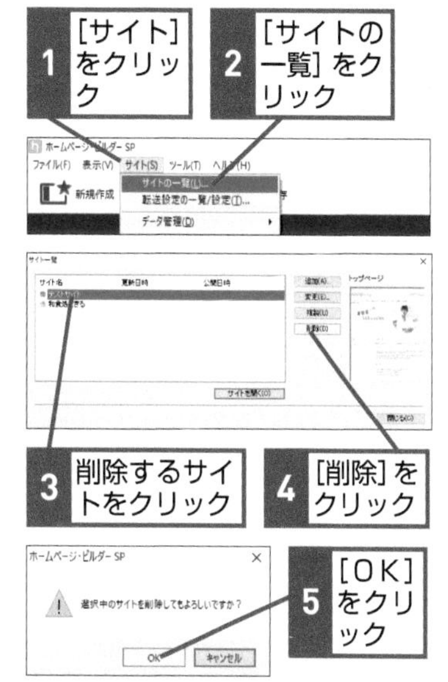

間違った場合は？

手順3で違うサイトを開いてしまったときは、もう一度手順2からやり直します。

Point

サイトを開く方法を覚えよう

サイトを開くと、保存されているページの編集やページの追加ができるようになります。この章ではテンプレートから作成したページを編集していきます。ページは、レッスン❼で作成したサイト名のフォルダーに保存されています。そのため、トップページの編集を始める前に、サイトを開く必要があります。サイトに含まれているページを編集したり、新しいページを追加したいときは、まずサイトを開きましょう。

レッスン

13 ページを開くには

ページ一覧ビュー

サイトを開いたら、ページ一覧ビューから編集したいページを開きましょう。ここでは、第2章で作成したサイトの［店舗情報］のページを開きます。

1 ほかのページを表示する

ページ一覧ビューにページの一覧が表示されている

ここでは［店舗情報］のページを表示する

1 ［店舗情報］をクリック

2 ページの下部を表示する

［店舗情報］のページが表示された

1 ここを下にドラッグしてスクロール

キーワード

ページ	p.214
ページ一覧ビュー	p.214

HINT!

編集領域を広げるには

編集領域にページがすべて収まらないときは、編集領域を広げると作業しやすくなります。以下の手順で、編集領域を広げましょう。

1 ここをクリック

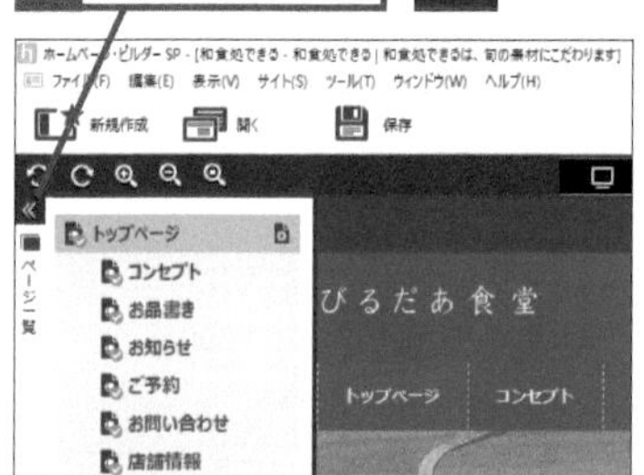

編集領域が広がった

ここをクリックすると元の状態に戻る

間違った場合は？

手順1で違うページをクリックしてしまった場合は、［店舗情報］をクリックし直しましょう。

3 再びトップページを表示する

[店舗情報] のページの下部が表示された

1 [トップページ]をクリック

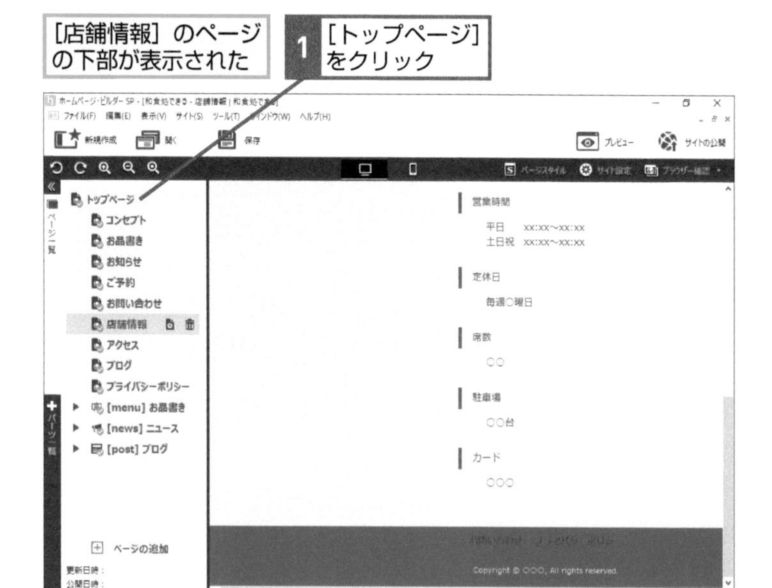

4 トップページが表示された

ほかのページも同様の手順で確認しておく

HINT! ページ一覧ビューを非表示にするには

ページ一覧ビューは、次の手順で表示・非表示を切り替えられます。

1 [表示]をクリック

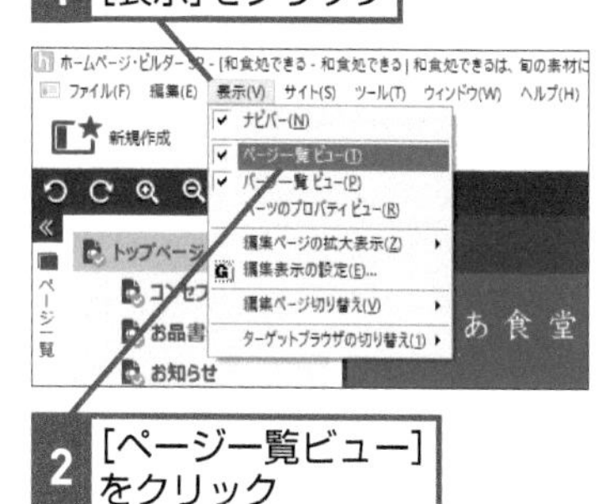

2 [ページ一覧ビュー]をクリック

HINT! 「投稿」の項目がある

[ページ一覧ビュー] の下部に表示されている「お品書き」「ニュース」「ブログ」などのページは、「投稿」と呼ばれるコンテンツです。記事を投稿することで内容を充実させることができます。「投稿」については、第10章で詳しく説明します。

Point 編集をする前にページを開こう

サイトを開いただけでは、トップページ以外のページを編集できません。このレッスン以降では、第2章で作ったサイトに含まれているページを編集します。ページを編集するには、サイトを開いた後で、編集したいページを開く必要があることを覚えておきましょう。ページを開くにはページ一覧ビューを使います。ページ一覧ビューには、サイトに含まれているすべてのページが表示されるので、編集したいページを簡単に見つけられます。

レッスン

14 編集する要素を確認するには

フォーカス枠

テンプレートで作成したページには自由に編集できる部分と、編集できない部分があります。ここでは2つの違いを覚えておきましょう。

1 ホームページ・ビルダーで編集する要素を確認する

レッスン⑬を参考に、トップページを表示しておく

1 ここを下にドラッグしてスクロール

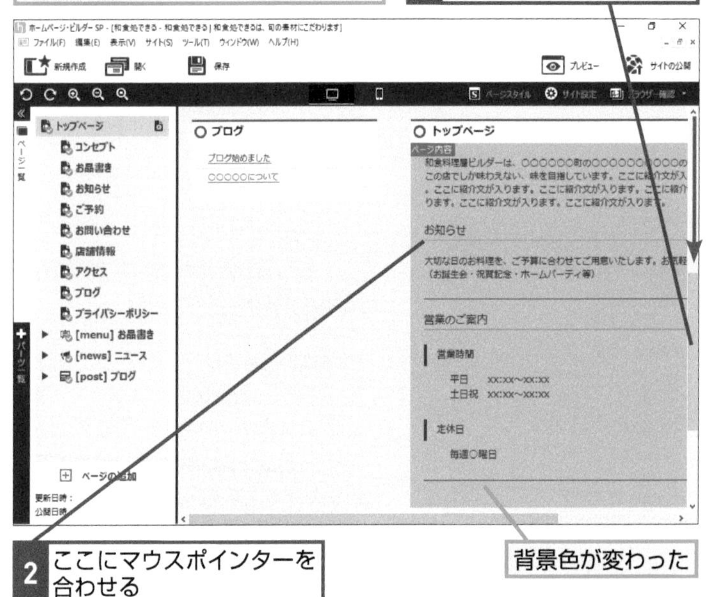

2 ここにマウスポインターを合わせる

背景色が変わった

2 フォーカス枠を表示する

1 ここをクリック

フォーカス枠が表示され編集可能な状態になった

フォーカス枠が表示されない部分は編集できない

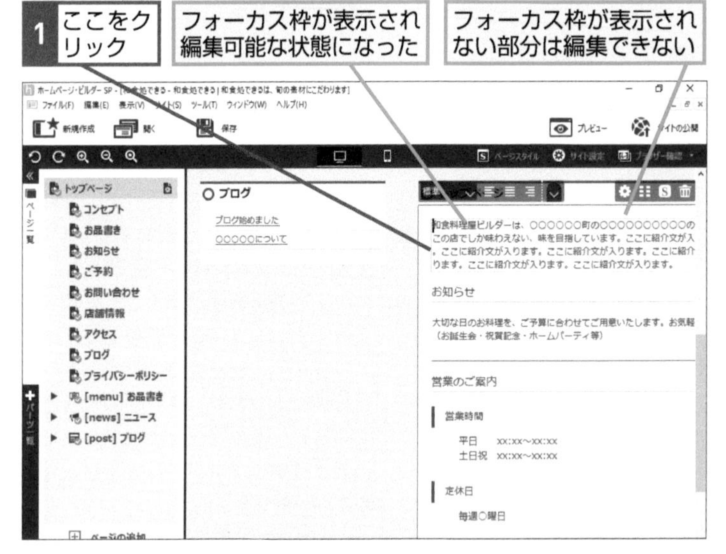

キーワード

[パーツのプロパティ] ボタン	p.213
フォーカス枠	p.214

HINT!

編集できる部分を見分けるには

編集ができる部分を見つけるにはいくつかの方法があります。一番分かりやすい方法は、編集画面で何も選択していない状態のときに、マウスポインターを合わせてみる方法です。マウスポインターを合わせた位置の背景色が変化したときは、その領域が編集可能であることを表しています。

HINT!

「フォーカス枠」って何？

手順2で表示されたフォーカス枠とは、編集したい部分をクリックしたときに表示される枠のことです。フォーカス枠によって、これからどの部分を編集するのかを確認できます。

間違った場合は？

手順2で違う場所をクリックしてしまった場合は、そのまま手順2の場所をクリックし直しましょう。

③ ほかの要素を選択する

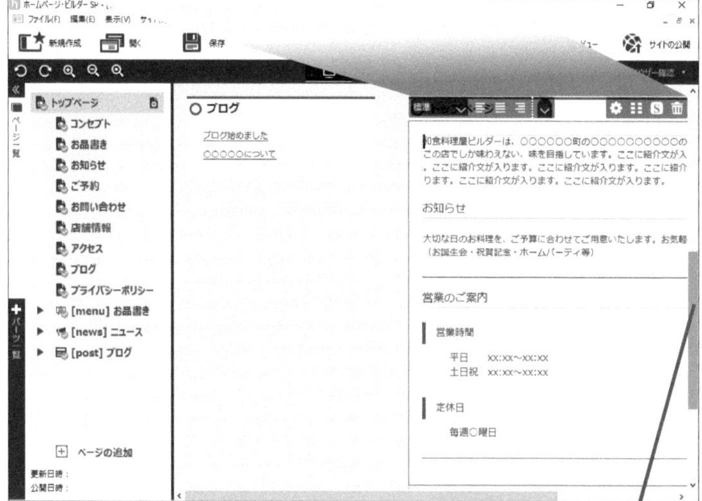

1 ここを上にドラッグしてスクロール

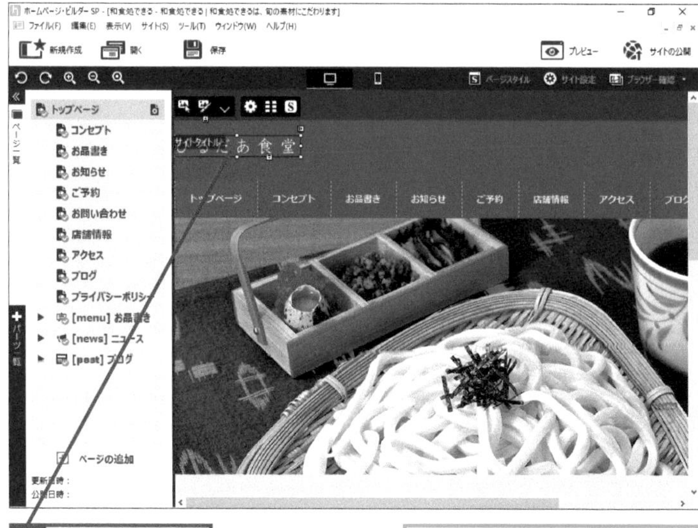

2 ここをクリック

元の要素の選択が解除され、ほかの要素が選択された

HINT! [パーツのプロパティ]ボタンって何？

[パーツのプロパティ]ボタン(⚙)は、ページに挿入されているパーツの設定をするためのボタンです。[パーツのプロパティ] ボタンを使うと、デザインや画像、パーツの配置方法などを自由に設定できます。

HINT! タイトルや画像も選択できる

このレッスンでは、文字列を編集するために編集領域の「テキストボックス」を選択しました。ページ内に挿入されているほかのパーツも「テキストボックス」と同様に、マウスをクリックして選択できます。パーツを選択すると、パーツのツールバーや、[パーツのプロパティ] ボタンなどが表示されます。

タイトルや画像も選択できる

Point あらかじめ編集できる領域を確認しておこう

ホームページ・ビルダーで編集できる領域を覚えておくと、スムーズにページの編集作業ができます。編集できる領域は、マウスポインターを合わせると、反転して背景の色が変わります。背景の色が変わらない部分にはパーツが存在していないため、編集ができません。この2つの違いを覚えておきましょう。

レッスン

15 文章を入力するには

文字の入力

トップページに文字を入力して、必要な情報を盛り込んでいきましょう。テンプレートにあらかじめ入力されている文字を消してから、新しい文字を入力します。

1 修正したい部分を選択する

レッスン⑭を参考に、編集したいパーツを選択してフォーカス枠を表示しておく

1 ここを下にドラッグしてスクロール

2 ここを右にドラッグしてスクロール

3 ここをクリック

修正したい部分が選択され、フォーカス枠が表示された

2 文字を選択する

テンプレートの文章を修正するため、文字を選択する

1 ここにマウスポインターを合わせる

2 ここまでドラッグ

文字が選択された

delete キーを押すと、文字が削除される

キーワード

改行	p.210
パーツ	p.213
フォーカス枠	p.214
レイアウト	p.215

HINT!

ページはすでにレイアウトされている

テンプレートから作成したページは、タイトルやトップページの画像、ページに含まれている文章などが対応するパーツを使ってレイアウトされています。このレッスンでは、ページにあらかじめ配置されているテキストボックスに文章を入力します。

間違った場合は？

手順1の操作3でクリックする場所を間違えたときは、もう一度修正したい部分を選択し直しましょう。

3 文字を入力する

文字を選択した状態で、新たに文字を入力すると、元の文字が削除される

1 修正したい文章を入力

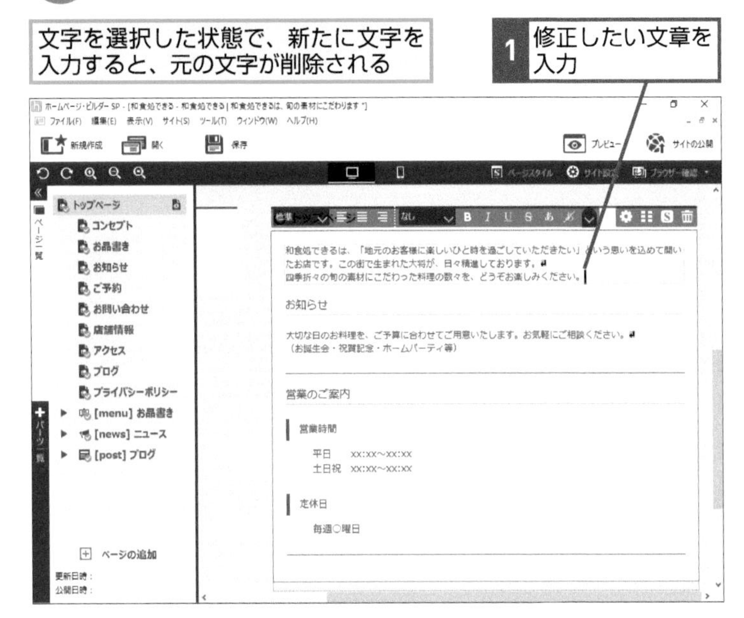

HINT!
改行と段落の違いを覚えておこう

文章内で改行したいときはCtrlキーを押しながらEnterキーを押します。Enterキーを押すと改行ではなく、カーソル位置の前後で文章が段落に分かれます。この2つの違いを覚えておきましょう。

●段落の挿入

1 Enterキーを押す

文章が段落に分けられた

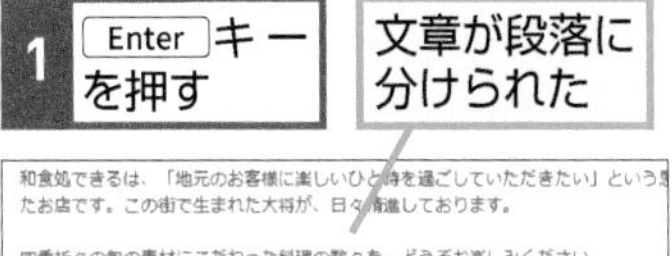

●改行の挿入

1 Ctrl+Enterキーを押す

文章内で改行された

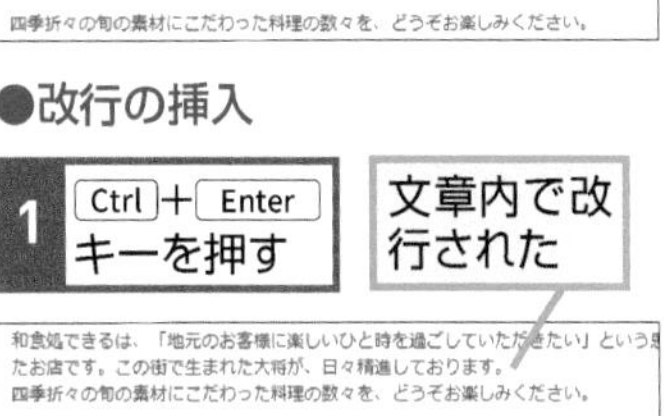

4 文章を修正できた

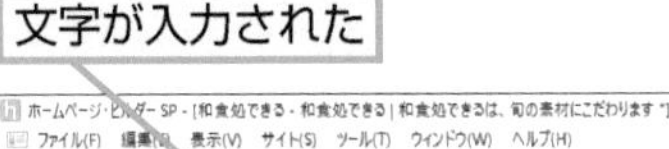

文字が入力された

手順2～3を参考に、ここの文章を修正しておく

HINT!
半角カナ文字は使わない

文章に半角カナ文字を使うと、ブラウザーで正しく表示されないことがあります。文章を入力するときは、半角カナ文字を使わないようにしましょう。

Point
テンプレートの文章は自由に変更できる

テンプレートから作成したページには、あらかじめ用意された文章が入力されています。テンプレートからページを作成した後は、自分のお店や会社などの情報に合わせて、文章をすべて修正しておきましょう。ページ内の文章はワープロソフトのような感覚で簡単に修正できます。ページ内の文章を修正することでオリジナルのホームページを作りましょう。

レッスン

16 文字の大きさや太さを変更するには

文字の書式

文字を入力したら、文字の色やサイズなどの書式を変更してみましょう。文字の書式は1つずつに変更することも、一度にまとめて設定することもできます。

文字の大きさを変更する

1 書式を変更したい文字を選択する

色と太さを変えたい文字を選択する

ここではレッスン⑮で入力した、「四季折々の旬の食材」という文字を選択する

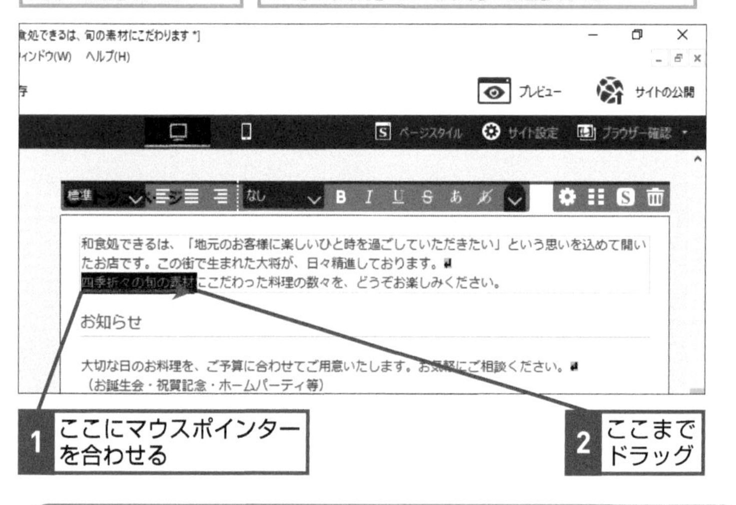

1 ここにマウスポインターを合わせる

2 ここまでドラッグ

2 ほかの機能を表示する

文字の大きさや色を変更するツールバーを表示する

1 [その他]をクリック

HINT!

文字を見出しにするには

文字には「標準」や「見出し」などの種類があり、それぞれ別々のレイアウトや色が割り当てられています。文字列を見出しにしたいときは、ツールバーの［標準］を［見出し］に変更します。

HINT!

文字に斜線や下線を引くには

ツールバーを使うと、文字列に斜線や下線を引くなどさまざまな修飾ができます。文字列を修飾したいときは、あらかじめ文字列を選択してから、ツールバーのボタンをクリックします。

ボタンをクリックして文字を修飾できる

B I U S あ あ

HINT!

文字に色を付けたいときは

文字に色を付けるにはツールバーの［文字色変更］ボタン（）をクリックします。

間違った場合は？

手順1で文字の選択範囲を間違えたときは、もう一度文字を選択し直します。

③ 文字の大きさを変更する

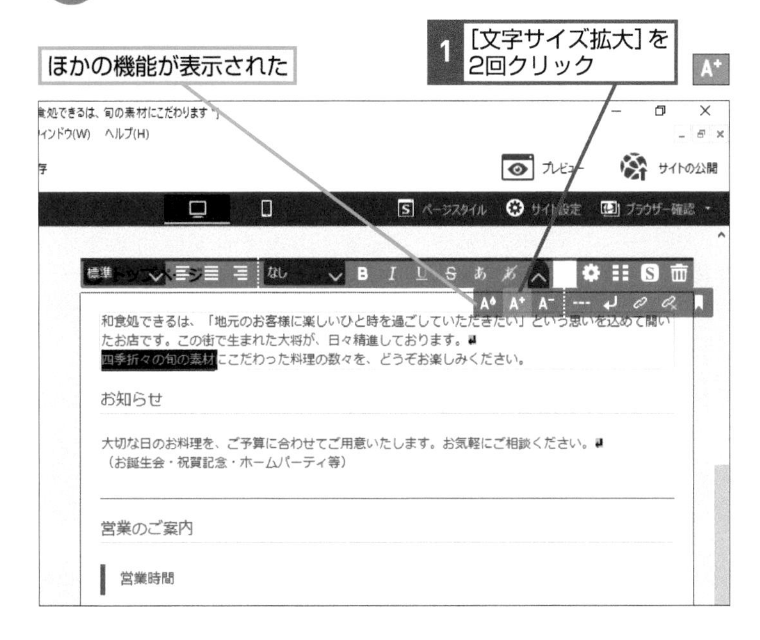

④ 文字の大きさが変更された

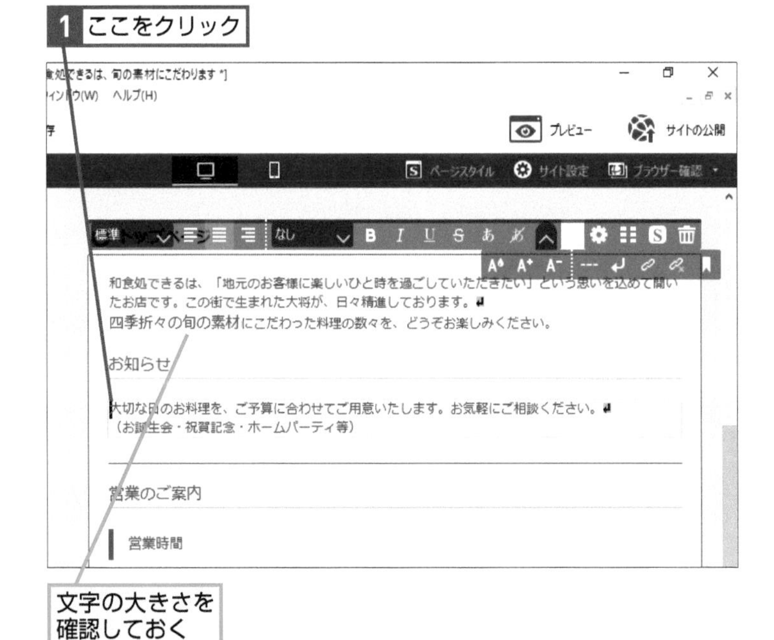

HINT!

水平線を挿入するには

文章中には水平線を挿入できます。水平線を挿入すると、挿入位置の前後で文章を分割できます。1つの文章で話題を変えたいときに使うと効果的です。水平線を挿入するにはツールバーの［水平線挿入］ボタンをクリックします。

手順3の画面を表示しておく

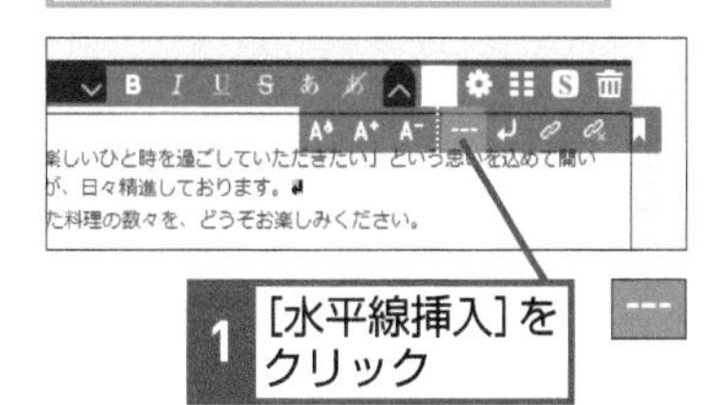

HINT!

改行を挿入できる

文章中に改行を挿入するには、文章の入力途中でCtrlキーを押しながらEnterキーを押す方法と、ツールバーの［改行挿入］ボタンをクリックする方法の2つがあります。どちらの操作も結果は変わりません。操作しやすい方を使いましょう。

HINT!

元のデザインに合わせて書式を変更しよう

文字は色を変えたり、大きさを変えたりといった細かいデザインの変更ができます。ただし、文字を背景と同系色の色にするなど、元のデザインからあまりかけ離れたデザインや色彩にしてしまうと、文字が読みづらくなってしまいます。また、強調したい部分が多いからといって、複数の色を文字に設定するとページ全体が煩雑になり、読みにくくなります。文字の修飾は控えめにすると最大限の効果を発揮することができるので覚えておきましょう。

次のページに続く

文字の太さを変更する

1 選択した文字の太さを変更する

54ページの手順1を参考に、太さを変更する文字を選択しておく

1 [太字]をクリック B

2 文字の太さを変更できた

1 ここをクリック

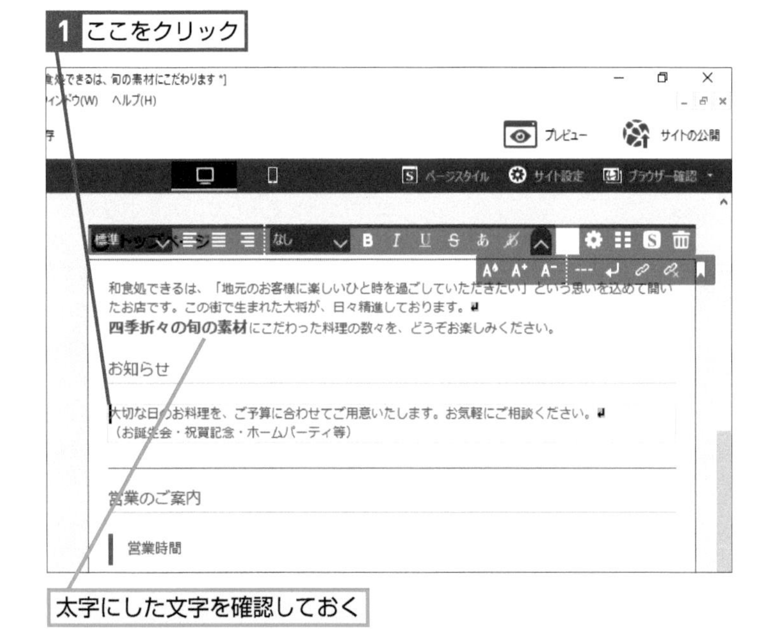

太字にした文字を確認しておく

HINT!

文字の配置を変更するには

文字の書式を変更するだけではなく、文章の配置方法も変更できます。配置を変更したい文章をクリックしてから、［左揃え］［中央揃え］［右揃え］のボタンをクリックします。なお、配置は段落単位で行われます。配置がうまくいかないときは、Enter キーを押して段落を分け、分けた段落ごとに配置を設定しましょう。

◆左揃え ◆中央揃え ◆右揃え

HINT!

大きくした文字を元に戻すには

大きくした文字を元に戻したいときは、［文字サイズ縮小］ボタン（A⁻）をクリックします。

［文字サイズ縮小］をクリックすると文字を小さくできる

Point

デザインを考えながら書式を設定しよう

ホームページ・ビルダーでは簡単に文字の書式を変更できます。文字の書式を変更するときは、読みやすいかどうかを常に確認してください。必要以上に大きい文字や、小さすぎる文字は読みにくくなってしまうだけなので避けましょう。色を付けるときも、文字が読みにくくならないように注意します。読みにくいページは検索サイトで順位が落ちることもあります。文字の色を変えるときは、ページ全体の色のイメージを損なわないように、控えめに設定すると見た目にきれいなホームページを作ることができます。

テクニック 取り消しやり直しのボタンを使いこなそう

ホームページ・ビルダーの操作を間違えてしまったときは、［操作を元に戻します］ボタン（）をクリックしましょう。［操作を元に戻します］ボタン（）をクリックすると、直前に行った編集をキャンセルして、元に戻すことができるようになっています。また、一連の編集を行ってから、［操作を元に戻します］ボタン（）を何度かクリックすると、順番に前の状態に戻すことができます。操作を間違えたときは、最初から操作をやり直すのではなく［操作を元に戻します］ボタン（）を使うと効率良く編集をすることができます。また、［操作をやり直します］ボタン（）をクリックすると、元に戻した操作をもう一度やり直すことができます。操作を元に戻しすぎたときなどは、改めて編集をするよりも［操作をやり直します］ボタン（）を使う方が効率良く編集できるでしょう。

●操作を取り消す

文字に下線を付けてしまった

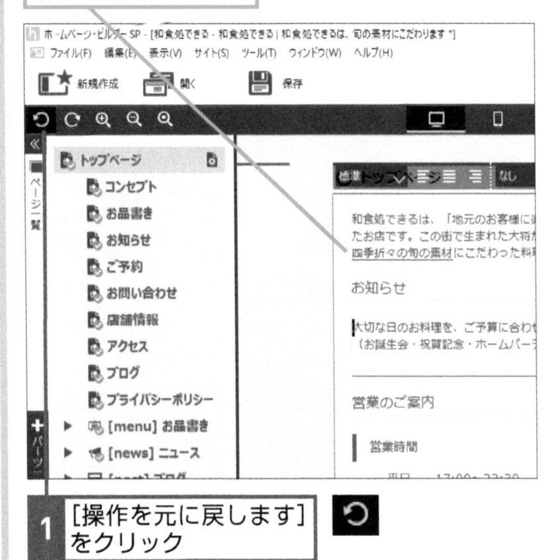

1 ［操作を元に戻します］をクリック

1つ前の状態に戻った

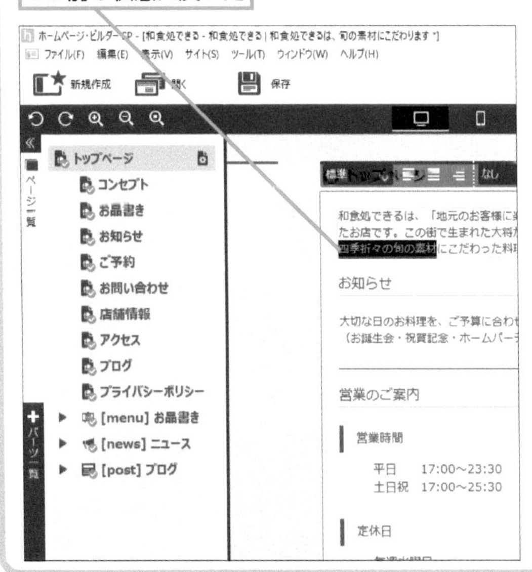

●取り消した操作をもう一度実行する

操作を取り消したが、やはりもう一度実行したい

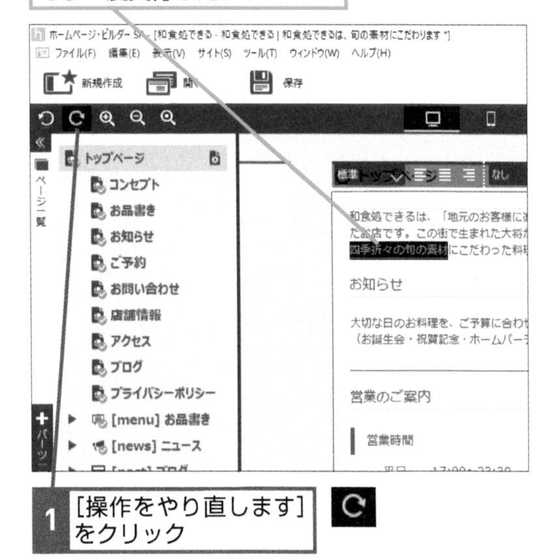

1 ［操作をやり直します］をクリック

取り消した操作がもう一度実行された

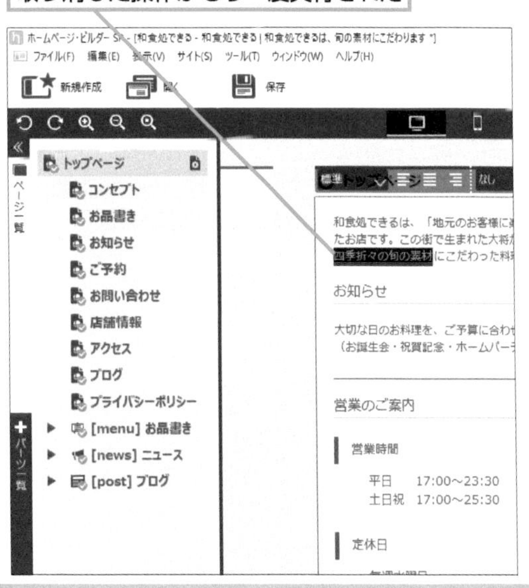

レッスン

17 変更したサイトを保存するには

保存

ページを作成したり、編集したときは、終了する前に必ず「保存」の操作を行います。保存しないと、編集した内容が失われてしまうので気を付けましょう。

1 保存しているかどうかを確認する

変更したページを保存する

編集中のページは、タイトルの横に「*」が表示される

1 「*」が表示されていることを確認

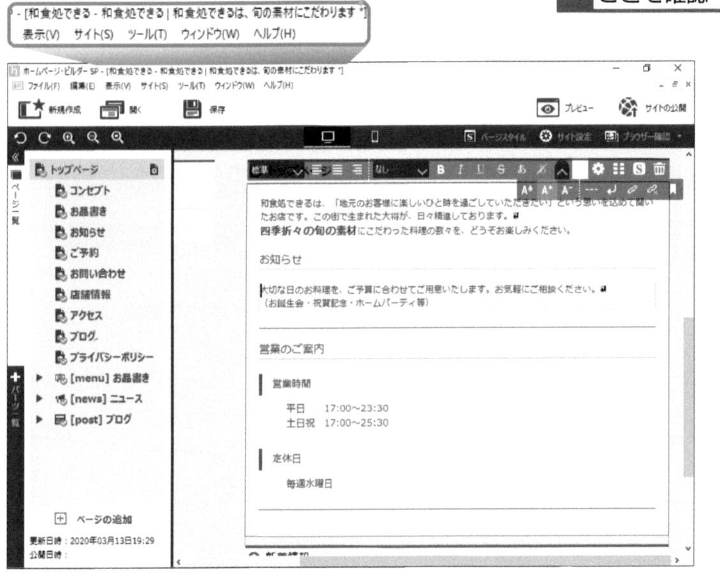

2 ファイルを保存する

このまま変更した内容を保存する

1 [保存]をクリック

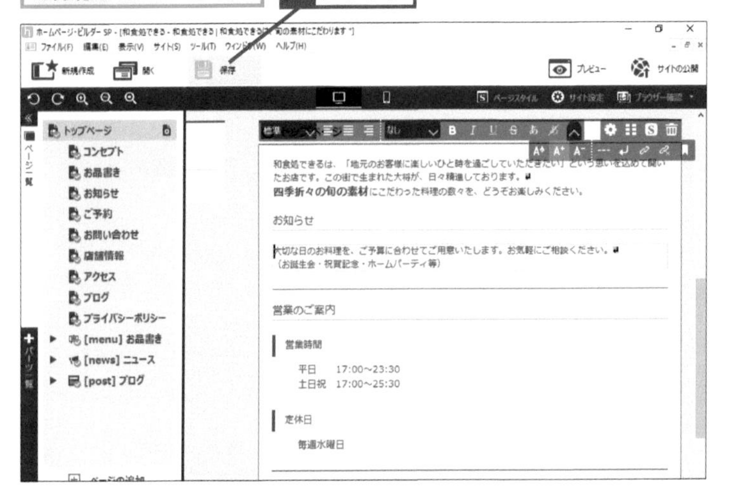

キーワード

HINT!

複数のページを同時に編集できる

ホームページ・ビルダーでは、複数のページを開いたまま、それぞれのページを編集できます。複数のページが開かれているかどうかを知りたいときは［元に戻す(縮小)］ボタンをクリックしましょう。複数のページの編集をしているときは、ボタンをクリックすると編集領域に複数のウィンドウが表示されます。

1 ［元に戻す（縮小)］をクリック

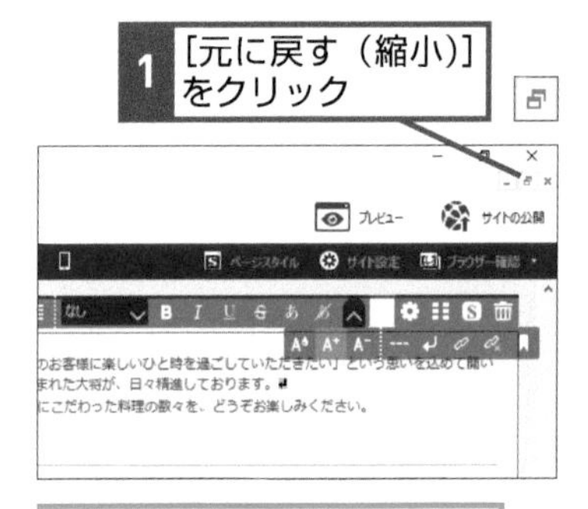

ページが縮小されて、複数のウィンドウが表示される

間違った場合は？

手順2で間違って［開く］ボタンをクリックしてしまったときは、［サイトを開く］ダイアログボックスが表示されるので、［キャンセル］ボタンをクリックしてもう一度手順2からやり直しましょう。

テクニック ページ保存の確認画面で慌てずに操作しよう

ページを閉じようとしたときにページの保存を確認する画面が表示されることがあります。それはページに変更を加えてから、そのページを保存せずに閉じようとしたためです。[はい]ボタンをクリックすると、ページを保存してから閉じることができます。

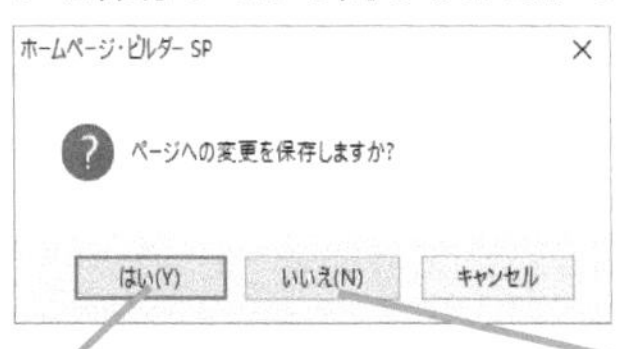

変更内容を保存したいときは［はい］をクリックする

［いいえ］をクリックすると、変更内容が保存されずにページが閉じられる

3 ファイルが保存されたことを確認する

編集したページのファイルが保存された

1 ファイルが保存されて「*」が消えたことを確認

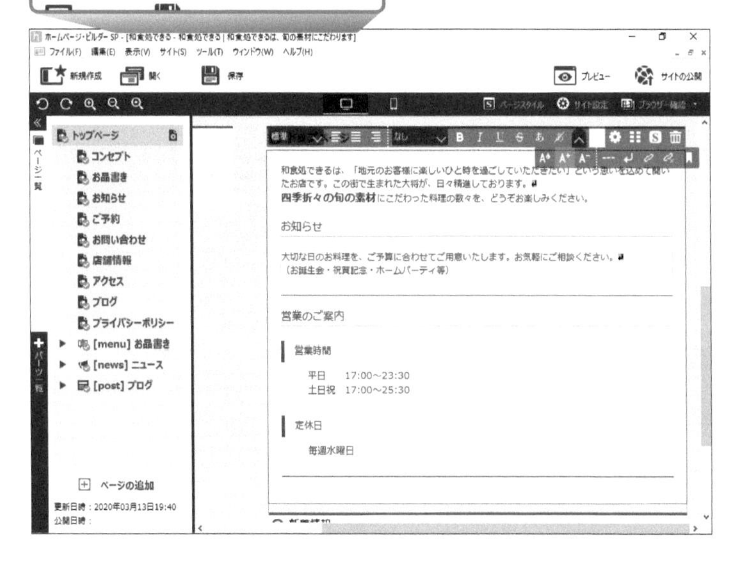

HINT! 複数のページを編集しているときは

ホームページ・ビルダーで複数のページを開いて編集していても、このレッスンのように［保存］ボタンをクリックすると、すべてのページを保存できるので覚えておきましょう。

HINT! ページを保存したくないときは

間違ってページを編集してしまったり、コンテンツに必要な文章を削除してしまったときなど、ページを保存すると困る場合もあります。そのようなときは、レッスン⑱を参考にしてページを閉じましょう。ページを閉じるときに保存を確認するダイアログボックスが表示されたときは、［いいえ］ボタンをクリックします。

Point ページを編集したら必ず保存しよう

ページを編集したときは必ず［保存］ボタンでページを保存しておきましょう。ページを保存せずにページを閉じたりホームページ・ビルダーを終了したりすると、変更箇所がすべて破棄されてしまうので気を付けてください。さらに、編集の途中でもこまめに保存するようにしましょう。そうすれば、たとえ停電が起きたり、ノートパソコンのバッテリーがなくなるなど、不慮の事故が起きてしまったときでも被害を最小限に食い止められます。

レッスン

18 作成したサイトを閉じるには

閉じる

編集作業が終了し、保存したら、すべてのページを閉じておきましょう。ページを閉じるには［閉じる］ボタンや［ファイル］メニューを使います。

［閉じる］ボタンから閉じる

1 起動画面を表示する

［閉じる］ボタンからトップページを閉じる

1 ［閉じる］をクリック

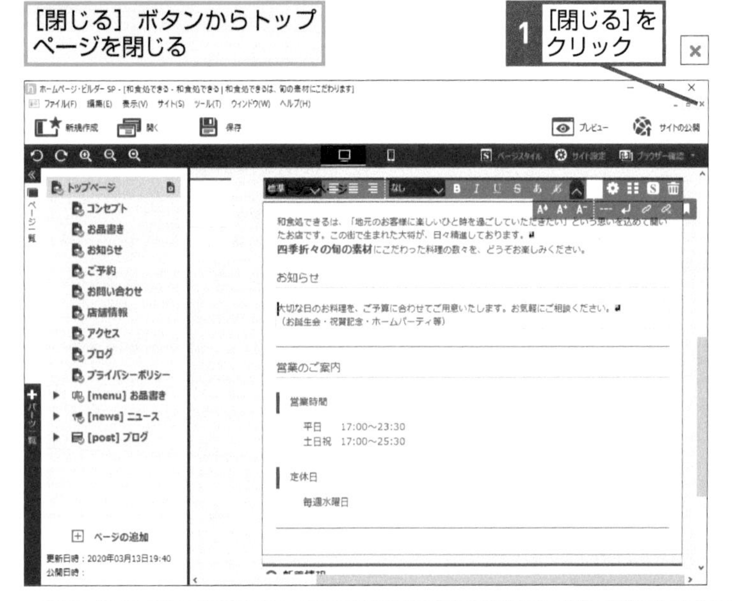

2 作成したページが閉じた

ページの編集画面が閉じた

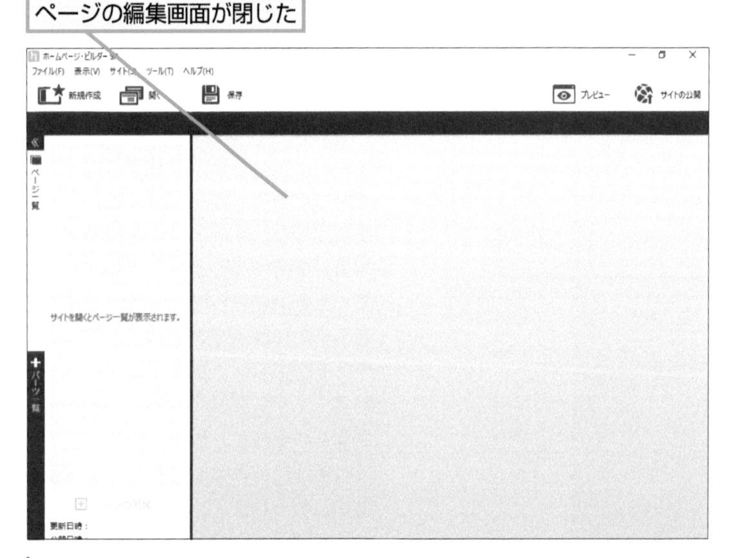

キーワード

ページ p.214

HINT!

複数のサイトやページを開いているときは

複数のページを開いて作業をした後、いちいち1つずつページを閉じるのは面倒です。そんなときは、一度に複数のページを閉じましょう。以下の手順で、開いているページをすべて閉じることができます。

1 ［ファイル］をクリック

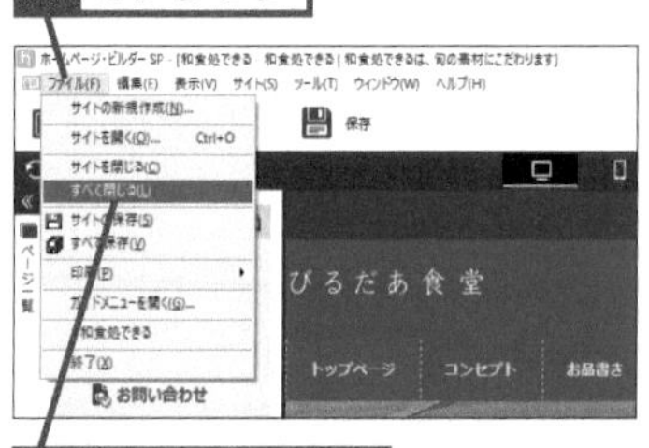

2 ［すべて閉じる］をクリック

間違った場合は？

手順1で右上の［閉じる］ボタンをクリックすると、ホームページ・ビルダーが終了します。編集作業を継続したいときは、ホームページ・ビルダーを起動してから、サイトを開いておきます。

[ファイル] メニューから閉じる

1 作成したページを閉じる

[ファイル] メニューから
トップページを閉じる

1 [ファイル] を
クリック

2 [サイトを閉じる]
をクリック

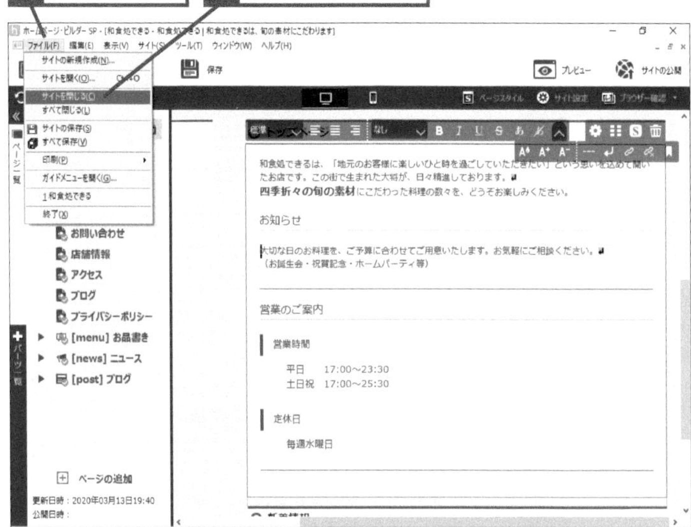

2 作成したページが閉じた

ページの編集画面が閉じた

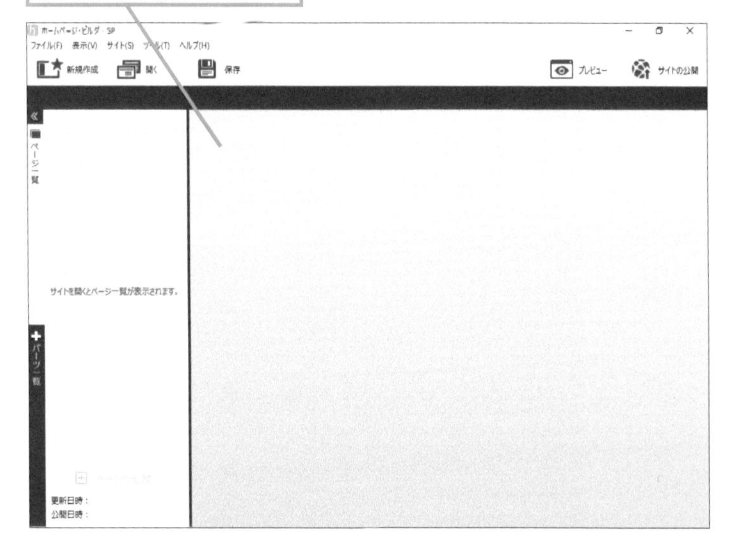

HINT!

**保存の画面が
表示されたときは**

ページに変更を加えたあとでページを閉じると [ページへの変更を保存しますか?] という内容の画面が表示されます。ページを保存したいときは [はい] ボタンを、ページを保存したくないときは [いいえ] ボタンを、ページを閉じずに編集画面に戻りたいときは [キャンセル] ボタンをクリックしましょう。59ページのテクニックも併せて確認してください。

HINT!

**サイトを閉じても
ホームページ・ビルダーは
終了しない**

ほかのアプリと同様に、ホームページ・ビルダーではサイトを閉じただけでは終了しません。ホームページ・ビルダーを終了させるにはウィンドウの右上にある [閉じる] ボタンをクリックしましょう。

Point

**作業が終わったら
ページを閉じておこう**

ページの編集が終わったら、間違ってページを編集してしまわないように、ページを閉じておきましょう。ページに変更を加えて上書き保存をせず、このレッスンで操作したようにページを閉じると、保存を確認する画面が表示されます。このページのHINT!を参考にしてページを保存しておきましょう。

この章のまとめ

●文章をオリジナルのものに変更しよう

ホームページ・ビルダーに用意されているテンプレートを使うと、ホームページやスタイルシートの知識がまったくなくても、デザインの整ったホームページを作ることができます。ただし、テンプレートから作ったページをそのまま使ってしまってはオリジナルのホームページとはいえません。テンプレートのままでは誰が作っても同じになってしまうからです。テンプレートから作成したページは必ず編集しましょう。ページの編集をするときは、これから作ろうとするホームページに合った内容にします。テンプレートから作ったページは、仮の文章があらかじめ入力されています。まずは、文章を編集したり、新しく文章を入力したりしましょう。文字の太さや色など、文章の書式を変更することで、ホームページの見た目を変えられることも覚えておくといいでしょう。

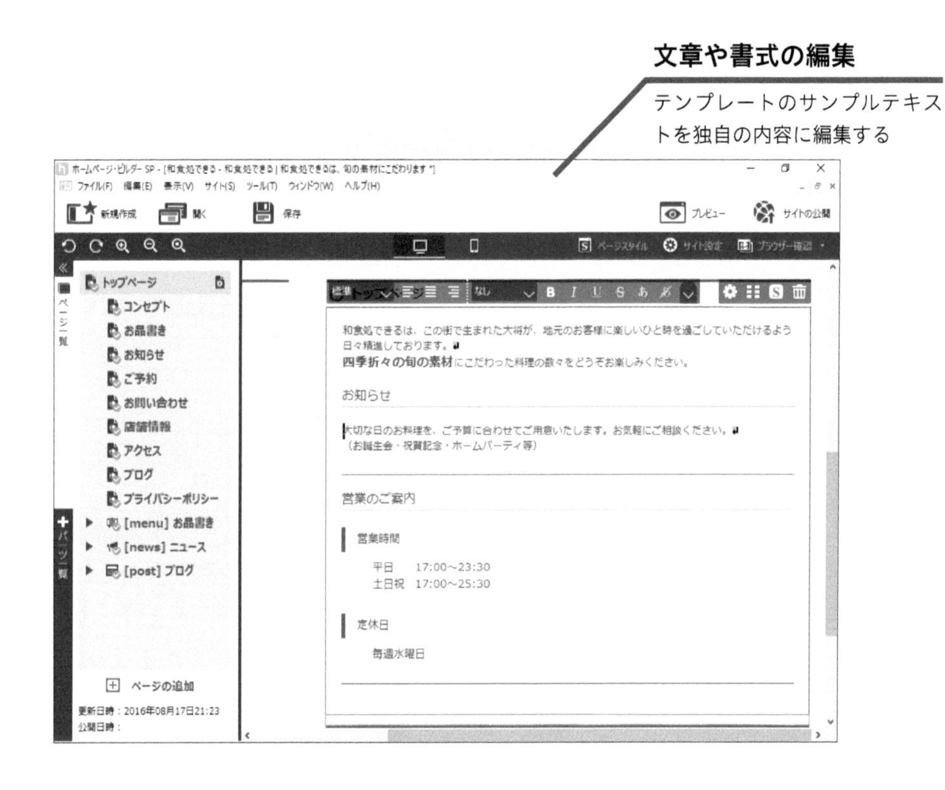

第4章 部品を追加しよう

ホームページ・ビルダー SPには、パーツと呼ばれるたくさんの部品が用意されています。この章では、ボタンや表、箇条書き、ページを移動するためのサイトナビゲーションなど、パーツを使ってページを編集する方法について説明します。

●この章の内容

レッスン

19 ホームページ・ビルダーで追加できる部品とは

パーツ

テンプレートから作成したページに、パーツと呼ばれる部品を追加してみましょう。ここでは、パーツの種類や用途について説明します。

さまざまなパーツを追加してページを編集しよう

ホームページ・ビルダー SPでは、ページにさまざまな部品を追加して、ホームページを作成できます。部品は「パーツ」と呼ばれ、いろいろな種類があります。パーツは、ページ内に自由に挿入することができ、編集できます。また、テンプレートから作成したページにあらかじめ挿入されているパーツも、自由に編集できます。

キーワード

HINT!

パーツには地図やSNSボタンもある

このレッスンで紹介するパーツ以外にも、［地図］や［SNSボタン］などのパーツが用意されています。地図のパーツを使うとページに地図を挿入できます。また、SNSボタンのパーツを使うと、FacebookやTwitterなどのSNSで共有するボタンを、ページに追加できます。

●地図

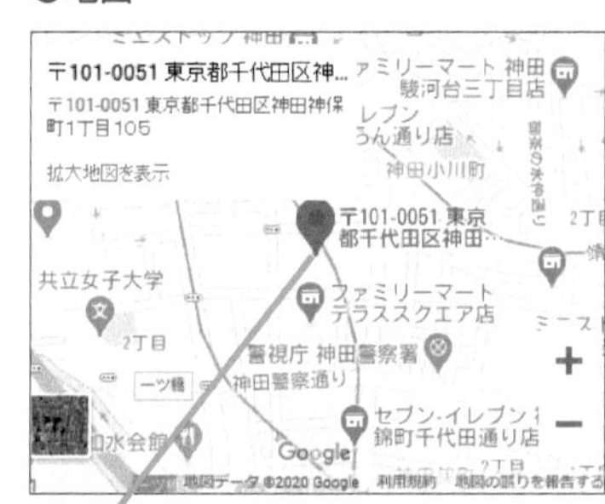

会社やお店の所在地を地図で表示できる

●SNSボタン

SNSと連携できる

第4章 部品を追加しよう

サイトナビゲーションパーツでサイトの構成が分かる

サイトナビゲーションはナビゲーションメニューと呼ばれることもあります。サイトナビゲーションは、サイト内のコンテンツへのリンクが設定されています。一般にサイトナビゲーションはサイト内のすべてのページに存在し、サイトの目次ともいえる重要なものです。テンプレートから作成したページには、すべてのページへのリンクが設定されたサイトナビゲーションが、あらかじめ挿入されています。

◆サイトナビゲーション

マウスポインターを合わせると、色が反転するパーツもある

ページタイトルパーツでページの内容を簡潔に表示できる

ページタイトルはそのページの内容を簡潔に表している見出しのことで、ページを見た人がひと目でページの内容を理解できるような内容にするのが一般的です。いわば、新聞の見出しのようなものだといえるでしょう。テンプレートから作成したページにはページタイトルがあらかじめ挿入されています。

◆ページタイトル

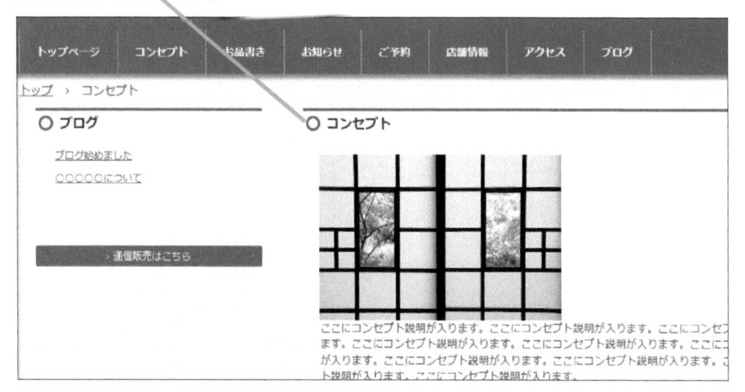

自分で編集して、最初から挿入されているページタイトルよりも目立たせることができる

HINT! 「サイトナビゲーションの種類」って何？

ホームページ・ビルダーのパーツにはいろいろな種類のサイトナビゲーションが用意されています。サイトナビゲーションは大きく分けて横方向のものと縦方向のものがあります。サイトのデザインに応じて使い分けるようにしましょう。

サイトナビゲーションからほかのページを表示できる

HINT! ページタイトルの役割とは

ページタイトルは「見出し1（H1）」と呼ばれるHTMLタグを使って作成されます。「見出し1(H1)」のタグは、検索サイトが重要視するタグの1つです。検索してもらいたいキーワードを含んだ文章にすると、検索サイトでそのキーワードで検索したときの検索順位が高くなる傾向があります。

次のページに続く

テキストボックスパーツで書式の整った文章を挿入できる

文章はホームページの中でも最も重要な要素だといえます。テキストボックスは、文章を入力するためのパーツです。テキストボックスは後から追加できますが、テンプレートから作成したページにはテキストボックスがあらかじめ挿入されています。テキストボックス内に挿入する文章は、決められたスタイル（色や書体、書式）が設定されているため、特に意識しなくてもページ内やサイト内で統一したスタイルのページを作れます。

見出しと本文がセットになっている

HINT! 読みやすく文章を載せるには

ページ内に文章を挿入するには、テキストボックス、リスト/定義リスト、表の3種類を使う方法があります。用途に応じて使い分けると見やすいページにすることができるので覚えておきましょう。

リスト/定義リストパーツで箇条書きの文章を挿入できる

ページにはリスト/定義リストと呼ばれる箇条書きのパーツを挿入できます。リストは箇条書きのためのパーツで、文章を箇条書きしたいときに使います。また、定義リストは辞書のように見出しと内容が対になっているパーツで、例えば更新履歴のように日付と更新内容といったように見出しと内容を含んだ文章を簡単に挿入することができます。さらに、リスト/定義リストは順序を簡単に変えることもできるのが特徴です。

◆リスト/定義リスト

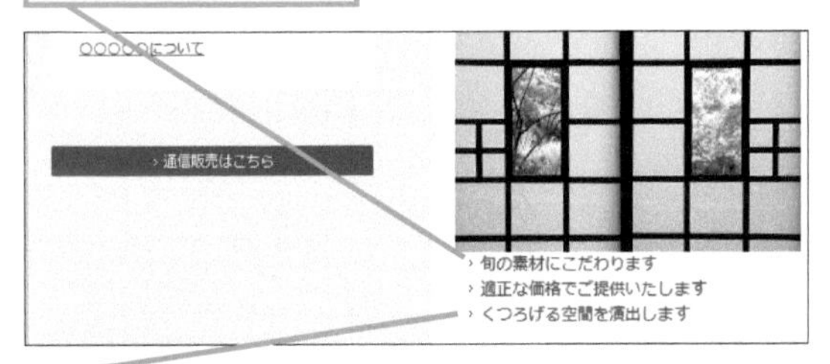

箇条書きで文章を挿入できる

HINT! 箇条書きに向く内容は？

箇条書き（リスト）には、いくつかの項目を読みやすくまとめるという特徴があり、簡潔な内容を表現するのに向いています。また、定義リストは辞書のように見出しと内容を読みやすく配置することができます。例えば、求人募集などの募集要項や機器の性能や特徴を表現するときなどに良く使われます。なお、長文を箇条書きにしてしまうと読みにくくなってしまうことがあるので気を付けましょう。

表パーツで見栄えのする表を挿入できる

表パーツを使うとページに表を挿入できます。表は行と列とで構成され、後から行や列を追加することができます。なお、ホームページ・ビルダー SPでは、セルを結合した複雑な表を作ることはできません。

◆表

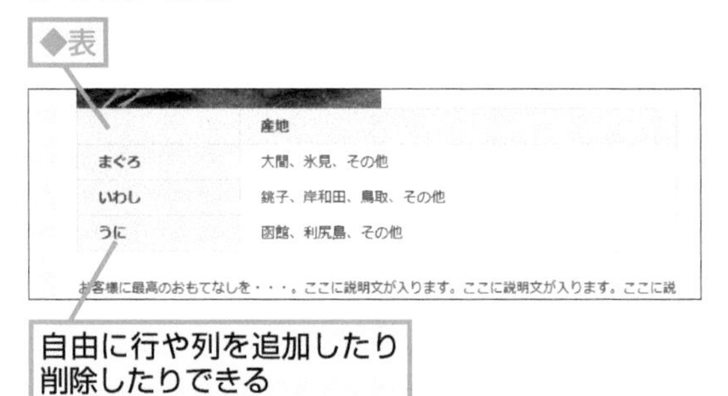

自由に行や列を追加したり削除したりできる

HINT!
表を使ってホームページを見やすくしよう

集計結果や時間割などは、文章で入力するよりも表を使って表現した方が分かりやすいページにできます。ホームページ・ビルダー SPでは表のパーツをページに挿入するだけで簡単に表を作成できます。表を使って表現力の高いページにしてみましょう。

ボタンパーツで別のページへのリンクボタンを挿入できる

ボタンパーツは、クリックすると別のページを表示するためのパーツです。ページには自由にボタンを挿入できます。また、マウスポインターがボタンの上に重なったときに、ボタンの色が変化するマウスホバーの効果をボタンに設定することもできます。

◆ボタン

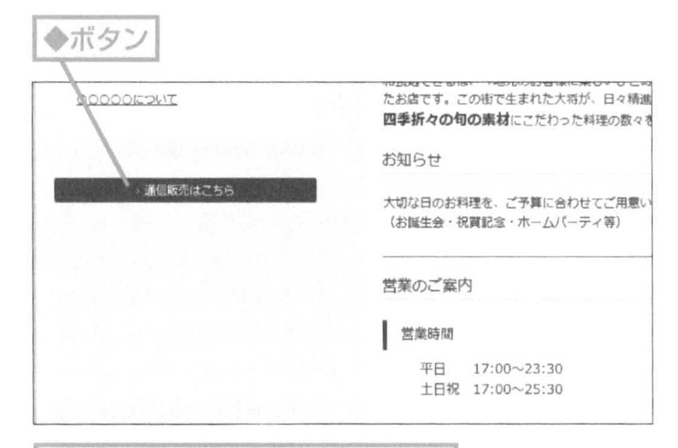

ボタンから外部のページにリンクを設定できる

HINT!
ボタンの使い方

ボタンにはリンクを設定できます。ボタンをクリックすると、リンク先として設定したページを表示できます。ページ内に挿入したボタンは、ほかのパーツよりも目立つので、より目立たせたいリンクを設定したいときはボタンを使うようにしましょう。

Point
パーツを使ってページを充実させよう

ホームページ・ビルダー SPは、ページ内にパーツを配置して編集することでページをデザインします。テンプレートから作成したページには、あらかじめパーツが挿入されていますが、パーツは自由に挿入したり、削除したりできます。パーツを使ってオリジナルのホームページを作ってみましょう。

レッスン

20 パーツを追加するには

パーツ一覧ビュー

ページにパーツを追加してみましょう。パーツはパーツ一覧ビューから追加できます。このレッスンではページにボタンを挿入します。

1 パーツ一覧ビューを表示する

レッスン⑫を参考にサイトを開いておく

1 [パーツ一覧] をクリック

2 パーツの一覧を表示する

パーツ一覧ビューが表示された

1 ここにマウスポインターを合わせる

◆パーツ一覧ビュー

キーワード

パーツ	p.213
パーツ一覧ビュー	p.213
[パーツのプロパティ] ボタン	p.213
ボタン	p.215

HINT!

ページ一覧ビューを再表示するには

パーツの編集が終わって、別のページを編集したいときなど、ページ一覧ビューを表示したいことがあります。パーツ一覧が表示されているときにページ一覧ビューを表示するには [ページ一覧] をクリックします。

1 [ページ一覧] をクリック

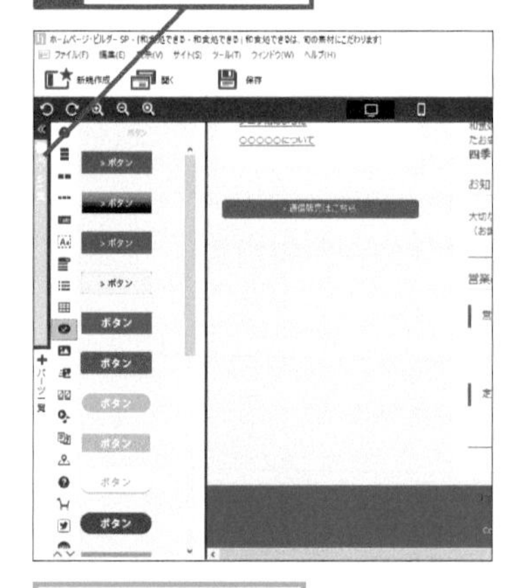

ページ一覧ビューが表示される

3 パーツを選択する

パーツの一覧が表示された

ここではボタンを挿入する

1 [ボタン]をクリック

4 パーツを挿入する位置を表示する

HINT!
どういうときにボタンを使うの？

ボタンにはクリックしたときに別のページを表示する役割があります。例えば、ボタンに別のサイトのリンクを設定しておけば、リンク先のページをブラウザーに表示できます。サイト内のページはサイトナビゲーションで自由に移動できるようになっています。この2つの特徴を覚えておけば、閲覧した人が迷わないようなページを作成できます。

HINT!
テンプレートのデザインに合わせてパーツを選択しよう

ページの背景色と同じ色のボタンをページに挿入すると、挿入したボタンが目立たないため、見にくいページになってしまいます。パーツを挿入するときは、ページ全体のイメージを損なわないようなデザインで分かりやすいパーツを選びましょう。

間違った場合は？

手順4でボタンのパーツが表示されないときは、もう一度手順3からやり直します。

次のページに続く

5 パーツを挿入する

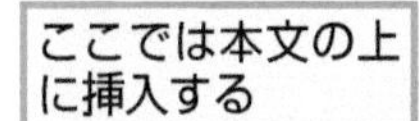

ここでは本文の上に挿入する

1 挿入するパーツにマウスポインターを合わせる

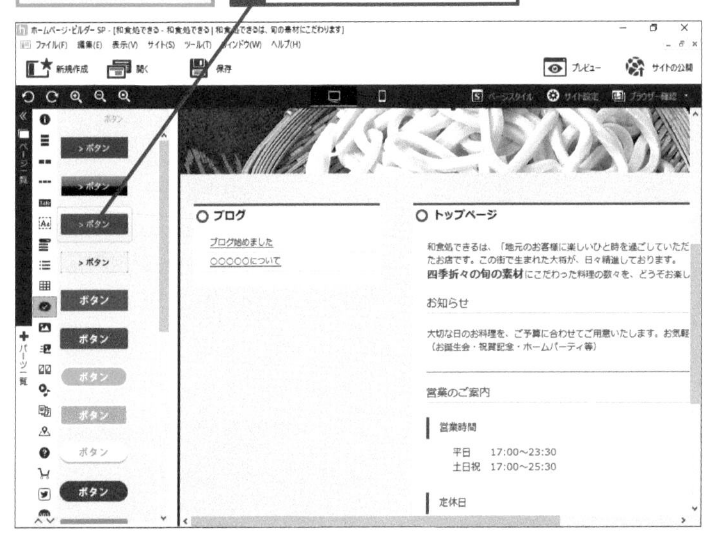

2 挿入する場所までドラッグ

「ここにパーツをドラッグ」と表示された

HINT! どこにパーツが挿入されるの？

パーツを編集領域にドラッグするとパーツが挿入できる部分には、「ここにパーツをドラッグ」と表示されます。この表示を目安にしましょう。

HINT! 画面がスクロールするときは

パーツの種類やページの構成によっては、パーツをドラッグしたときに編集領域がスクロールすることがあります。これは、現在表示されている領域にパーツが挿入できないことを表しています。また、パーツを編集領域の上端や下端にドラッグすると、編集領域がスクロールします。

HINT! [パーツのプロパティ] ボタンって何？

パーツを挿入すると、編集領域に [パーツのプロパティ] ボタン（⚙）が表示されます。[パーツのプロパティ] ボタンをクリックすると、パーツの細かい設定ができます。[パーツのプロパティ] ボタンの詳しい使い方はレッスン㉑で説明します。

間違った場合は？

違う位置にボタンを挿入してしまったときは、[操作を元に戻します] ボタン（↺）をクリックして元に戻してからもう一度やり直します。

テクニック ページのデザインが大きく変わる位置には挿入できない

パーツには、挿入できる場所とできない場所があります。例えば、横2列のデザインのページの3列目にパーツを挿入するといったように、ページ全体のデザインが大きく変わってしまうような位置には挿入できません。パーツは、コンテンツの内部や、パーツとパーツの間にのみ挿入することができます。パーツを挿入するときは、この特性を覚えておくとスムーズにページをデザインすることができます。パーツが挿入できる位置には､「ここにパーツをドラッグ」と表示されます。これを目印にパーツを挿入して、ページを充実させていきましょう。

6 パーツが挿入された

挿入されたパーツの［パーツのプロパティ］が表示された

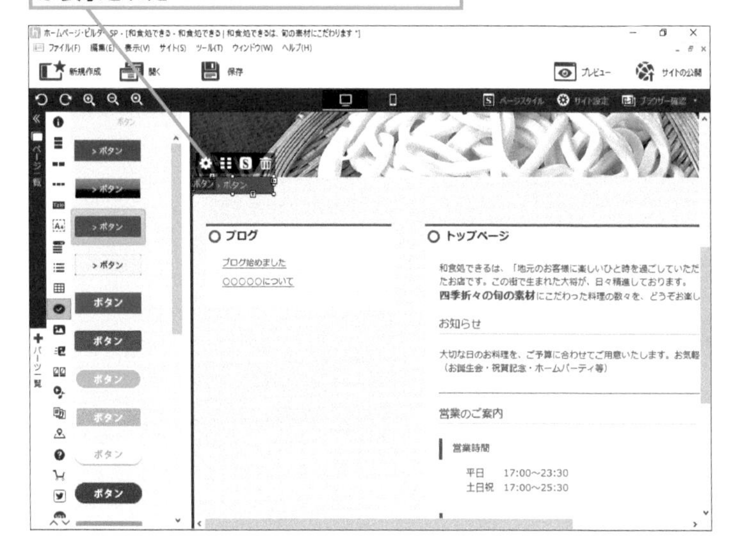

HINT! 位置や大きさは後から変更できる

パーツの位置や大きさは、後から変更できます。まずは、だいたいの位置でいいのでパーツを挿入してみて、ページのデザインを確認してみましょう。

Point ドラッグ操作でパーツを挿入できる

ページにパーツを挿入するには、パーツ一覧から挿入したいパーツをマウスでクリックして、ページの編集領域にドラッグアンドドロップします。慣れないうちは思った通りの位置にパーツを挿入できないかもしれませんが、パーツをドラッグすると「ここにパーツをドラッグ」と表示されるので、それを基準にしてみましょう。このレッスンでは、ボタンを挿入しましたが、ほかにもいろいろなパーツを挿入できます。パーツの種類が変わっても、挿入する方法や、この後のレッスンで解説する設定の方法などは、同じです。基本的な操作をしっかり覚えておきましょう。

レッスン

21 追加したパーツを編集するには

[パーツのプロパティ] ボタン

[パーツのプロパティ] ダイアログボックスを使うと、パーツの細かい設定をすることができます。ボタンのテキストなどを設定してみましょう。

1 [パーツのプロパティ] ダイアログボックスを表示する

レッスン⑳を参考にパーツを挿入しておく

ここではボタンの文字を編集する

1 編集するパーツをクリック

[パーツのプロパティ] が表示された

2 [パーツのプロパティ] をクリック

2 パーツに表示される文字を編集する

[パーツのプロパティ] ダイアログボックスが表示された

ここでは外部の通販サイトへリンクを設定する

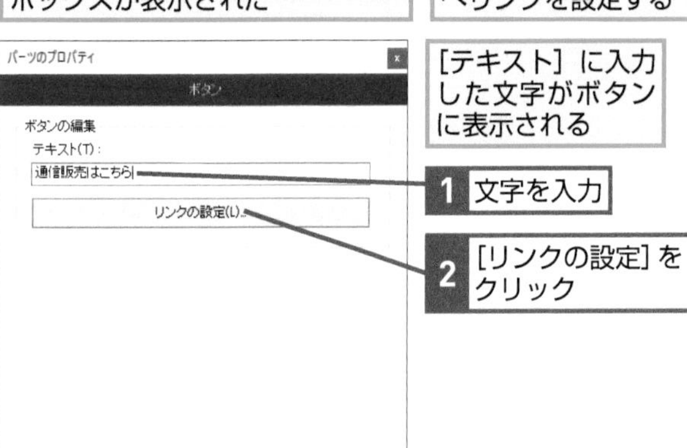

[テキスト] に入力した文字がボタンに表示される

1 文字を入力

2 [リンクの設定] をクリック

キーワード

改行	p.210
パーツ	p.213
[パーツのプロパティ] ボタン	p.213

HINT! テキストに意図しない改行が入ったときは

ボタンのテキストに改行を入力していないのに、ボタンのテキストが折り返されてしまうことがあります。これは、ボタンの横幅よりもテキストの長さが長いときに発生します。ボタンのテキストを1行に収めたいときは、レッスン㉓を参考にしてボタンの横幅を広げましょう。

HINT! リンクを設定しなくてもいい

必ずしもボタンにリンクを設定する必要はありません。ボタンには、クリックすると何らかのアクションが起きる目的のほかに、ページのデザインを引き立てる目的で使うこともあります。こうしたデザインのためのボタンにはリンクを設定する必要はありません。

間違った場合は？

間違ってボタン以外の [パーツのプロパティ] ダイアログボックスを表示してしまったときは、[閉じる] ボタンをクリックしてから、もう一度ボタンの [パーツのプロパティ] ダイアログボックスを表示し直します。

第4章 部品を追加しよう

3 リンク先のURLを入力する

[リンクの設定] 画面が表示された

1 [URL] をクリック

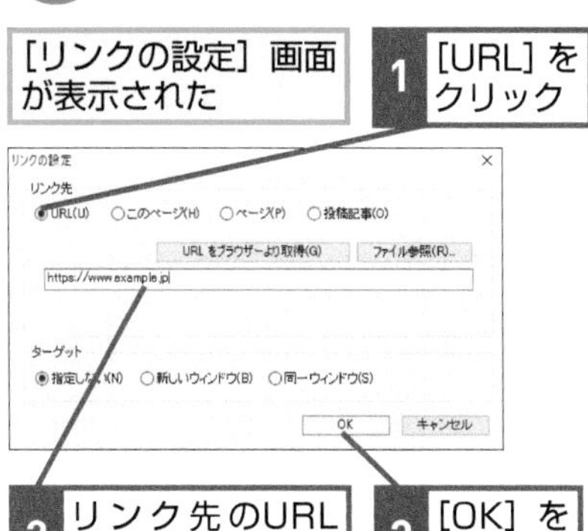

2 リンク先のURLを入力

3 [OK] をクリック

4 [パーツのプロパティ] ダイアログボックスを閉じる

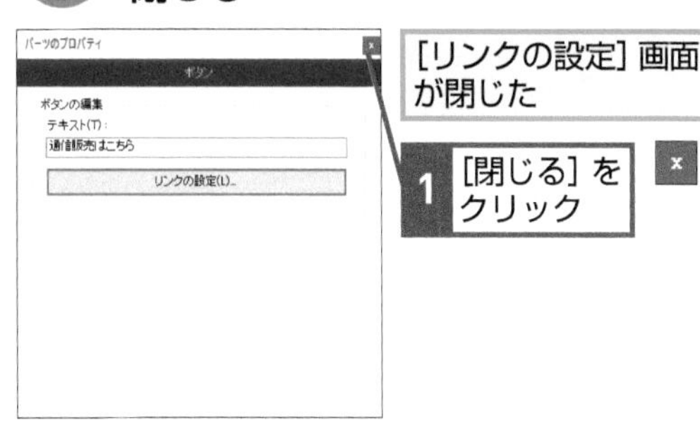

[リンクの設定] 画面が閉じた

1 [閉じる] をクリック

5 文字を編集したパーツを確認する

入力した文字が表示された

ハンドルを右にドラッグして、ボタンの幅を広げられる

レッスン⑰を参考に、保存しておく

HINT! 「ターゲット」って何？

手順3ではリンクに「ターゲット」を指定できます。「ターゲット」とは、リンク先のページの開き方を指定するものです。[指定しない]または[同一ウィンドウ] を選択すると、リンク先のページは現在のウィンドウに表示されます。[新しいウィンドウ] を選択すると、リンク先は新しいウィンドウまたはタブに表示できます。

HINT! WebブラウザーからURLを取得するには

リンク先URLを設定するときは、ブラウザーに表示されているページのURLを自動で入力できます。手作業で入力すると、URLを間違ってしまうこともありますが、ブラウザーからURLを取得すれば、確実に正しいURLを設定できます。

リンク先に設定したいWebページをWebブラウザーで表示しておく

1 [URLをブラウザーより取得]をクリック

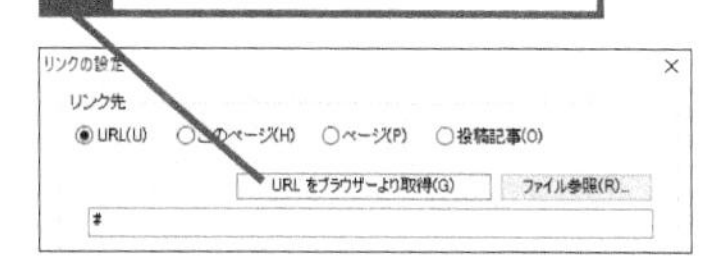

Point プロパティでパーツの細かい設定ができる

選択したパーツによって異なりますが、ボタンのときはボタンに表示される文字、ボタンをクリックしたときに表示するページのURLを設定できます。ページにパーツを挿入したら、必ず [パーツのプロパティ] ダイアログボックスを表示して、パーツの設定をしましょう。

レッスン

22 追加したパーツを移動するには

パーツの移動

ホームページ・ビルダー SPでは、ページに挿入したパーツはマウスのドラッグ操作で移動させることができます。ページに挿入したボタンを移動してみましょう。

1 移動するパーツを選択する

ここでは本文中に配置する

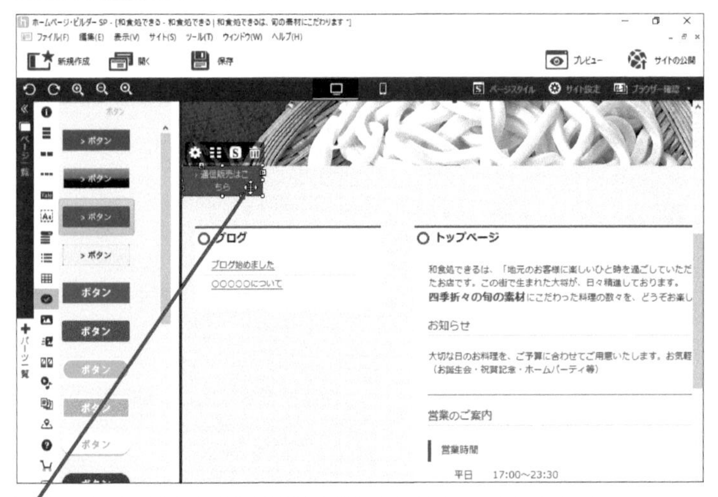

1 移動するパーツにマウスポインターを合わせる

マウスポインターの形が変わった

2 移動する場所を選択する

1 移動したい場所までドラッグ

「ここにパーツをドラッグ」と表示された

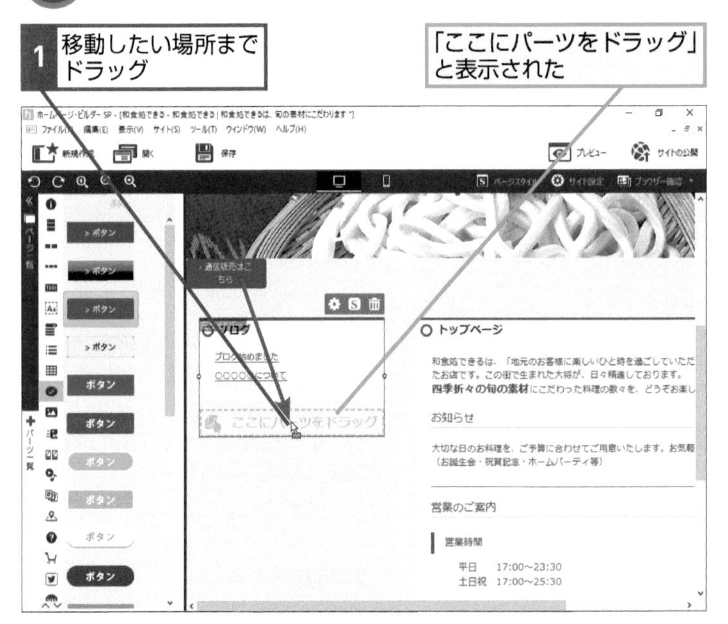

キーワード

パーツ p.213

HINT!

パーツは縦にしか移動できない

パーツは縦方向にしか移動できません。文章中にパーツを移動したり、パーツ同士を横に並べたりすることはできないので注意しましょう。

HINT!

パーツの移動を中止するには

ドラッグ中にパーツの移動をキャンセルしたいことがあります。そのようなときは、パーツを編集領域の外までドラッグすれば、パーツの移動をキャンセルできます。

マウスポインターがこのように表示されたら、パーツの移動をキャンセルできる

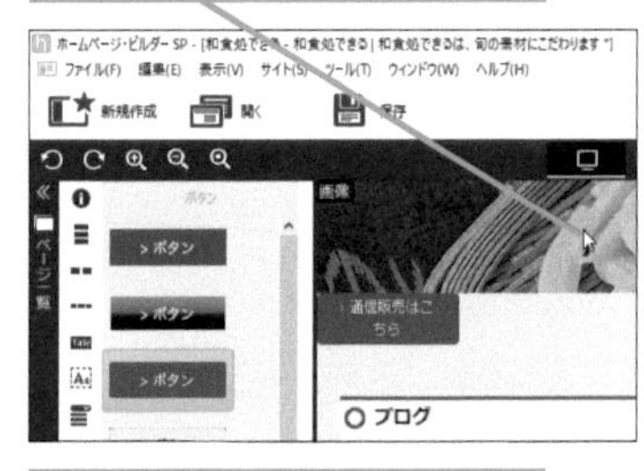

Escキーを押すと、すぐに操作をキャンセルできる

間違った場合は？

手順3で思った通りの場所にパーツを移動できなかったときは、もう一度正しい位置に移動し直します。

テクニック ドラッグ操作でパーツの移動先を表示する

マウスのドラッグでパーツを移動するときに、パーツの移動先が編集領域に表示されていないことがあります。そのようなときは、パーツを編集領域の上端または下端にドラッグしましょう。上端に移動させると編集領域が下に、下端に移動させると編集領域が上にスクロールします。移動先が編集領域に表示されたら、そこにパーツを配置します。

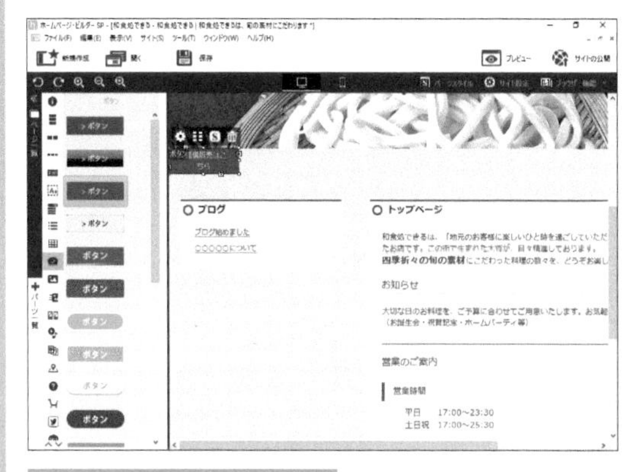

ページの下部にパーツをパーツを挿入したい

編集領域が下にスクロールした

1 編集領域の下端までドラッグ

3 移動したパーツを確認する

パーツが移動した

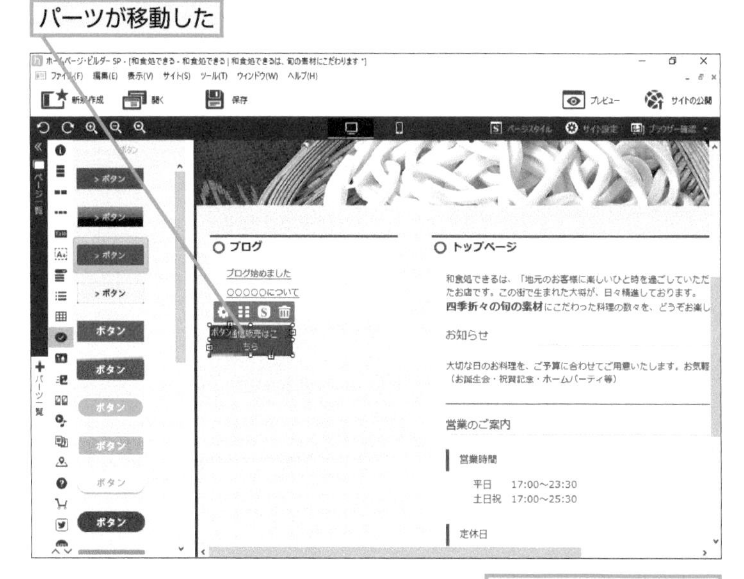

レッスン⑰を参考に、保存しておく

HINT!

配置済みのパーツも移動できる

ページ内にすでに配置されているパーツも、このレッスンと同じ手順で移動できます。編集領域のパーツをドラッグしましょう。

Point

パーツは後で移動できる

ページに挿入したパーツは、後から自由に移動できます。大まかな位置に挿入してからパーツを移動するようにすると、ページをきれいにレイアウトできるので試してみましょう。パーツを移動するときも、編集領域に「ここにパーツをドラッグ」という内容の目印が表示されます。編集領域に表示される目印を目安にパーツを移動しましょう。

レッスン

23 追加したパーツの大きさを変更するには

サイズの変更

ページに挿入したボタンの大きさを変えて、テキストの表示がどうなるか見てみましょう。大きさを変えるとボタンの見た目を変えることができます。

1 パーツの横の幅を変更する

ここではパーツの右側を伸ばす

1 パーツをクリック

2 ここにマウスポインターを合わせる

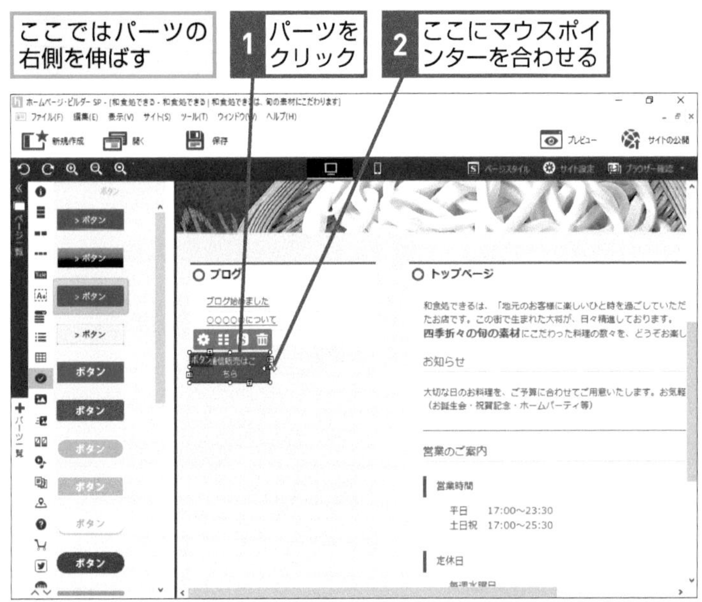

3 ここまでドラッグ

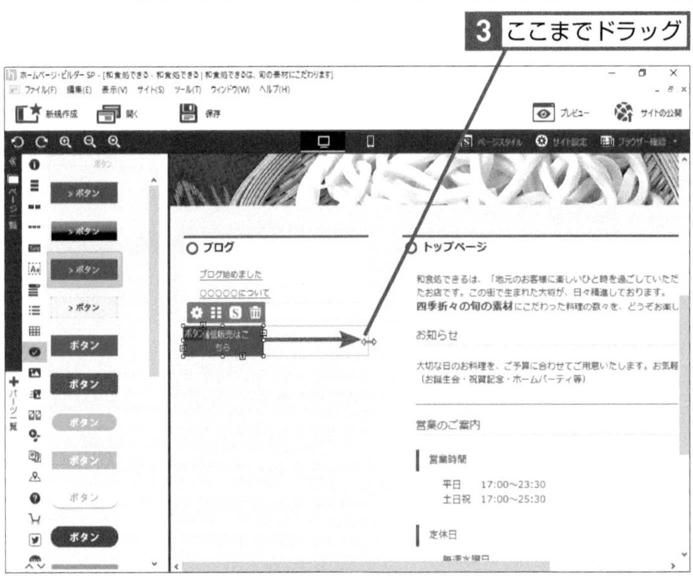

キーワード

パーツ p.213

HINT!

大きさと余白の違いを知ろう

パーツは大きさと余白を設定できます。パーツの大きさは、文字通り挿入したパーツのサイズを変更するものです。一方、パーツの余白を調整すると、パーツの大きさは変えずにパーツ同士の間隔を広くしたり、狭くしたりできます。パーツの大きさと余白の変更の違いを覚えておきましょう。

HINT!

パーツの大きさを数値で指定するには

パーツの大きさや余白は、数値（ピクセル数）でも指定できます。パーツの大きさや余白を数値で指定したいときは、スタイルのダイアログボックスを利用します。

1 [パーツのスタイル]をクリック

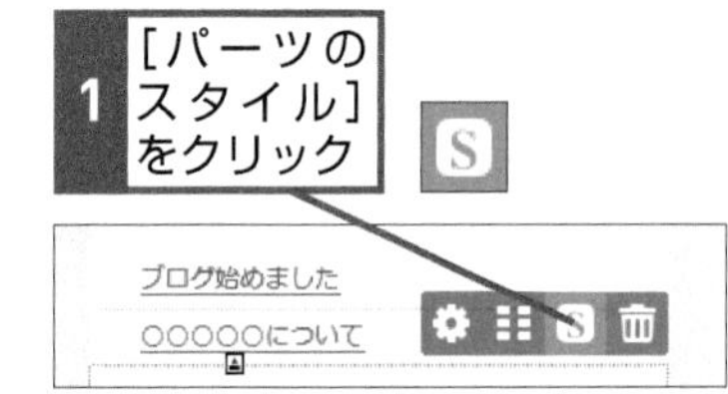

[パーツのサイズ]の[幅]と[高さ]に数値を入力すれば、パーツの大きさを指定できる

間違った場合は？

手順1でパーツの大きさを間違えて変更したときは、もう一度正しい大きさに調整し直します。

第4章 部品を追加しよう

❷ パーツの縦の余白を調整する

パーツの横幅が変更された

上のパーツとの間が詰まりすぎているので間隔を空ける

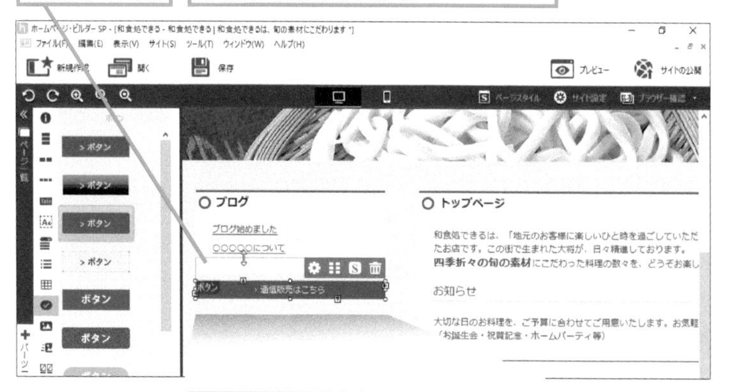

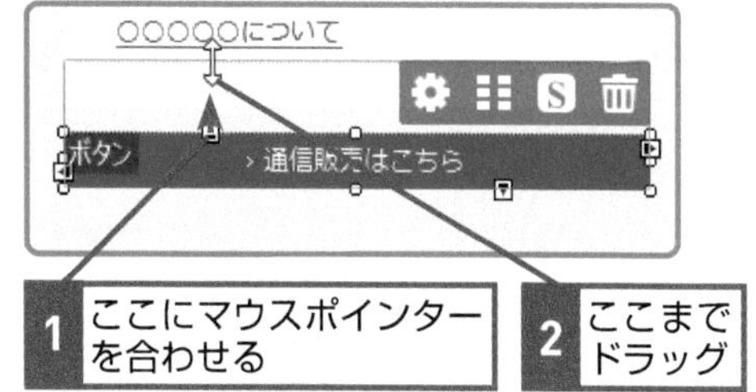

1 ここにマウスポインターを合わせる

2 ここまでドラッグ

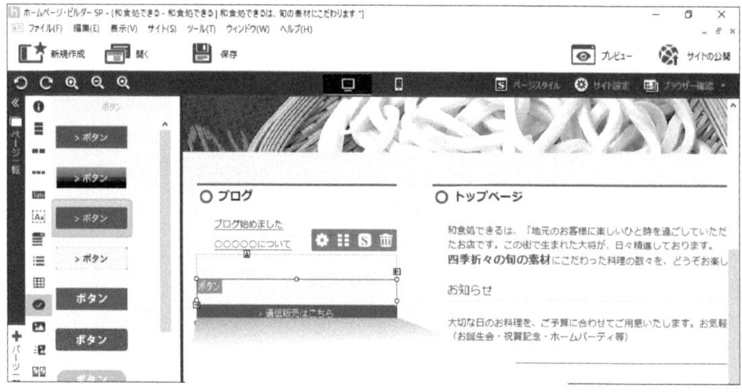

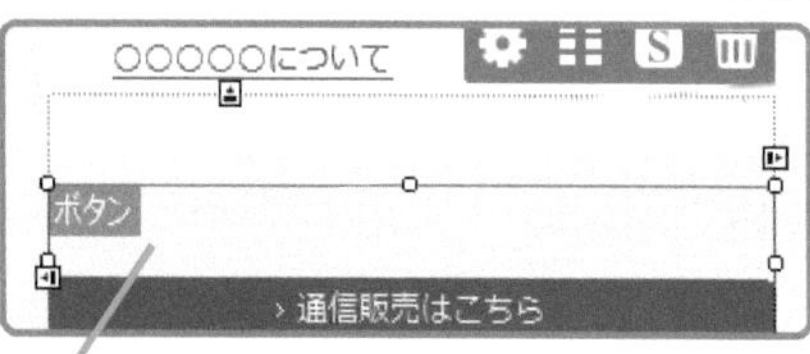

上のパーツとボタンの間隔が調節された

レッスン⓱を参考に、保存しておく

HINT! 変更したサイズや余白を元に戻すには

[操作を元に戻します] ボタンをクリックすると、サイズや余白の変更を元に戻せます。しかし、大きさを少し大きくしすぎてしまったときや、余白をやや大きめにしてしまったときなどは、元に戻さずに微調整をした方が編集しやすいケースもあります。

間隔を空けた余白を元に戻す

1 ここにマウスポインターを合わせる

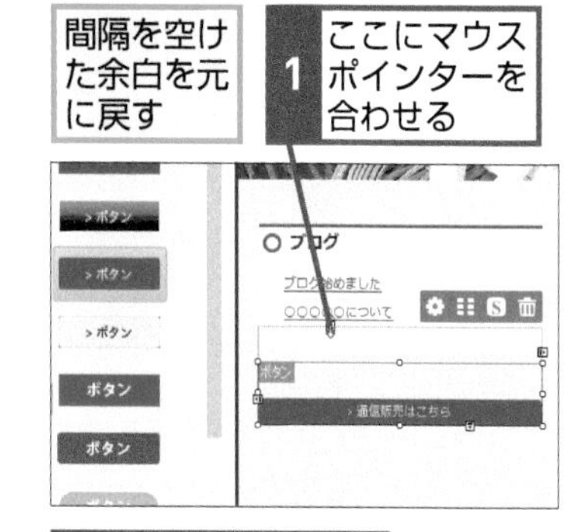

2 ここまでドラッグ

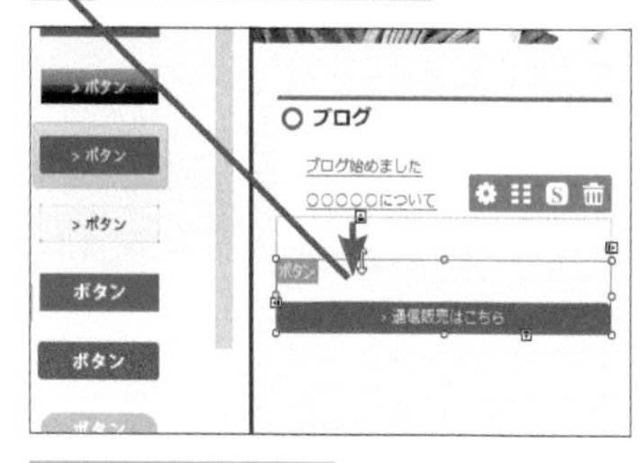

余白が元に戻る

Point 大きさと余白を変更してページをレイアウトしよう

パーツの大きさと余白を変更すると、ページを細かくレイアウトできます。例えば、テキストボックスやリストの横幅に応じて1行に表示される文字数を変更できます。また、縦方向の余白を変更すると、縦方向の間隔を調整できます。横方向の余白を変更すると、パーツの表示位置を左右にずらすことができるので試してみましょう。

レッスン

24 パーツを削除するには

パーツの削除

テンプレートから作成したページに不要なパーツが含まれているときは、パーツを削除しましょう。ゴミ箱のアイコンをクリックするとパーツを削除できます。

1 削除するパーツを選択する

ここではトップページに最初からある[新着情報]を削除する

1 ここを下にドラッグしてスクロール

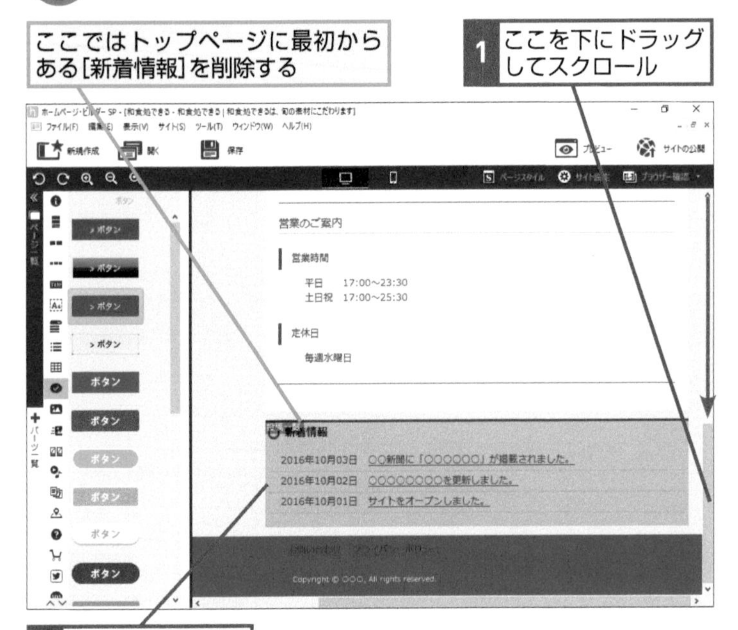

2 削除するパーツをクリック

2 パーツを削除する

ゴミ箱のアイコンが表示された

1 [パーツの削除]をクリック

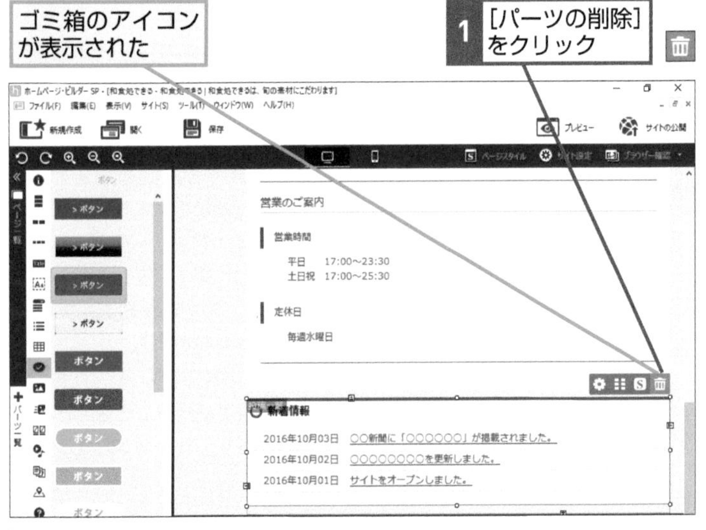

キーワード

パーツ p.213

HINT!

パーツがうまく選択できないときは

パーツ同士が重なっているときに、目的のパーツを選択できないときは以下の手順で操作します。[次のパーツへ] をクリックすると、現在選択されているパーツの次のパーツを、[前のパーツへ] をクリックすると現在選択されているパーツの前のパーツを選択できます。

1 [編集]をクリック

2 [パーツ選択]をクリック

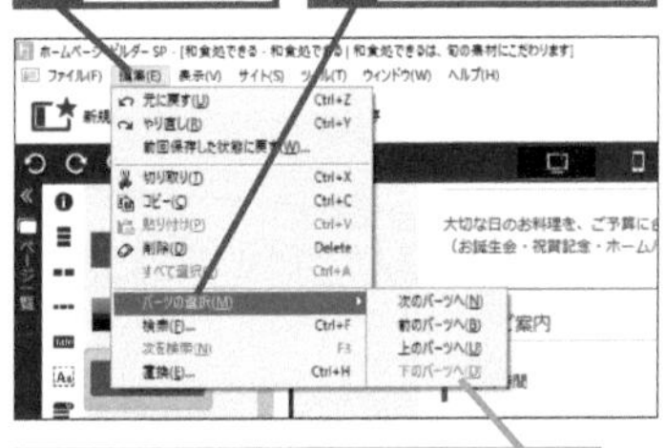

現在選択されているパーツの近くのパーツを選択できる

HINT!

キーボードで削除することもできる

パーツを選択してから delete キーを押すと、パーツを削除できます。

間違った場合は？

手順2で違うパーツを削除してしまったときは、[操作を元に戻します]ボタンをクリックして、もう一度正しいパーツを削除し直します。

第4章 部品を追加しよう

テクニック 右クリックでも削除できる

パーツを右クリックしたときに表示されるメニューを使ってパーツを削除することもできます。パーツを削除するには、パーツを右クリックしてから［削除］をクリックします。

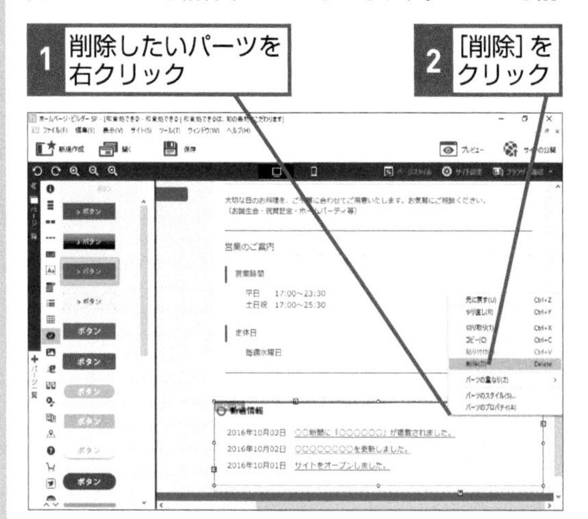

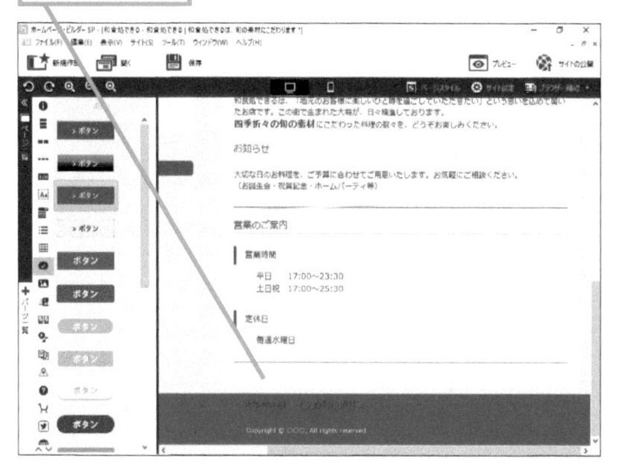

3 パーツが削除された

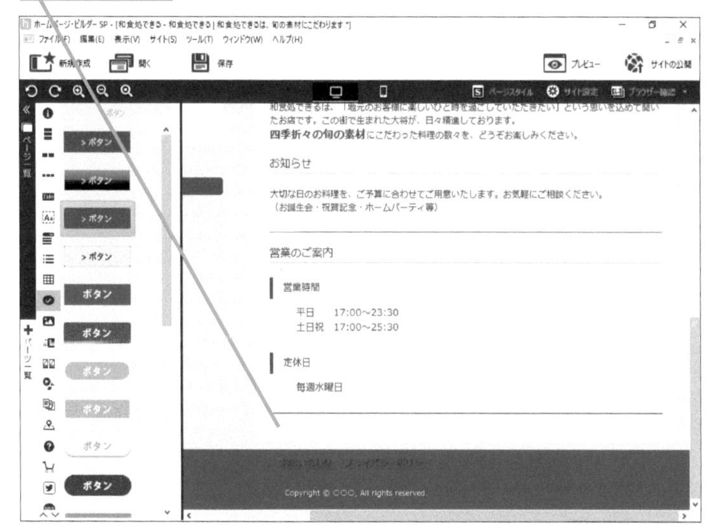

レッスン⓱を参考に、保存しておく

HINT! 操作を間違えても元に戻すことができる

間違ってパーツを削除してしまったときでも、1つ前の状態に戻すことができます。［操作を元に戻します］ボタンをクリックすると、直前の操作をキャンセルして元に戻せます。また、［操作をやり直します］ボタンをクリックすると、キャンセルした操作をもう一度実行できます。

Point 不要なパーツは削除しよう

テンプレートから作成したページに不要なパーツが含まれているときは、パーツを削除しましょう。パーツを削除するにはいくつかの方法がありますが、やりやすい方法でパーツを削除します。必要なパーツの追加、パーツの設定の変更、不要なパーツの削除を行い、ページを完成に近づけましょう。

この章のまとめ

●パーツを使って機能を追加しよう

ホームページ・ビルダー SP に用意されているテンプレートを使うと、ホームページやスタイルシートの知識がまったくなくても、デザインの整ったホームページを作ることができます。ただし、テンプレートで作ったページをそのまま使ってしまってはオリジナルのホームページとはいえません。テンプレートのままでは誰が作っても同じになってしまうからです。テンプレートから作成したページは必ず編集しましょう。テンプレートはさまざまなパーツで構成されています。あらかじめ配置されているパーツを編集・削除したり、新しいパーツをページに追加してページを作成していきます。また、必要に応じて［パーツのプロパティ］ダイアログボックスでパーツを編集しましょう。こうすることで、テンプレートを使用していても、豊富なバリエーションのホームページを作成できます。

パーツを追加して ページを充実させる

必要なパーツを追加して、元からある不要なパーツを削除する

第5章 画像を編集しよう

この章では、テンプレートで作成したページの画像を編集する方法を解説します。タイトルの文字を編集する方法やあらかじめ挿入されている画像をオリジナルの画像に入れ替える方法、編集したページをブラウザーで確認する方法など覚えましょう。

●この章の内容

レッスン
25 ホームページ・ビルダーで画像の編集をしよう

画像の編集

この章ではテンプレートを元にして、ロゴや写真の編集をします。ページの画像を変更すると、ページのイメージを大きく変えることができます。

ウェブアートデザイナーの画面構成

ウェブアートデザイナーはホームページ・ビルダーに付属している画像編集のアプリケーションです。ウェブアートデザイナーを使えば、ロゴを作成したり、写真のサイズを変えたりなどの編集ができます。この章ではウェブアートデザイナーでロゴとトップページの写真を編集します。

キーワード

ウェブアートデザイナー	p.209
テンプレートギャラリー	p.213
トップページ	p.213

HINT!

ホームページの素材もウェブアートデザイナーで作れる

ホームページを作るには、ロゴや写真だけでなく、リストマーク（リストの先頭に表示される画像）や区切り線、ボタンなどの素材が必要となる場合があります。ウェブアートデザイナーを使えば、こうしたホームページの素材も自由に作ることができます。

HINT!

あらかじめいくつかの素材を準備しておこう

写真を編集するときは、あらかじめ候補の写真や素材をいくつか用意しておくと作業がはかどります。例えば、トップページに使おうと思っていた写真をページに挿入してみたら、ページ全体のデザインに合わなかったということがあります。このようなときに、写真を1枚だけ用意したのでは、ページ全体のイメージを写真に合わせて選ぶところからやり直さなければなりません。しかし、複数の写真や素材を用意しておけば、実際の画面を見ながらページ全体のイメージに合った写真を選ぶことで、作業時間を節約できます。

画像を編集して人の目を引きつける

テンプレートから作成したトップページには、あらかじめアイキャッチとなる画像や社名のロゴが挿入されています。自社、あるいは自分のお店のページにするためには、こういった画像を差し替えたり、編集したりして、オリジナルのページを作る必要があります。ウェブアートデザイナーを使えば、いろいろなロゴを作ったり、写真などの画像を編集したりできます。

●社名や店名の編集

びるだあ食堂

テンプレートの店名のままになっている

和食処できる

店名を変更する
→レッスン㉖

●トップページの背景画像の編集

画像を変更して編集する
→レッスン㉗、㉘

HINT!

トップページの画像はアイキャッチとしての意味がある

アイキャッチとはページの上部に表示される画像やテキストなどで、その名前の通り人の目を引いてページを読んでくれるように誘導する効果を狙ったものです。トップページの画像はアイキャッチとしての意味があります。アイキャッチは、企業の場合は企業イメージが連想されるもの、店舗の場合は扱っている商品がイメージしやすいものなどを使うのが一般的です。ページに適した画像を準備しておきましょう。

Point

画像を編集して人の目を引きつけるページを作ろう

テンプレートにあらかじめ挿入されているロゴや写真は自由に編集できます。テンプレートの文字や文章を変更しただけでは、ホームページの見た目はそれほど大きくは変わりません。ところが、ロゴやトップページのアイキャッチ画像のような写真の編集をすると、ホームページの見た目を大きく変えることができます。ロゴや写真はホームページ全体のイメージを決定付ける重要な役割を持っているのです。トップページの画像を変更して、人の目を引きつけるページを作ってみましょう。

レッスン

26 テンプレートのタイトルを編集するには

ロゴ画像の編集

テンプレートで作ったページには、あらかじめタイトルが設定されています。ここではウェブアートデザイナーで、ロゴの文字を変更してみましょう。

1 タイトルを選択する

レッスン⓬を参考に、トップページを表示しておく

ロゴの文字を変更する

1 タイトルをクリック

2 ［外部エディターで画像を編集］ダイアログボックスを表示する

タイトルが選択された

1 ［ロゴ画像の編集］をクリック

キーワード

HINT!

タイトルに画像がないこともある

テンプレートによっては、ページにタイトル画像がないこともあります。タイトル画像がないときは、タイトルやキャッチフレーズの書体や内容は、第3章を参考にテキストボックスと同じ方法で編集することができます。

間違った場合は？

手順2で違うボタンをクリックすると、［外部エディターで画像を編集］ダイアログボックスが表示されません。［閉じる］ボタンをクリックしてもう一度手順1からやり直します。

テクニック 画像の編集で利用されているアプリが違うことがある

ホームページ・ビルダー 22では、画像やロゴなどを編集するのに「ウェブアートデザイナー」か「システム標準」（ホームページ・ビルダー以外のアプリ）を選びます。そのページを作成するときに使ったアプリ以外で編集をすると、エラーメッセージが表示されます。そのまま編集をすると、画像の背景だけを変えたり、文字のフォントを変えるといった細かい修正ができなくなるので注意しましょう。ホームページ・ビルダー 22 SPのテンプレートは、ウェブアートデザイナーを使って作られているので、画像やロゴなどを編集したいときはウェブアートデザイナーを使います。以前のバージョンで作成したページのロゴや画像を編集したいときは、ウェブアートデザイナーを使って編集をしましょう。また、イメージデザイナーを利用できる場合は、右の手順でイメージデザイナーを起動できますが、ロゴや画像によっては編集ができません。

イメージデザイナーがインストールされていると、[イメージデザイナー]が選択できる

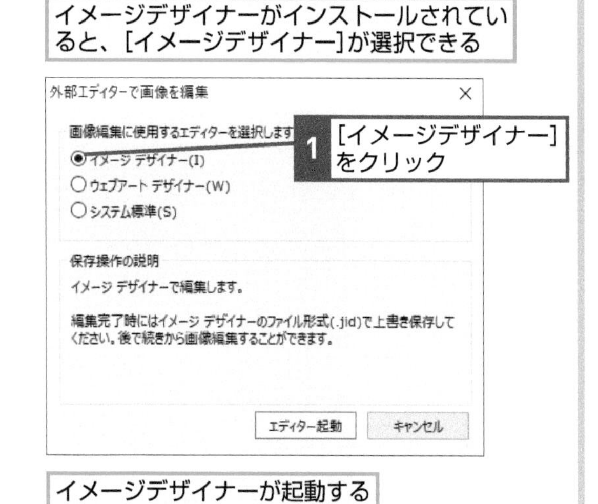

イメージデザイナーが起動する

3 ウェブアートデザイナーを選択する

ここではウェブアートデザイナーで編集する

1 [ウェブアートデザイナー]をクリック

外部エディターで画像を編集
画像編集に使用するエディターを選択します
イメージ デザイナー(I)
ウェブアート デザイナー(W)
システム標準(S)
保存操作の説明
ウェブアート デザイナーで編集します。
編集完了時にはウェブアート デザイナーのファイル形式(.mif)で上書き保存してください。後で続きから画像編集することができます。
エディター起動　キャンセル

2 [エディター起動]をクリック

HINT! ほかのソフトで画像を編集するには

画像を編集するときに、[システム標準]を選択すると、画像ファイルの拡張子に関連付けされている画像編集ソフトが起動します。画像編集ソフトがインストールされていないときは、「ペイント」が起動して画像の編集ができます。

次のページに続く

4 [ロゴの編集] ダイアログボックスを表示する

ウェブアートデザイナーが起動した

1 [最大化] をクリック

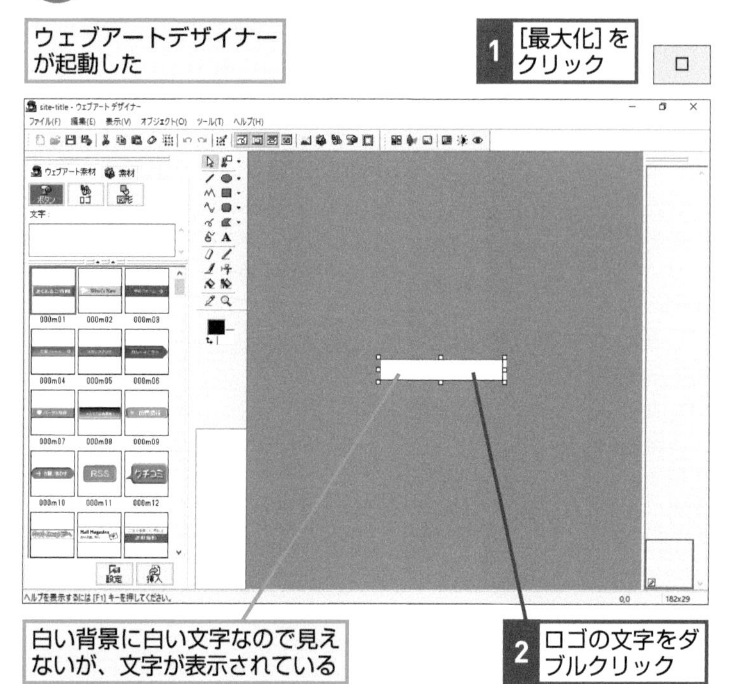

白い背景に白い文字なので見えないが、文字が表示されている

2 ロゴの文字をダブルクリック

5 ロゴの文字を変更する

[ロゴの編集] ダイアログボックスが表示された

1 [文字] タブをクリック

2 「和食処できる」と入力

3 [閉じる] をクリック

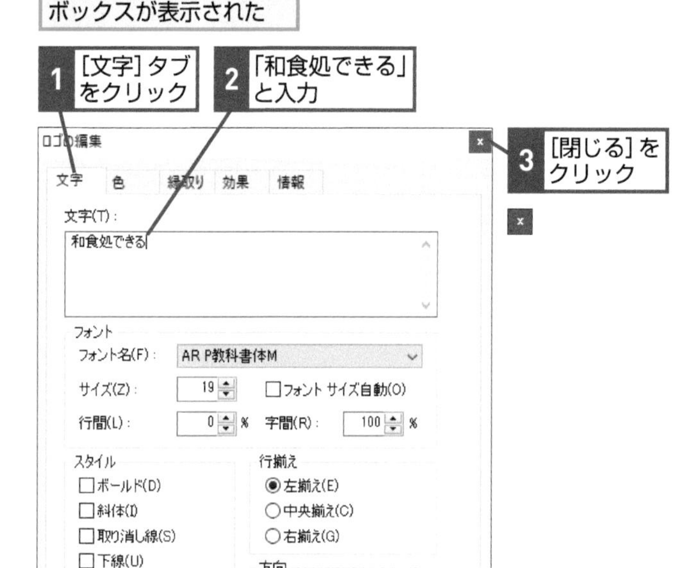

HINT! ロゴのフォントを変更するには

ロゴに使われているフォントは自由に変更できます。フォントを変更して、いろいろなロゴを作ってみましょう。

手順5のダイアログボックスを表示しておく

1 ここをクリックしてフォントを選択

2 [閉じる] をクリック

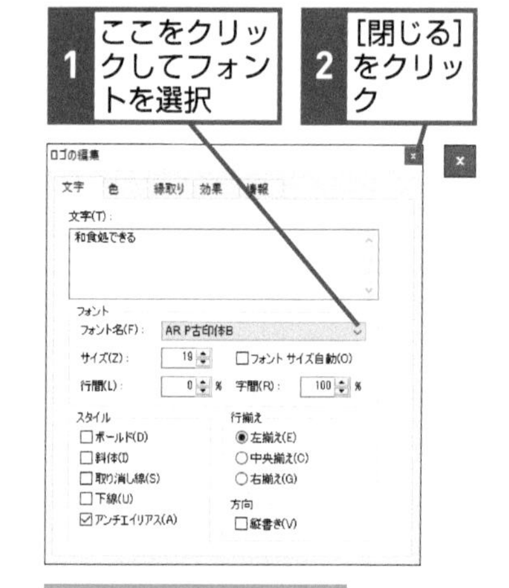

フォントが変更される

HINT! 方向キーで微調整ができる

オブジェクトの位置は、方向キーで微調整できます。オブジェクトをクリックして選択してから、方向キーを押すと、対応する方向キーの方向に、1ピクセルずつオブジェクトを動かすことができます。

間違った場合は？

手順5で間違った文字に変更してしまったときは、もう一度手順4からやり直しましょう。

6 変更内容を保存する

ロゴの文字が変更された

1 [ファイル]をクリック

2 [キャンバスを上書き保存]をクリック

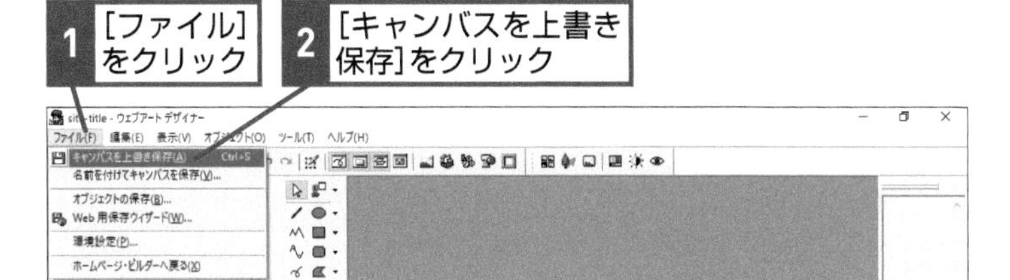

変更内容が保存された

3 [ファイル]をクリック

4 [ホームページ・ビルダーに戻る]をクリック

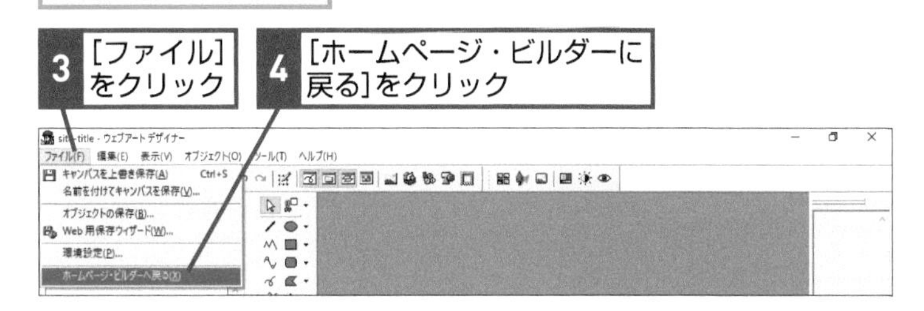

7 タイトルが変更された

ロゴの選択を解除する

1 何もないところをクリック

手順5で入力した内容に文字が変更された

レッスン⑰を参考に、保存しておく

HINT! 変更を保存するかどうか表示されたときは

ウェブアートデザイナーで変更を保存せず、手順6の操作をすると、以下のようなダイアログボックスが表示されます。このときに［いいえ］をクリックすると、画像に加えた編集内容は破棄されます。画像に加えた編集内容を有効にしたいときは、必ず［はい］をクリックしましょう。

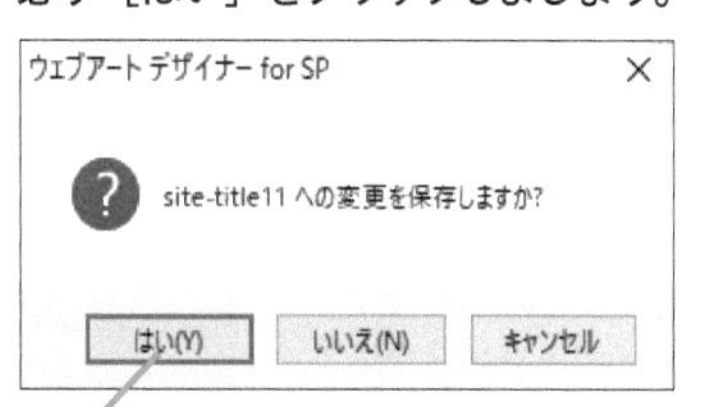

［はい］をクリックすると変更を保存できる

HINT! ロゴの文字が横向きになってしまったときは

フォントを設定した後で、文字が横向きになってしまうことがあります。このようなときは、設定したフォント名を確認しましょう。フォントの名前の先頭に「@」が付くフォントは「縦書きフォント」と呼ばれ、文字列が横向きで表示されます。横書きの文字を作るときは「@」が付かないフォントを選びましょう。

Point タイトルを編集しよう

タイトルはすべてのホームページの上部に表示されます。つまり、ホームページの顔ともいえる存在です。テンプレートからページを作成すると、タイトルにはあらかじめ仮の文字列が入力されています。ウェブアートデザイナーを使って、文字列を店舗名や自社名、ホームページの名称などに、必ず変更しておきましょう。

レッスン

27 テンプレートの背景画像を変更するには

ファイルから貼り付け

ウェブアートデザイナーを利用してトップページの画像を変更してみましょう。テンプレートで指定されている大きさに合わせて画像の入れ替えが可能です。

1 [パーツのプロパティ] ダイアログボックスを表示する

ここではトップページの画像を変更する

1 変更する画像をクリック

2 [画像の編集] をクリック

2 ウェブアートデザイナーを起動する

ここではウェブアートデザイナーで編集する

1 [ウェブアートデザイナー] をクリック

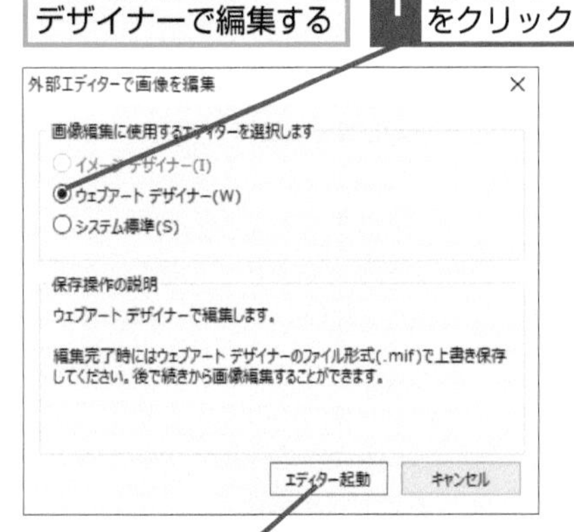

2 [エディター起動] をクリック

キーワード

ウェブアートデザイナー	p.209
キャンバス	p.210

HINT!

「オブジェクトスタック」とは

ウェブアートデザイナーの一番右に表示される領域を「オブジェクトスタック」と呼びます。キャンバスにボタンやロゴなどを挿入したとき、オブジェクトスタックに表示されるサムネイルをドラッグして前後の表示関係を変更できます。オブジェクトスタックの上位に表示されるサムネイルが前面に表示され、下位に表示されるサムネイルが背面に表示される仕組みになっており、素材の選択や表示順の変更がしやすいようになっています。このレッスンでは、単体の画像をウェブアートデザイナーで開くので、オブジェクトスタックにはサムネイルが1つしか表示されません。

◆オブジェクトスタック

間違った場合は？

手順1で間違って違う箇所を選択してしまったときは、表示されたダイアログボックスの［閉じる］ボタンをクリックして、もう一度手順1の画面で選択し直します。

第5章 画像を編集しよう

テクニック ホームページを引き立てる素材を利用してみよう

ホームページ・ビルダーにあらかじめ用意されている素材集のイラストや写真を挿入することもできます。素材集の写真を使いたいときは、[素材] タブに切り替えてから、挿入したい素材をクリックして選択し、[挿入] ボタンをクリックします。また、写真をキャンバスにドラッグしてもその写真を挿入できます。

1 [素材] タブをクリック

ここで素材の種類を選択できる

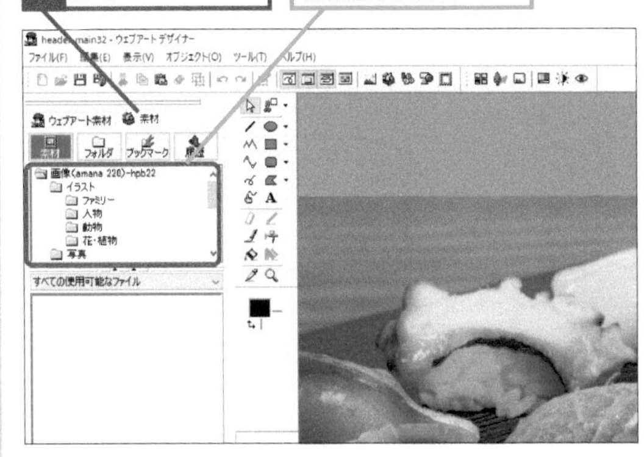

2 素材をクリック

3 [挿入] をクリック

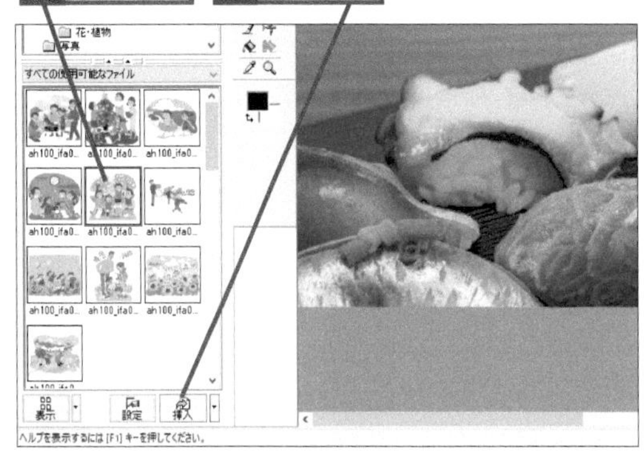

3 画像の表示倍率を変更する

ウェブアートデザイナーが起動した

編集しやすいように、画像を小さく表示する

1 [表示] をクリック

2 [縮小表示] にマウスポインターを合わせる

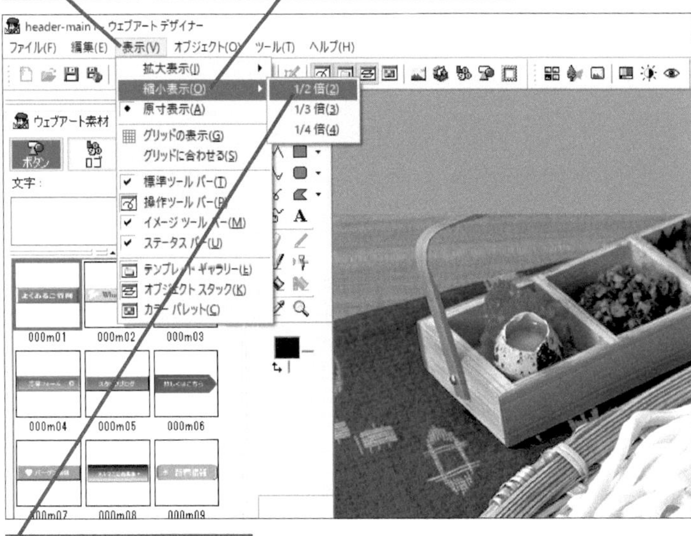

3 [1/2倍] をクリック

HINT! 適切な大きさの写真を用意しておこう

写真の差し替えをするときは、あらかじめ適切な大きさの写真を用意しておくと作業がはかどります。写真編集ソフトなどを使って写真の一部を切り抜いたり、写真のサイズを変更したりして、ホームページ作成の素材として用意しておきましょう。

次のページに続く

4 オブジェクトを削除する

元から配置されていた画像を削除する

1 オブジェクトのサムネイルをクリック

2 Delete キーを押す

5 画像を配置する

元から配置されていたオブジェクトが削除された

ここではパソコンに保存されている画像を選択する

1 [編集]をクリック

2 [ファイルから貼り付け]をクリック

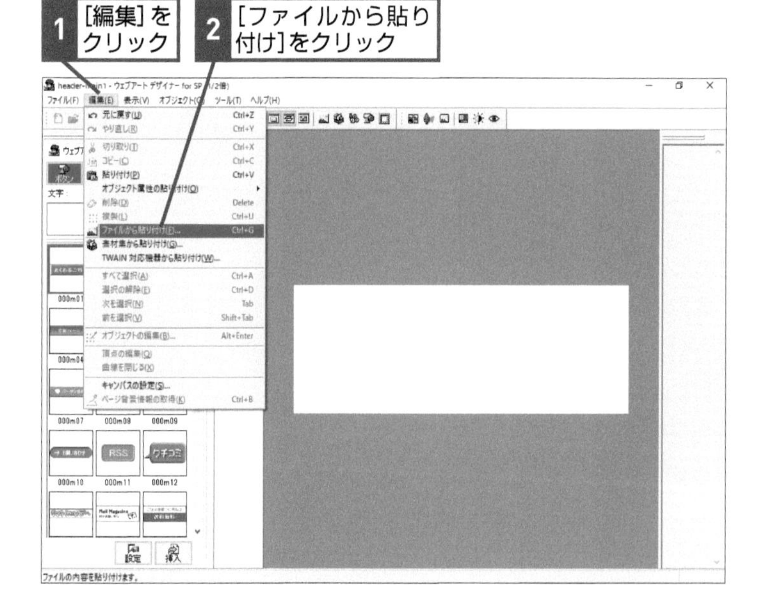

HINT! 画像の表示枠サイズを変更できる

画像が表示される領域は、標準では64×64ピクセルの大きさに収まるように縮小表示されています。表示される大きさを設定するには、[設定]ボタンをクリックして[画像の表示枠サイズ]から表示したい大きさを選択しましょう。

1 [設定]をクリック

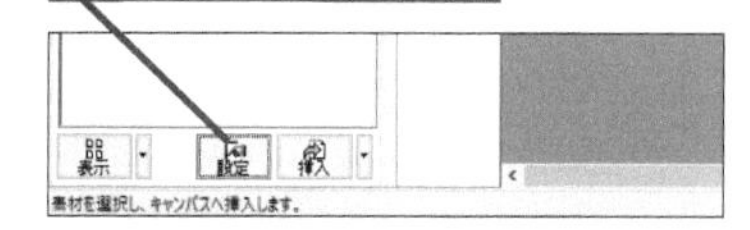

2 [画像の表示枠サイズ]にマウスポインターを合わせる

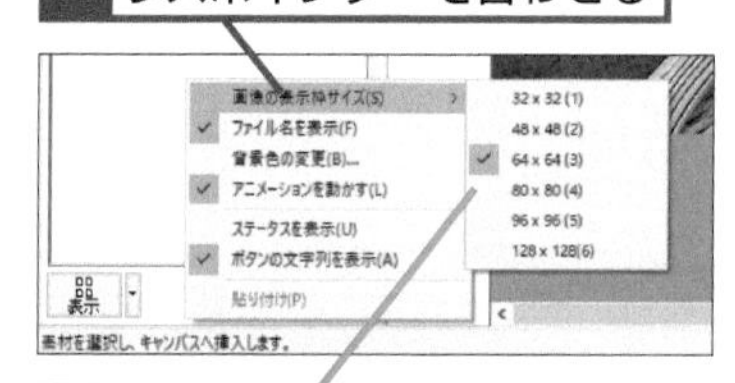

表示したい大きさをクリックする

HINT! 素材の画像を原寸大で確認するには

ウェブアートデザイナーの[素材]タブに表示される画像は、原寸大で確認できます。画像を原寸大で確認するには、画像を選択して[素材]タブの一番下にある[表示]ボタン、または[挿入]ボタンの右側に表示された矢印をクリックしてから、[原寸大で表示]をクリックします。

間違った場合は？

手順6で間違った画像を選択してしまったときは、手順4を参考に、オブジェクトを削除して、もう一度画像を選択し直しましょう。

6 画像を選択する

[ファイルから貼り付け] ダイアログボックスが表示された

ここでは [Picture_09] という画像を選択する

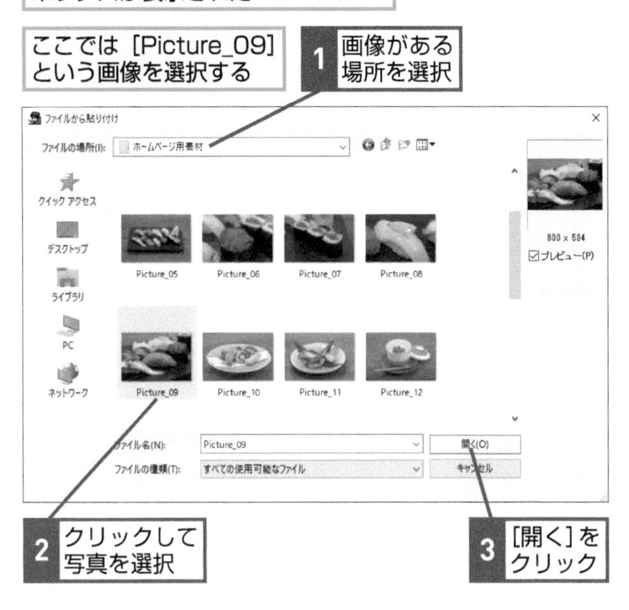

1 画像がある場所を選択

2 クリックして写真を選択

3 [開く]をクリック

7 画像が入れ替わった

選択した画像が表示された

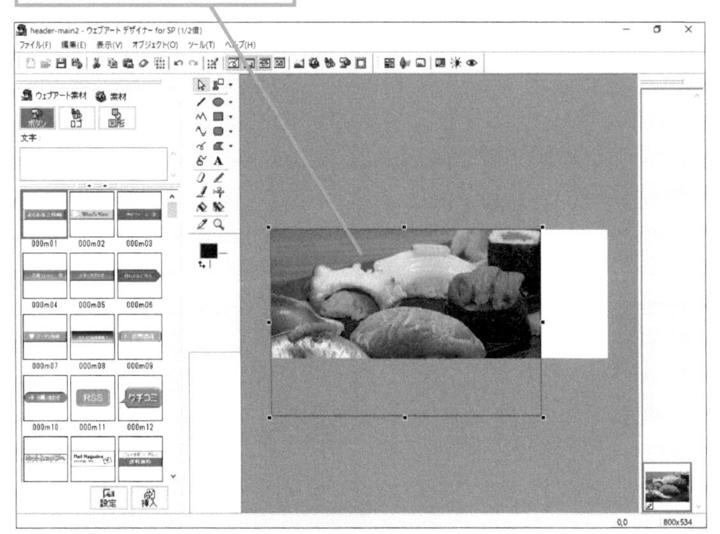

次のレッスンで画像のサイズや配置を変更するので、ウェブアートデザイナーは起動したままにしておく

HINT! 「キャンバス」って何？

ウェブアートデザイナーを起動すると、白い長方形の領域が表示されます。この領域を「キャンバス」と呼びます。キャンバスは、いわば写真やイラストなどの素材を一時的に置く「作業領域」となります。キャンバスの上で素材を重ねることで新しい画像を作成できます。なお、メニューの［ファイル］-［名前を付けてキャンバスを保存］をクリックすると、編集中のキャンバスの状態をファイルに保存できます。

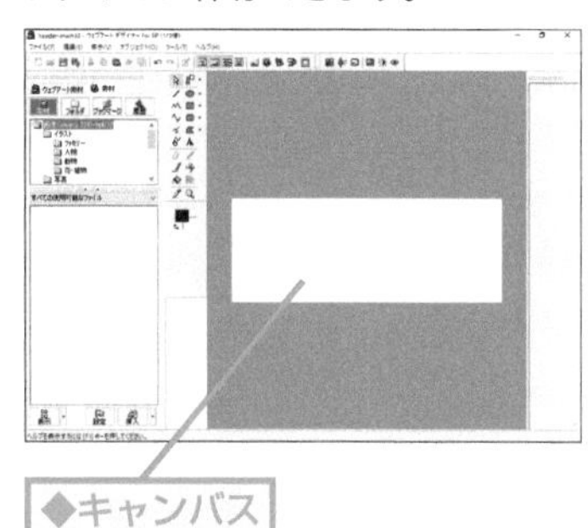

◆キャンバス

Point 画像の編集や加工が簡単

ホームページを大きく印象付けるのは、お店や企業のイメージを想像させる写真やイラストなどの画像です。通常、画像の編集や加工には、専用のソフトウェアが必要です。しかし、ホームページ・ビルダーに付属しているウェブアートデザイナーを利用すれば、画像の読み込みや挿入・編集・加工を簡単に実行できます。オリジナルの画像を使うことでよりホームページの内容が伝わりやすくなりますが、ホームページに合わせてサイズを設定するのは意外と難しいものです。ウェブアートデザイナーでは、キャンバスで画像のサイズを確認しながら、オリジナルの画像をホームページに挿入できます。

レッスン

28 テンプレートの背景画像を編集するには

オブジェクトの編集

このレッスンでは、ウェブアートデザイナーを利用して、テンプレートで指定されていた画像のサイズに合わせて、読み込んだ画像の表示範囲を変更します。

1 [キャンバスの設定] 画面を表示する

レッスン㉗を参考に、画像を挿入しておく

テンプレートの画像と挿入した画像のサイズが異なるため、余白がある

画像のサイズをキャンバスに合わせる

1 [編集] をクリック

2 [キャンバスの設定] をクリック

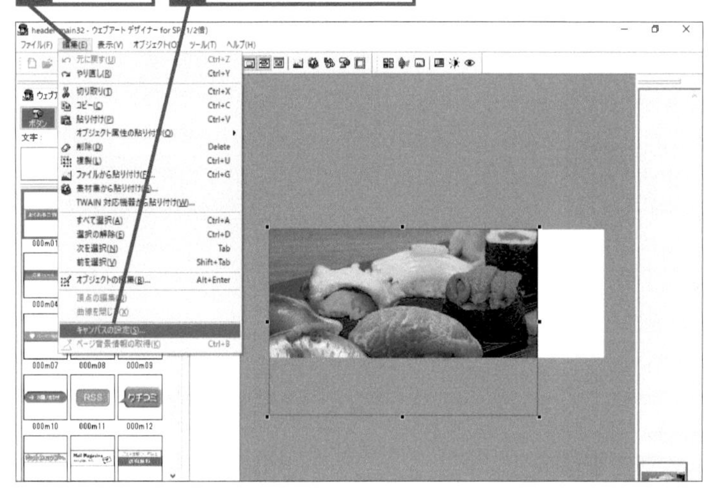

2 キャンバスのサイズを確認する

[キャンバスの設定] ダイアログボックスが表示された

1 [幅] のサイズを確認

2 [閉じる] をクリック

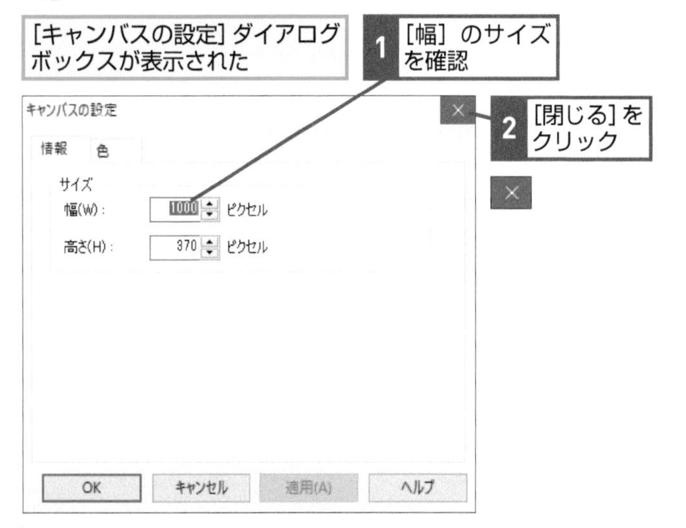

▶キーワード

ウェブアートデザイナー	p.209
キャンバス	p.210
ハンドル	p.214

HINT!

どうしてキャンバスのサイズを確認するの？

テンプレートの画像とオリジナルの画像は、幅や高さの比率が異なります。デジタルカメラで写真を撮影すると、4：3や16：9、3：2といった比率になりますが、テンプレート画像の比率と同じになるとは限りません。そこで、手順2でキャンバスの幅を調べ、パソコンから読み込んだ画像がキャンバスの幅いっぱいに表示されるようにします。キャンバスのサイズが1000ピクセルの場合、読み込んだ画像の幅を1000ピクセルに設定すれば、幅ぴったりに画像が配置されます。この場合、画像の上下は非表示になります。オリジナルの画像と表示範囲を設定した状態を見比べてください。

●オリジナルの画像

●表示範囲を変更した画像

第5章 画像を編集しよう

3 画像の表示サイズを変更する

キャンバスの［幅］のサイズが「1000」であることが分かった

1 ［編集］をクリック

2 ［オブジェクトの編集］をクリック

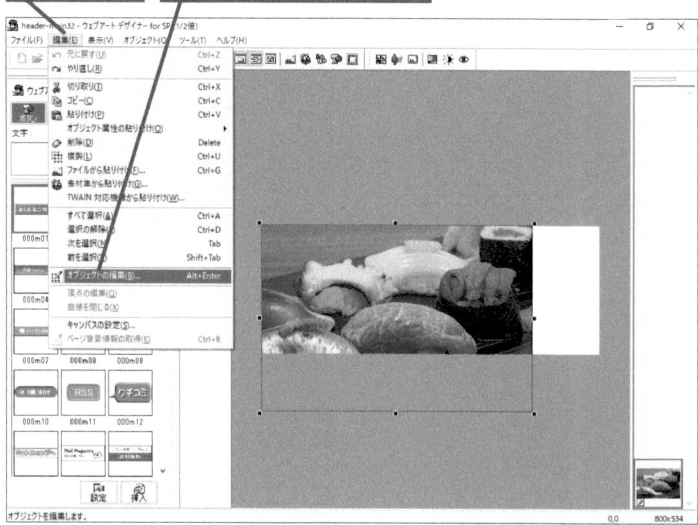

4 画像の表示サイズを入力する

画像の情報が表示された

1 ［縦横比保持］にチェックマークが付いていることを確認

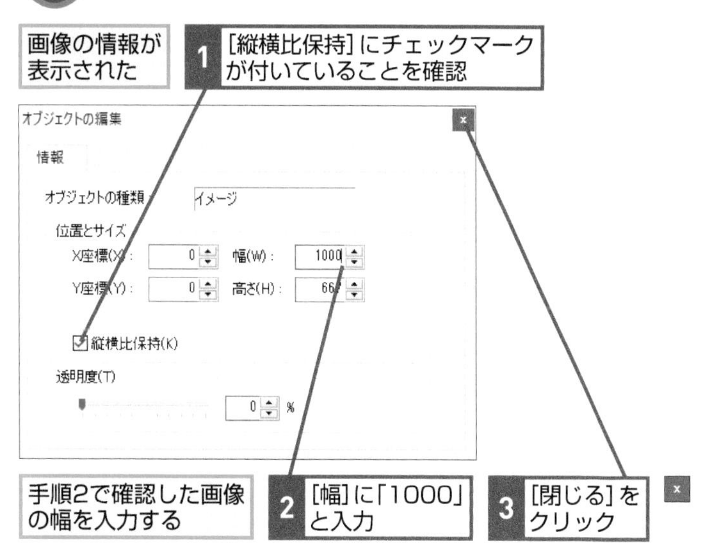

手順2で確認した画像の幅を入力する

2 ［幅］に「1000」と入力

3 ［閉じる］をクリック

HINT!

オブジェクトの重なり方を変えるには

ウェブアートデザイナーで作業をしていると、意図した通りに写真や図形、ロゴが重ならないことがあります。そのようなときは、オブジェクトの重なりを調整しましょう。例えば、写真などのオブジェクトを背面に配置したいときは、写真を右クリックしてから［重なり］-［最背面に移動］を選びます。また、全面に移動したいときは［最前面に移動］を選びましょう。

1 サムネイルを右クリック

2 ［重なり］にマウスポインターを合わせる

3 ［最背面に移動］をクリック

間違った場合は？

手順4で間違った数値を入力してしまったときは、正しい数値を入力し直しましょう。

次のページに続く

5 画像の表示範囲を調整する

画像のサイズが変更された

画像がキャンバスより大きい場合は、画像の見える範囲を調整する

1 ここにマウスポインターを合わせる

Shift キーを押しながらドラッグすると上下か左右を固定できる

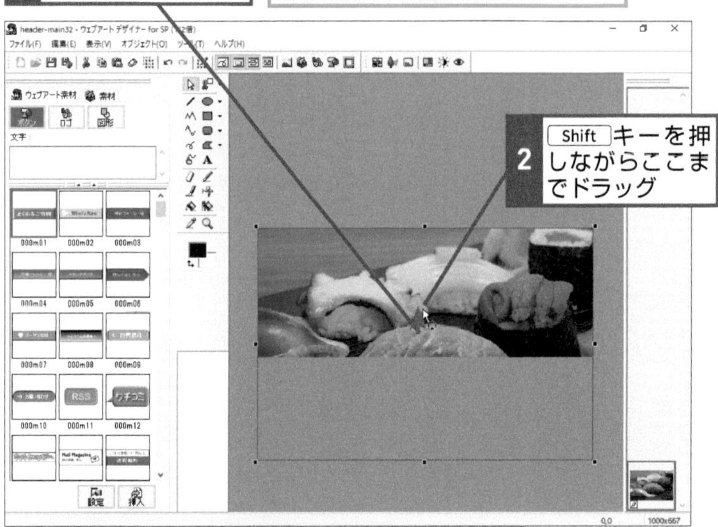

2 Shift キーを押しながらここまでドラッグ

6 変更を保存する

見える範囲が調整された

1 [ファイル]をクリック

2 [キャンバスを上書き保存]をクリック

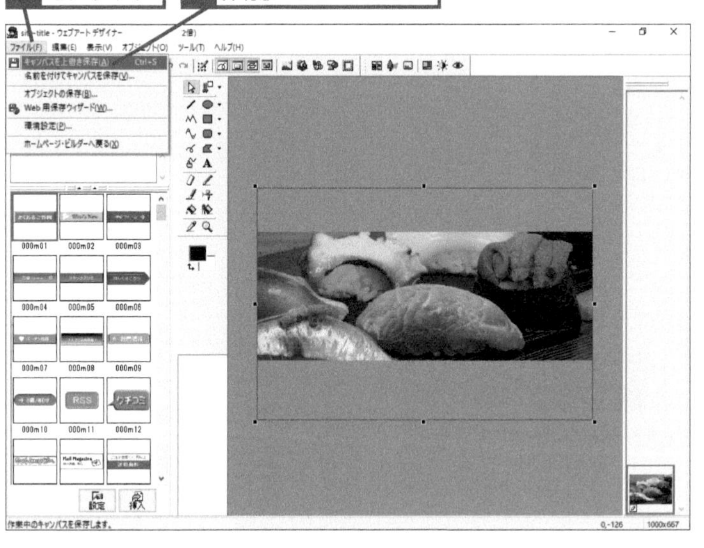

HINT!

マウスを使って写真のサイズを変更することもできる

用意した写真の大きさが大きすぎるときは、写真のサイズを変更しましょう。ウェブアートデザイナーに挿入した写真は、簡単にサイズの変更ができるようになっています。写真の四隅に表示されるハンドルをマウスでドラッグして、写真の大きさを調整しましょう。なお、写真を拡大すると、画質が粗くなってしまうので、大きさの変更は縮小のみにしておきましょう。

1 四隅のハンドルにマウスポインターを合わせる

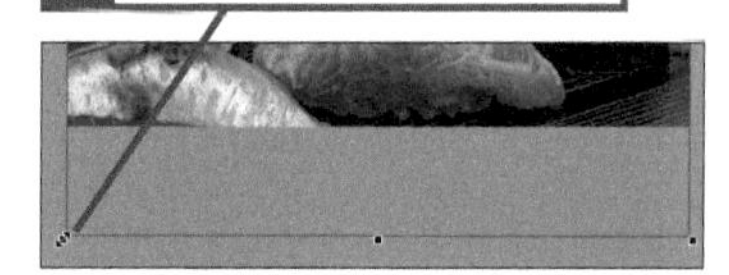

マウスポインターの形が変わった

ドラッグすると写真を拡大・縮小できる

HINT!

縦横比を変えずに大きさを調整するには

マウスを使ってオブジェクトの大きさを変更するときに、Shift キーを押しながらハンドルをドラッグすると、オブジェクトの縦横の比率はそのままで大きさだけを変更できます。

1 Shift キーを押しながらオブジェクトをドラッグ

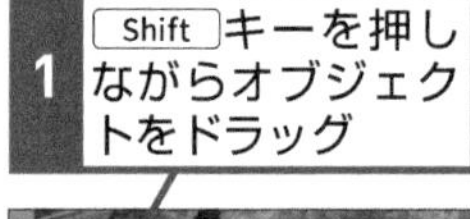

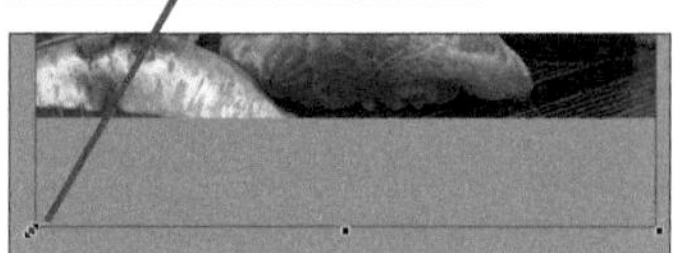

縦横の比率はそのままでサイズを変更できる

7 ウェブアートデザイナーを終了する

変更が保存された

1 [ファイル]をクリック

2 [ホームページ・ビルダーに戻る]をクリック

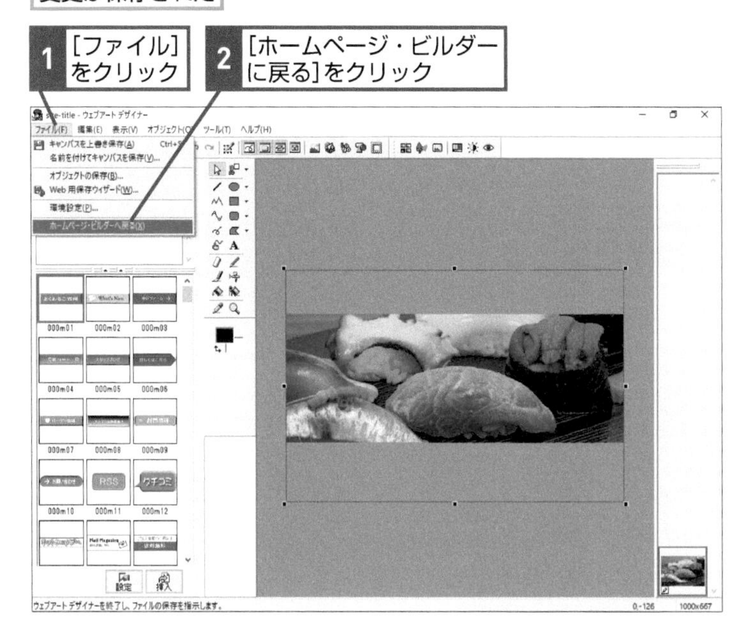

8 ホームページ・ビルダーに戻った

編集した画像がホームページ・ビルダーの編集画面に表示された

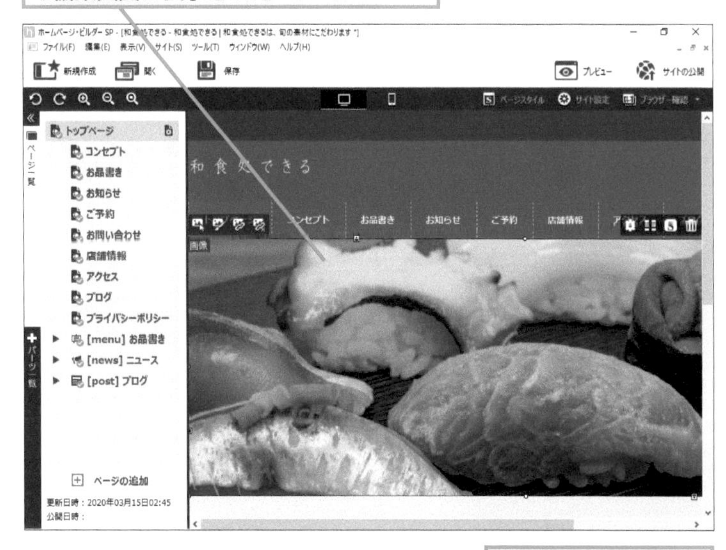

レッスン⑰を参考に、保存しておく

HINT!

画像がキャンバスより小さい場合は

手順4では画像の高さがキャンバスより大きいので、画像の見える範囲を調整しました。画像がキャンバスより小さい場合は、キャンバス内で位置の調整ができます。

間違った場合は？

手順5で写真が見える範囲をうまく調整できなかった場合は、もう一度写真にマウスポインターを合わせて、写真をドラッグします。

HINT!

オブジェクトの位置を調整したいときは

Ctrl キーを押しながら複数のオブジェクトを選択して、[オブジェクト]メニューの[整列]をクリックすると、複数のオブジェクトの位置を自動的にそろえることができます。オブジェクトがうまく配置できないときに使ってみましょう。

Point

写真を効果的に使ってホームページを仕上げよう

テンプレートからホームページを作るときは、画像を効果的に使うようにしましょう。テンプレートに使われている写真をそのまま使うのではなく、会社のページを作るときは自社のビルや製品の画像に、お店のページを作るときは扱っている商品の画像に、それぞれ差し替えるだけで、完成したページのイメージががらりと変わります。このように画像を効果的に使うことによって、もともとのテンプレートのレイアウトを崩さずに、レイアウトがきれいなオリジナルのページを作ることができるということを覚えておきましょう。

レッスン 29

作成したページを確認するには

ブラウザー確認

自分がイメージした通りにページが表示されるのかを確認してみましょう。ページが正しく表示されるかを確認するには、ブラウザーを使います。

1 ホームページ・ビルダーからブラウザーを起動する

ここまでで作成したページが正しく表示されることをブラウザーで確認する

2 ページの内容を確認する

Microsoft Edgeが起動した

データが保存されているサイト（フォルダー）の場所が表示される

1 ページの内容がすべて正しく表示されていることを確認

2 ここを下にドラッグしてスクロール

キーワード

ページ	p.214

HINT!

[プレビュー] ボタンで確認することもできる

作成したホームページの確認には、ホームページ・ビルダーのプレビュー機能を使う方法もあります。編集領域の［プレビュー］ボタンをクリックすると、編集画面の表示が［プレビュー］に切り替わり、ホームページを確認できるので覚えておきましょう。元の編集画面に戻るには、もう一度［プレビュー］ボタンをクリックします。

1 [プレビュー]をクリック

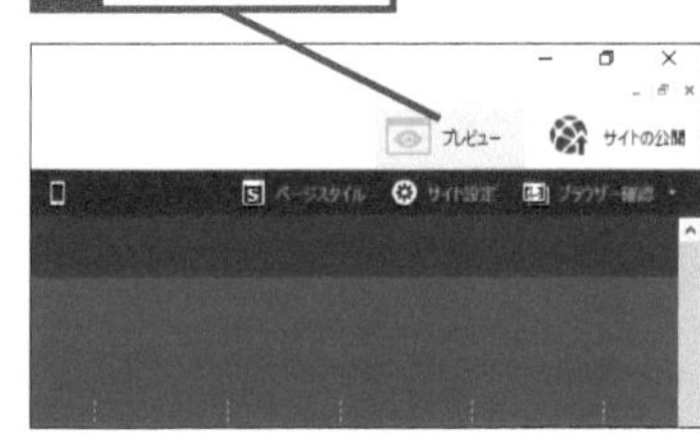

[プレビュー] の画面でホームページを確認できる

HINT!

パソコンに保存したページがプレビューされる

このレッスンの手順で、作ったページをブラウザーに表示してどのような見た目になるのかを確認できます。このときに表示されるのは、インターネットのホームページではなく、パソコンに保存したページが表示されることを覚えておきましょう。

3 ブラウザーを終了する

作成したページを確認できた

Microsoft Edgeを終了する

1 [閉じる]をクリック

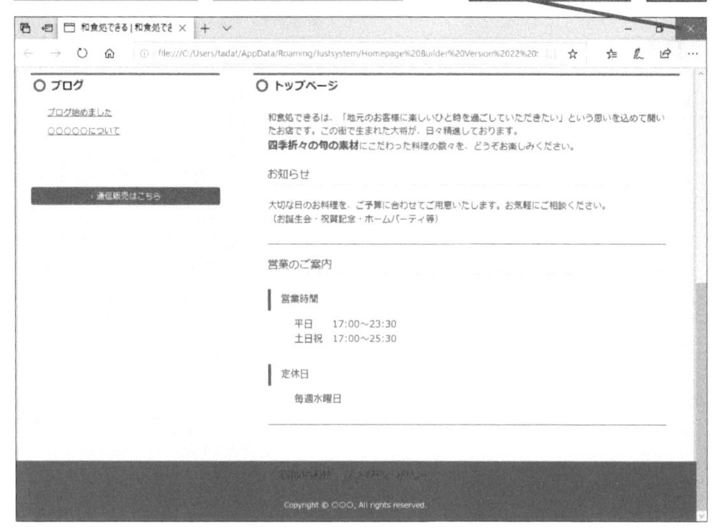

4 ブラウザーが終了した

Microsoft Edgeが終了し、ホームページ・ビルダーの画面に戻った

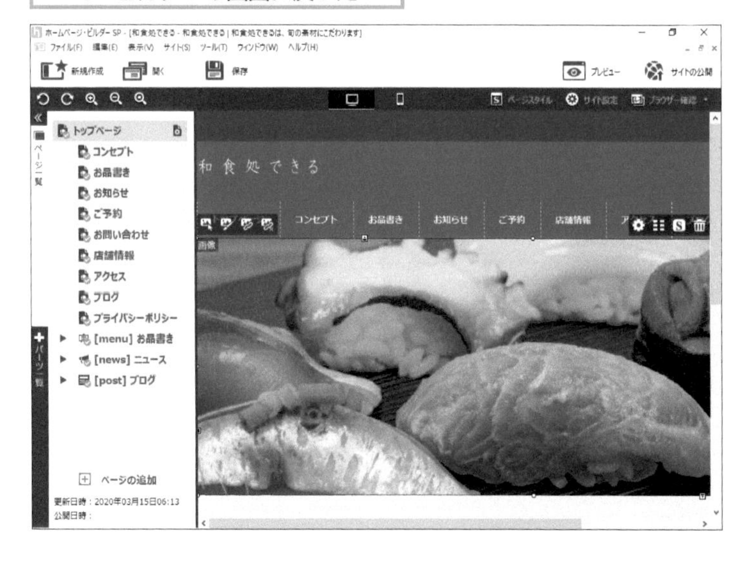

HINT! いろいろな大きさでプレビューしよう

インターネットに公開するホームページは、誰がどのブラウザーを使って、どのような大きさで見るかが分かりません。そのため、ブラウザーの画面を小さくしても正しく表示されることを確認しましょう。

1 [元に戻す（縮小)]をクリック

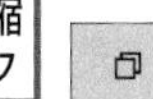

ウィンドウの隅をドラッグすれば、自由に大きさを変更できる

間違った場合は？

手順3で間違ってホームページ・ビルダーの［閉じる］ボタンをクリックしてしまうと、ホームページ・ビルダーが終了します。もう一度､ホームページ・ビルダーを起動しましょう。保存を確認するダイアログボックスが表示された場合は、ページを編集したのに、まだ保存されていない状態です。保存をする場合は［はい］を、しない場合は［いいえ］をクリックしましょう。

Point 作成したページはブラウザーで確認しよう

ホームページ・ビルダーの編集画面に表示されたページには、改行などの編集用の記号が含まれています。そのため、実際のページの出来上がりはブラウザーに表示するまでは分かりません。ホームページを作成したら、ページが正しく表示されるのかを必ず確認するように習慣付けましょう。ブラウザーを使って確認をしながら編集をすれば、失敗することなくページを作ることができるので覚えておきましょう。

この章のまとめ

●画像を変更してオリジナルのページを作ろう

ホームページ・ビルダー SPのテンプレートからページを作成すると、トップページのロゴやアイキャッチ画像は、あらかじめテンプレートに設定されたものがそのまま配置されています。たとえページ内の文章を編集したとしても、これではオリジナルのページとはいえません。テンプレートからページを作成するときは、必ずロゴやアイキャッチ画像を編集しましょう。ロゴやアイキャッチ画像は、これから作るページの内容に合ったものにします。また、会社やお店のページを作るときは、イメージを損なわないように注意して画像を選びましょう。特に、トップページのアイキャッチ画像は、ホームページの顔ともいえる大切なものです。自社の写真や商品の写真などに説明の文章を添えて、ひと目見ただけでページの内容を読んでみたくなるような画像に編集してみましょう。

文章や写真の編集

トップページの見出しや写真を独自の内容に編集する

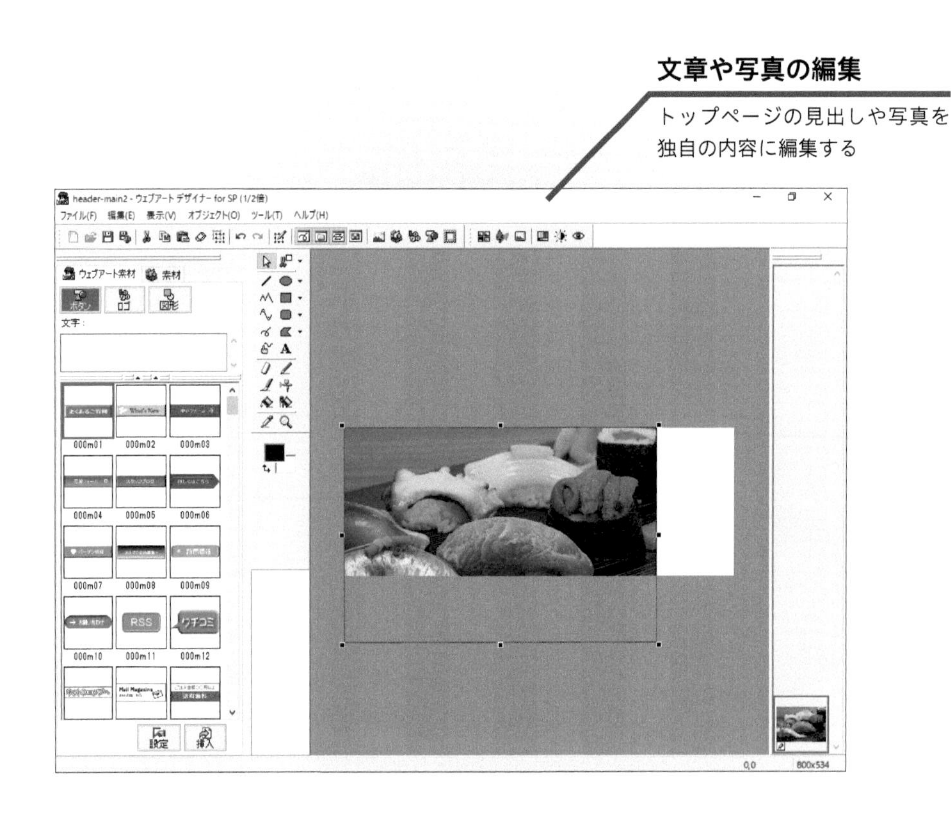

第6章 構成を編集しよう

テンプレートから作成したページは、サイトナビゲーションを使ってページとページの間を移動できるようになっています。この章では、サイトナビゲーションを編集する方法や、新しいページを追加する方法、ページに画像を挿入する方法などについて解説します。

●この章の内容

レッスン 30

ページの構成を編集するには

ページの名前の変更

テンプレートから作成したページのタイトルを変更してみましょう。ページのタイトルを変更するには［ページの設定］ダイアログボックスを使います。

1 ［ページの設定］ダイアログボックスを表示する

ここでは［コンセプト］ページのタイトルを変更する

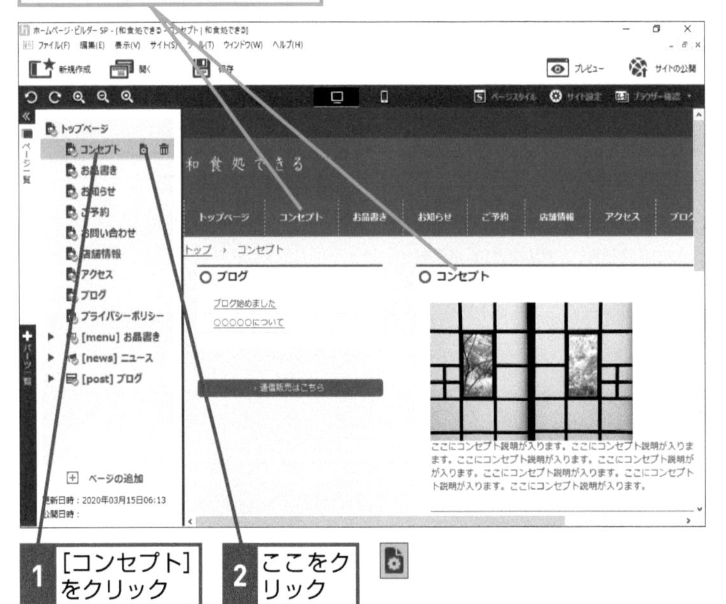

1 ［コンセプト］をクリック

2 ここをクリック

2 ページのタイトルを入力する

［ページの設定］ダイアログボックスが表示された

ここではページのタイトルを［コンセプト］から「当店のこだわり」に変更する

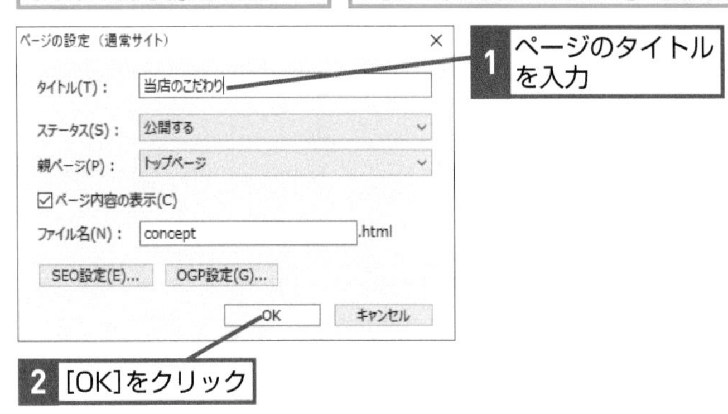

1 ページのタイトルを入力

2 ［OK］をクリック

キーワード

SEO	p.209
サイトナビゲーション	p.211

HINT!

サイトナビゲーションも同時に変更される

ページの名前を変更すると、サイトナビゲーションの内容も自動的に変更されるようになっています。なお、ページタイトルを変更しても編集領域のサイトナビゲーションが変わらないときは、ページを保存して閉じ、開き直してください。

HINT!

ページのタイトルはページのデザインに連動している

テンプレートから作成したページのページタイトルは、サイトナビゲーションや、ページ内に書かれているタイトル文字などと連動します。そのため、ページタイトルを変更すると、ページ内に表示されるページタイトルやサイトナビゲーションのメニューの名称などが一度に変更されます。ページタイトルとメニューが異なるなど、矛盾の起きないようになっています。

間違った場合は？

手順1で間違って目的のページ以外を開いてしまったときは、［閉じる］ボタンをクリックして［ページの設定］ダイアログボックスを閉じて、もう一度初めからやり直します。

テクニック 説明文字列でSEO対策ができる

[ページの設定]ダイアログボックスには[説明文字列]を入力できます。ここに入力した内容は、検索サイトの検索対象になるので、検索でヒットさせたいキーワードを含み、ページの内容を簡潔に表現した文章を入力しましょう。なお、サイト内のすべてのページに違う内容の［説明文字列］を設定すると、検索に強いサイトにすることができるので覚えておきましょう。

1 ［SEO設定］をクリック

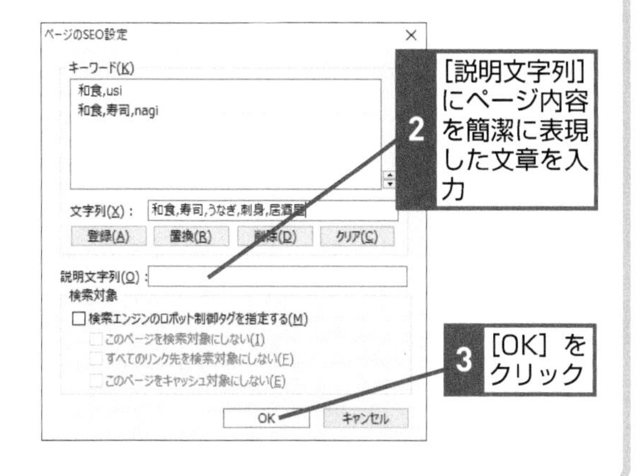

3 設定したタイトルに変更された

これまで[コンセプト]と書かれていた部分だけが変更された

サイトナビゲーションの表示が[当店のこだわり]に変更された

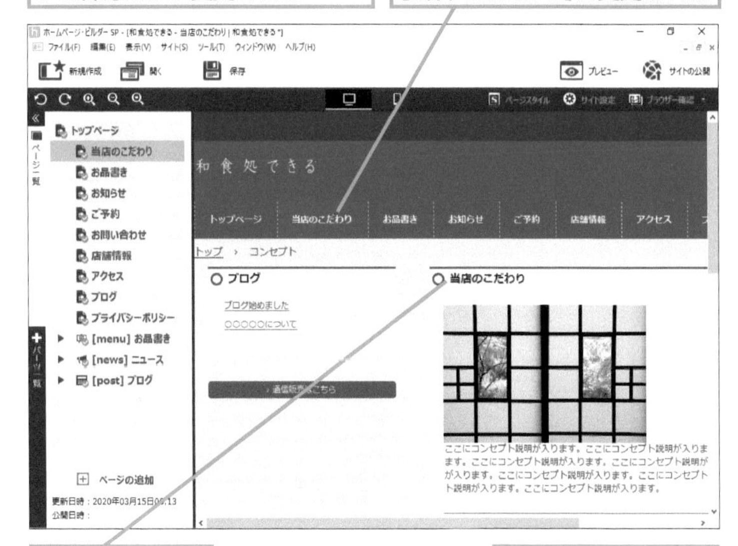

ページタイトルが変更された

レッスン⑰を参考に、保存しておく

HINT! ページ一覧にボタンが表示されていないときは

ページ名が長いと、[ページの設定]ダイアログボックスを開くためのボタンが表示されません。その場合は、変更したいページを右クリックしてから［ページの変更］をクリックします。

Point 適切なページタイトルにしよう

ページの内容を変更しても、ページの名前がテンプレートのままではオリジナルのホームページとはいえません。必ずページの名前を変更しましょう。変更したページの名前は、サイトナビゲーションにも反映されます。あまりにも長い名前にしてしまうと、サイトナビゲーションが見づらくなってしまいます。ページの名前を変更するときは、ページの内容を簡潔に表現した短い名前にするといいでしょう。

レッスン

31 サイトナビゲーションの順番を入れ替えるには

順番の入れ替え

サイトナビゲーションの順番は、自由に設定することができます。サイトナビゲーションを設定して使いやすいページ構成にしましょう。

1 [パーツのプロパティ] ダイアログボックスを表示する

レッスン㉑を参考に、サイトナビゲーションの[パーツのプロパティ]ボタンを表示しておく

1 [パーツのプロパティ] をクリック

2 順番を入れ替えるページを選択する

ここでは[お品書き]のページを[トップページ]の次の順番に変更する

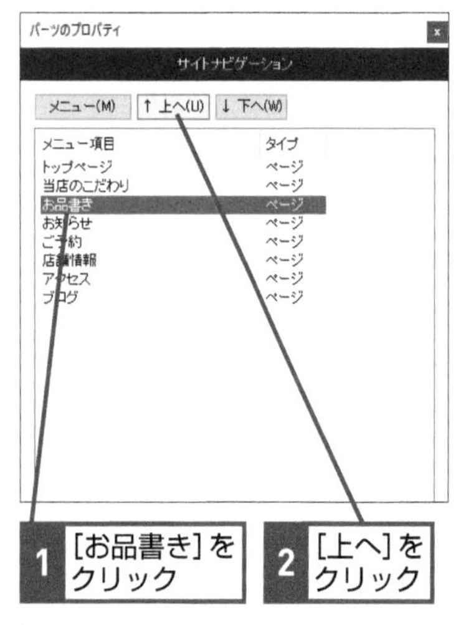

1 [お品書き]をクリック

2 [上へ]をクリック

キーワード

サイトナビゲーション p.211

ページ p.214

HINT!

サイトナビゲーションの順番はどうすればいいの？

サイトナビゲーションの表示順は、[パーツのプロパティ] ダイアログボックスの順番通りに表示されます。[パーツのプロパティ] ダイアログボックスで最も上に表示されているページが、サイトナビゲーションの左側に、最も下に表示されているページが、サイトナビゲーションの右側に表示されます。このレッスンのPointを参考に、サイトナビゲーションの順番が適切になるように設定しましょう。

[パーツのプロパティ] ダイアログボックスで上に表示されるページが、サイトナビゲーションでは左に表示される

間違った場合は？

手順2で間違えて [下へ] ボタンをクリックしてしまったときは、手順2のダイアログボックスで [上へ] ボタンを2回クリックします。

構成を編集しよう 第6章

テクニック メニューに階層を設定するには

メニューは階層化することができます。メニューを階層化するには、まず手順2の［パーツのプロパティ］ダイアログボックスを表示します。次に、手順2、3を参考に、下の階層に設定したいメニューを、上の階層に設定したいメニューの下に移動しましょう。さらに、下の階層に設定したいメニューが選ばれている状態で［メニュー］ボタンの［階層を下げる］をクリックします。階層を戻すときは［メニュー］ボタンの［階層を上げる］をクリックします。設定が完了したら、［閉じる］をクリックして、［パーツのプロパティ］ダイアログボックスを閉じておきましょう。なお、メニューは2階層まで設定できます。

3 ページの順番が1つ繰り上がった

［お品書き］のページが1つ上に表示された

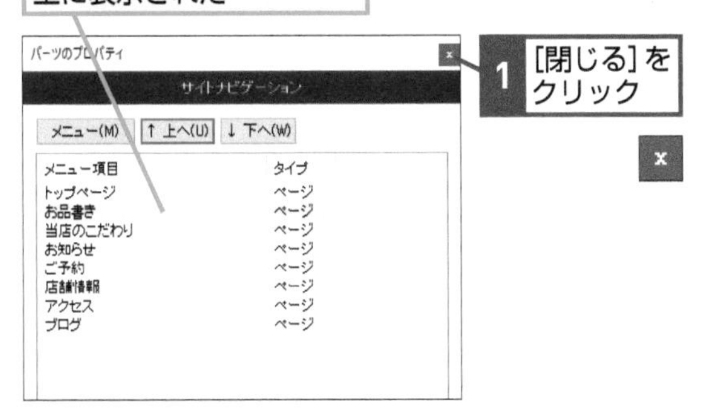

1 ［閉じる］をクリック

4 ページの順番が1つ繰り上がった

サイトナビゲーションの順番が入れ替わった

レッスン⑰を参考に、保存しておく

HINT! プレビューで確認しよう

［パーツのプロパティ］ダイアログボックスでサイトナビゲーションの順番を変えたときは、必ずブラウザーで確認しましょう。このときには、利用者が本当に使いやすいサイトナビゲーションになっているのかを確認することが大切です。ブラウザーで表示したときに、サイトナビゲーションが使いにくそうに見えるときは、もう一度サイトナビゲーションの順番を考え直しましょう。

Point サイトナビゲーションの順番の決め方

サイトナビゲーションの順番を決めるには、2つの方法があります。1つはよくクリックされるメニューを左側に配置する方法です。ただし、どのページがよく見られるのかはサイトを公開しないと分からないので、初めて作るサイトではこの方法はあまり使われません。もう1つの方法は、利用者の動線を考えたメニューの配置方法です。人がブラウザーでページを見るときには、左から右方向へと視線を移動するのが一般的です。左から右へと順番にクリックしてページを読み進めることで、利用者が掲載されている情報をもれなく得られるコンテンツを作り、それに沿ってメニューを配置するという方法もあります。なお、どちらの場合でも、メインのトップページは必ずサイトナビゲーションの一番左に配置しておきましょう。

レッスン
32 ホームページの内部リンクを設定するには

メニュー項目の追加

ページには複数のサイトナビゲーションを挿入できます。ここでは、あらかじめ挿入されている2つのサイトナビゲーションを編集してみましょう。

複数のサイトナビゲーション

テンプレートから作成したページには、ページの上部または左右とページ下部に2つのサイトナビゲーションが配置されています。ページ上部のサイトナビゲーションには重要なコンテンツを、ページ下部のサイトナビゲーションにはあまり参照されないコンテンツを設定するのが一般的です。このレッスンでは、ページ上部のサイトナビゲーションに含まれている、あまり利用されないメニューを、ページ下部のサイトナビゲーションに移動する方法について説明します。

上部のサイトナビゲーションから、下部のサイトナビゲーションに項目を移動できる

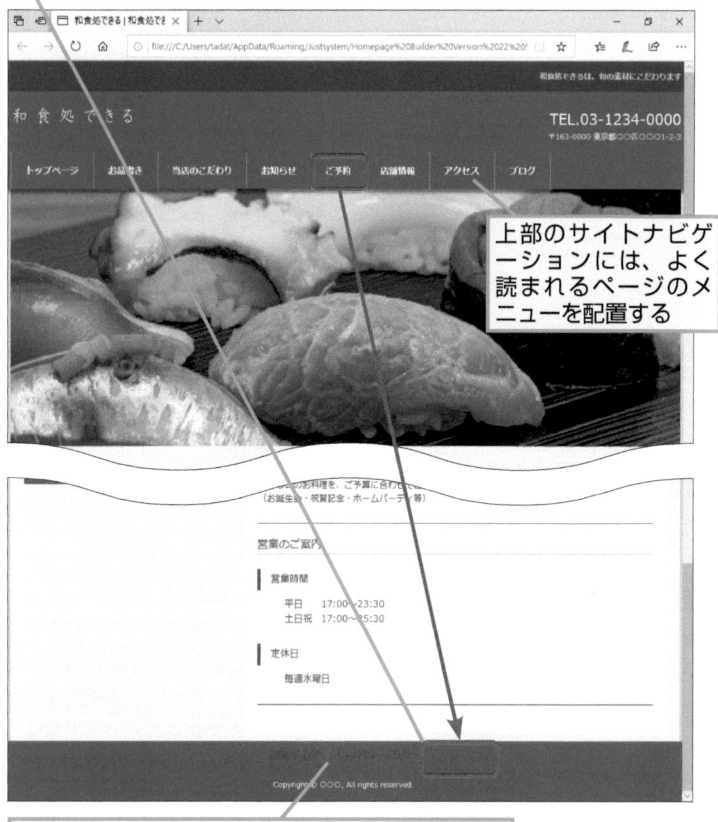

上部のサイトナビゲーションには、よく読まれるページのメニューを配置する

下部のサイトナビゲーションには、あまり読まれないページのメニューを配置する

キーワード

サイトナビゲーション	p.211
ページ	p.214

HINT!

メニューを移動するには

テンプレートから作成したページには、上部と下部に2つのサイトナビゲーションがあらかじめ配置されています。ページ上部のサイトナビゲーションにあまり使わないメニューがあるときは、ページ下部のサイトナビゲーションに移動すると、サイトナビゲーションが使いやすくなります。メニューは直接移動できません。そのため、移動先のサイトナビゲーションに、新しくメニューを追加して、移動元のサイトナビゲーションから不要になったメニューを削除しましょう。

HINT!

［プライバシーポリシー］は最初から分かれている

テンプレートで作成される［プライバシーポリシー］のページは、頻繁に参照されるコンテンツではありません。そのため、［プライバシーポリシー］は初めからページ下部のサイトナビゲーションに設定されています。

［プライバシーポリシー］は下部のサイトナビゲーションに配置されている

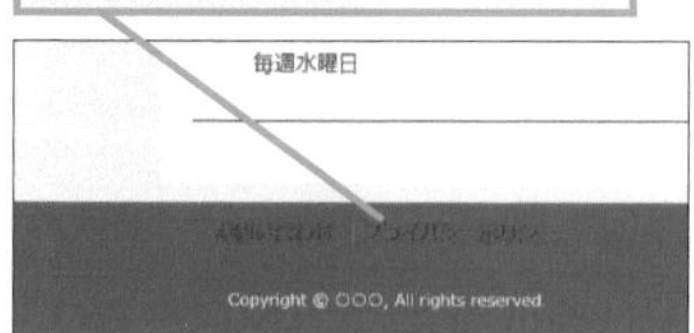

下部のサイトナビゲーションのメニューを追加する

1 下部のサイトナビゲーションを選択する

ここでは[ご予約]のメニューを、下部のサイトナビゲーションに追加する

トップページを表示しておく

1 ここを下にドラッグしてスクロール

2 下部のサイトナビゲーションをクリック

2 [パーツのプロパティ]ダイアログボックスを表示する

サイトナビゲーションが選択された

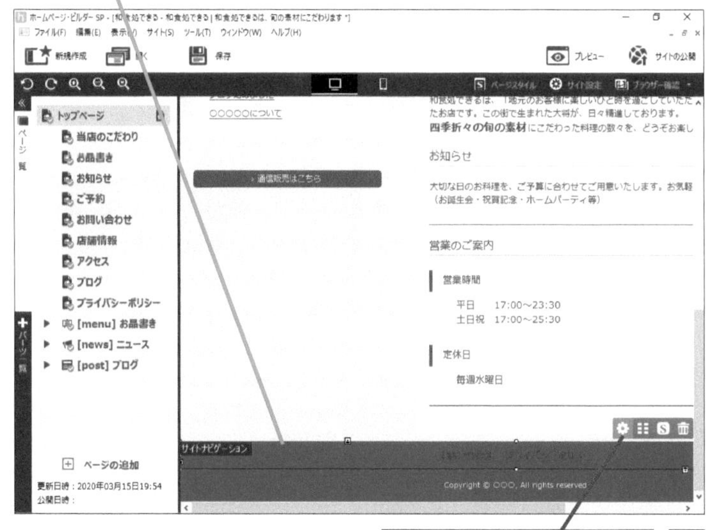

1 [パーツのプロパティ]をクリック

HINT!

サイトナビゲーションから外部のページにリンクするには

サイトナビゲーションのリンクをクリックしたときに外部のサイトをブラウザーに表示できるように設定できます。外部サイトをリンクしたいときは、[メニュー項目（リンク）の追加]ダイアログボックスで設定しましょう。

[パーツのプロパティ]ダイアログボックスを表示しておく

1 [メニュー]をクリック

2 [項目の追加]にマウスポインターを合わせる

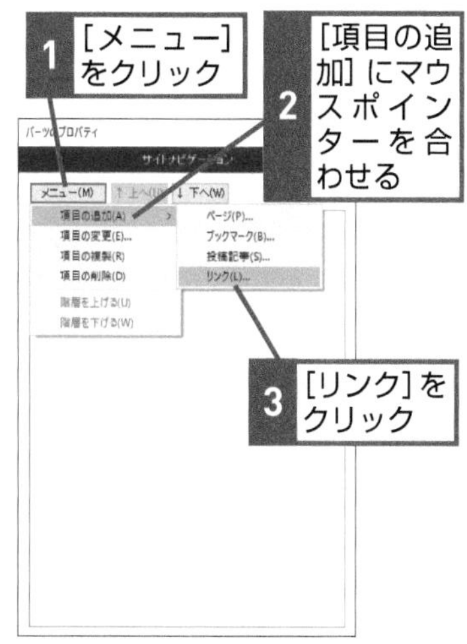

3 [リンク]をクリック

4 URLとメニュー名を入力

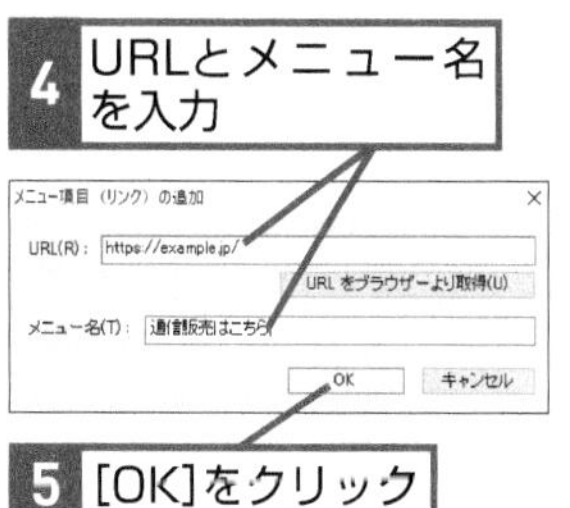

5 [OK]をクリック

間違った場合は？

手順2で違うパーツの[パーツのプロパティ]ダイアログボックスを開いてしまったときは、[閉じる]ボタンをクリックしてダイアログボックスを閉じてからもう一度やり直します。

次のページに続く

3 [メニュー項目（ページ）の追加] ダイアログボックスを表示する

[パーツのプロパティ]ダイアログボックスが表示された

1 [メニュー] をクリック

2 [項目の追加] にマウスポインターを合わせる

3 [ページ] をクリック

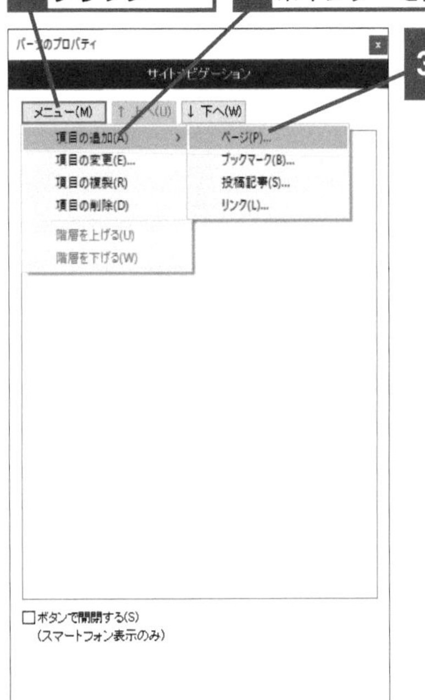

4 移動するページを選択する

[メニュー項目(ページ)の追加]ダイアログボックスが表示された

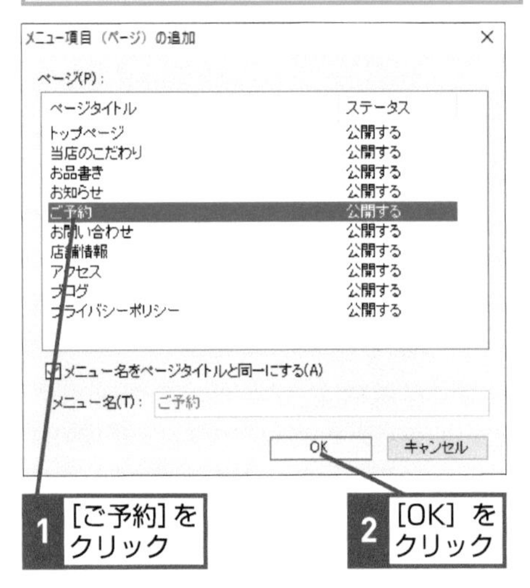

1 [ご予約] をクリック

2 [OK] をクリック

HINT!

サイトナビゲーションは追加できる

サイトナビゲーションは、あらかじめ挿入されているもの以外にも、自由に追加できます。コンテンツが少ないときは、あらかじめ挿入されている2つのサイトナビゲーションだけで十分です。しかし、コンテンツが増えてくると、2つのサイトナビゲーションだけですべてのページをリンクさせることが不可能になります。このようなときは、代表的なページのみサイト上部のメインのサイトナビゲーションに設定します。さらに、代表的なページにはメインのサイトナビゲーション以外にサイトナビゲーションを追加して、その他のページを参照できるようにします。こうすることで、デザインも美しく、かつ使いやすいページを作れます。

レッスン⑳を参考に、パーツ一覧ビューを表示しておく

1 ここにマウスポインターを合わせる

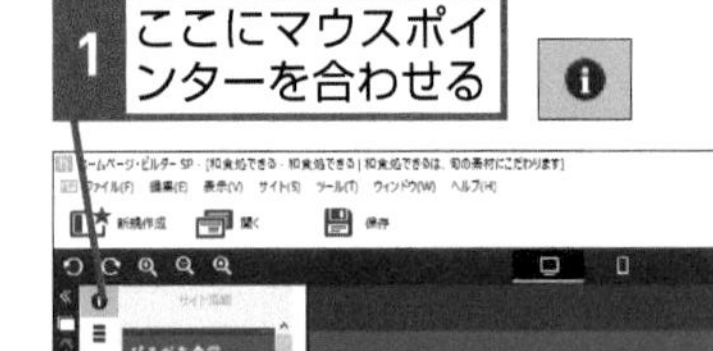

2 [サイトナビゲーション（たて）]をクリック

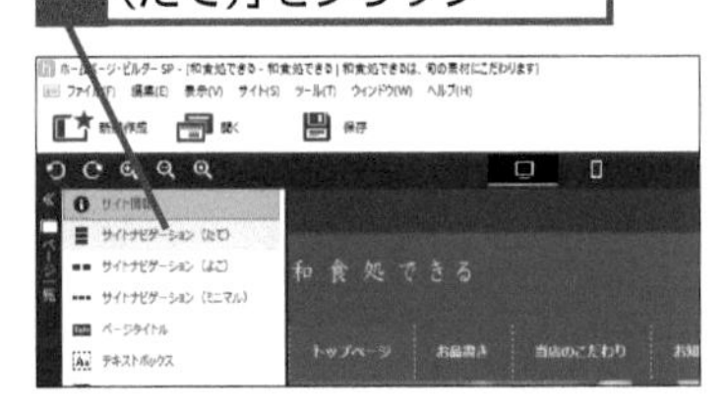

パーツをドラッグして、サイトナビゲーションを追加できる

間違った場合は？

手順4で違う項目を選んでしまったときは、もう一度正しい項目を選びなおします。

構成を編集しよう 第6章

5 [パーツのプロパティ] ダイアログボックスを閉じる

メニュー項目の一覧に [ご予約] が表示された

1 [閉じる] をクリック

6 選択した項目が追加された

[ご予約] の項目が、下部のサイトナビゲーションに追加された

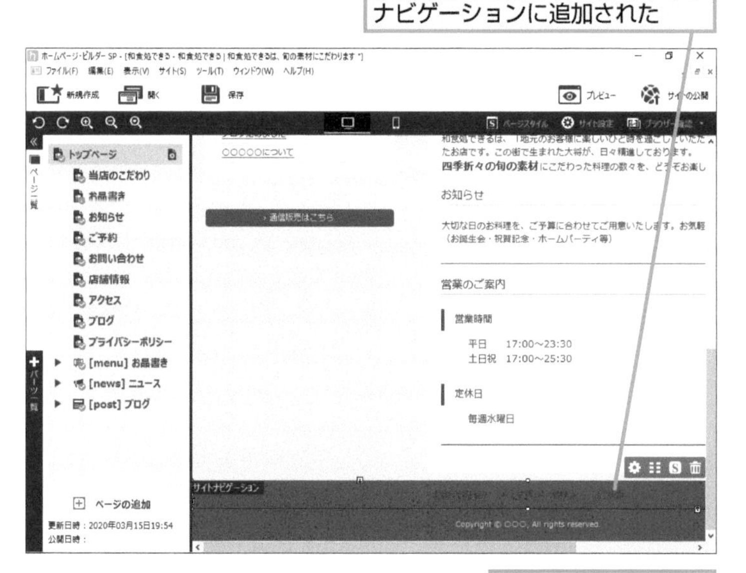

レッスン⓱を参考に、保存しておく

HINT!

サイトナビゲーションをボタンで開閉させるには

スマートフォン表示で常にナビゲーションを表示したくないときは、[ボタンで開閉する] をクリックしてチェックしておきましょう。ボタンがタップされたときにだけナビゲーションを表示されるように設定できます。なお、ボタンでの開閉はパソコンのブラウザーでは利用できません。

[パーツのプロパティ]ダイアログボックスを表示しておく

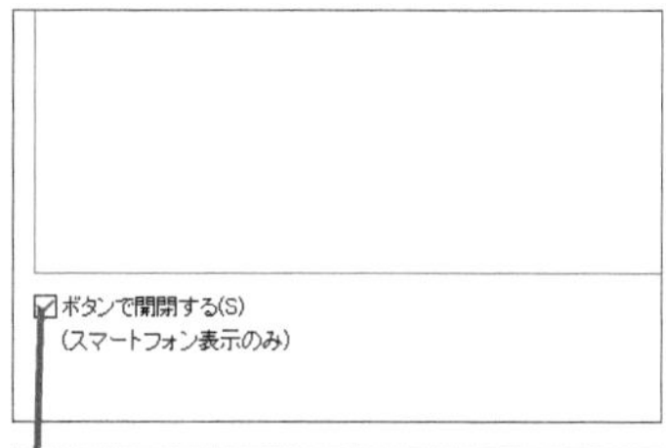

1 ここをクリックしてチェックマークを付ける

2 [閉じる]をクリック

Point

ナビゲーションを使いやすく設定しよう

テンプレートから作成したページには2つのサイトナビゲーションがあらかじめ挿入されています。サイト上部のサイトナビゲーションには表示させたくはないけれど、サイトのコンテンツとして必要なページのメニュー項目を配置したいときはページ下部のサイトナビゲーションとして配置しましょう。コンテンツの数が多いときは、あらかじめ優先順位を決めておけばどちらのサイトナビゲーションに配置するのかを比較して検討できます。サイトナビゲーションは利用者の視点で考えて、なるべく使いやすくなるように設定しましょう。

レッスン

33 ページを削除するには

項目の削除

不要なページは削除しましょう。ページはサイトナビゲーションの［パーツのプロパティ］ダイアログボックスで削除することができます。

1 削除するページを選択する

上部のサイトナビゲーションから［ご予約］の項目を削除する

1 上部のサイトナビゲーションをクリック

2 ［パーツのプロパティ］をクリック

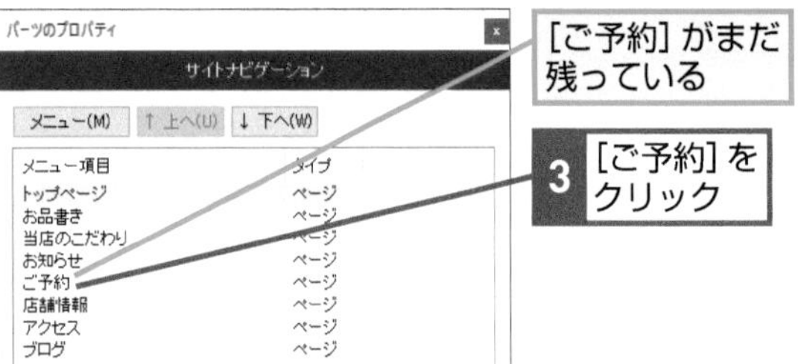

［ご予約］がまだ残っている

3 ［ご予約］をクリック

2 ページを削除する

［パーツのプロパティ］ダイアログボックスが表示された

1 ［メニュー］をクリック

2 ［項目の削除］をクリック

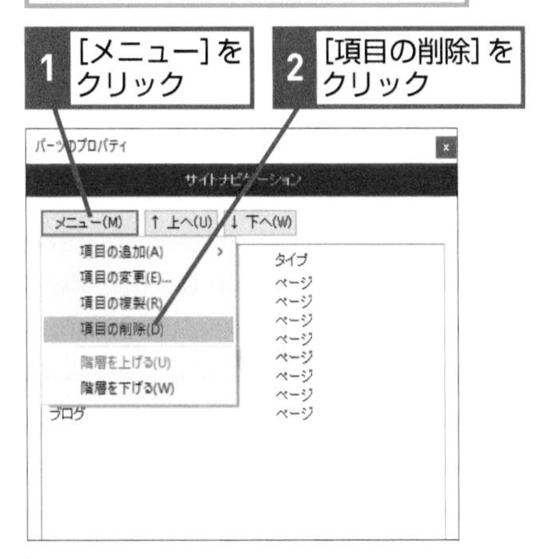

キーワード

サイトナビゲーション	p.211
ページ	p.214

HINT!

たくさんのサイトナビゲーションを追加しない

サイトナビゲーションをたくさん追加すると、ページを閲覧する人がどのサイトナビゲーションを使ったらいいのか分からなくなってしまいます。サイトナビゲーションは、サイト上部または左右に挿入されているサイトナビゲーション、ページ下部に配置されているサイトナビゲーションのほかに、2つ程度までのサイトナビゲーションにとどめておきましょう。

HINT!

通販サイトで効果的に設定するには

非常にたくさんのページで構成されるサイトのときは、複数のサイトナビゲーションを使った方が効果的です。例えば、メインのナビゲーションからは、商品の代表ページのみを参照できるようにします。さらに、商品の代表ページには、商品カテゴリーなどのページを参照できるようなサイトナビゲーションを追加します。

間違った場合は？

手順2で違うページを削除してしまったときは、［パーツのプロパティ］ダイアログボックスを閉じてから［操作を元に戻します］をクリックして、もう一度手順1からやり直します。

③ ホームページ・ビルダーに戻る

[ご予約]が削除された

1 [閉じる]をクリック

④ サイトナビゲーションを確認する

サイトナビゲーションから［ご予約］が削除された

サイトナビゲーションのメニューを編集できた

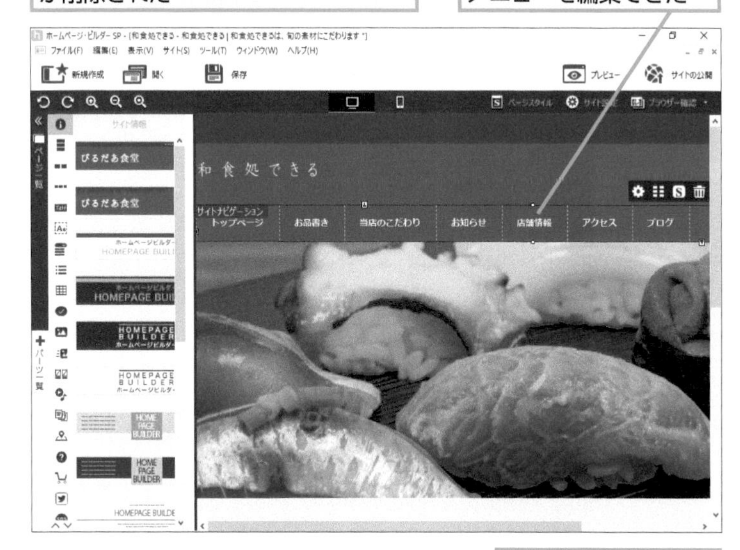

レッスン⑰を参考に、保存しておく

HINT!

マウスポインターを合わせるとメニューの色が変わるサイトナビゲーションもある

サイトナビゲーションの中には、メニューにマウスポインターを合わせると表示が変わるものもあります。表示を確認するときは、レッスン㉙を参考にページをブラウザーで表示して、マウスポインターをメニューに合わせてみましょう。

HINT!

削除したページを復元するには

このレッスンでは、上部のサイトナビゲーションから［ご予約］のページを削除します。しかし［ご予約］のページでテキストや画像を編集し、オリジナルのページを作成していた場合、編集内容もすべて消えてしまい、復元できません。ページの削除を中止するときは、［パーツのプロパティ］ダイアログボックスの［閉じる］ボタンをクリックする前に［操作を元に戻します］ボタンをクリックしましょう。なお、目的のナビゲーションを選び、レッスン㉜の手順3を実行すれば、テンプレートの初期状態でページを復元できます。

Point

不要なページは削除しよう

ホームページ・ビルダー SPで作成したページは、サイトナビゲーションとページの整合性が取れているため、サイトナビゲーションから表示できないページが存在しません。そのため、不要なページを残すと、そのページもサイトナビゲーションから表示されてしまいます。あらかじめ用意されているテンプレートで、すべてのページを利用するケースはほとんどありません。不要なページは削除して、オリジナルのページを作っていきましょう。

レッスン

34 新しくページを追加するには

ページの追加

テンプレートに含まれていないページは、このレッスンの方法で新しく作成します。[ページの追加] から新しいページを作ってみましょう。

1 ページの新規作成を開始する

ここでは「姉妹店のお知らせ」というページを作成する

1 [ページの追加] をクリック

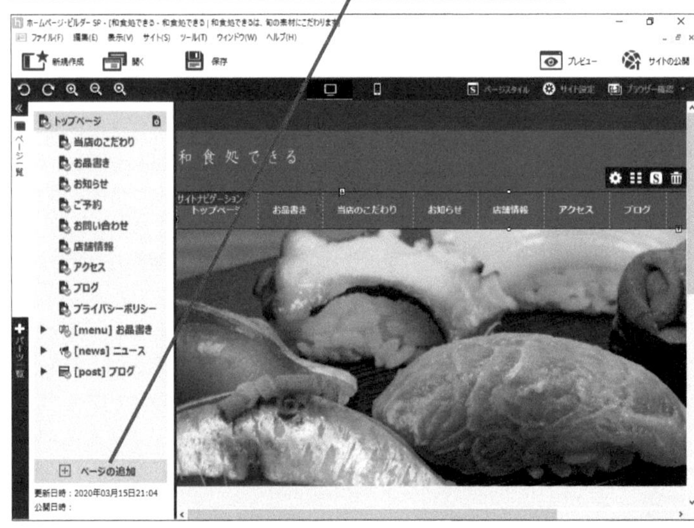

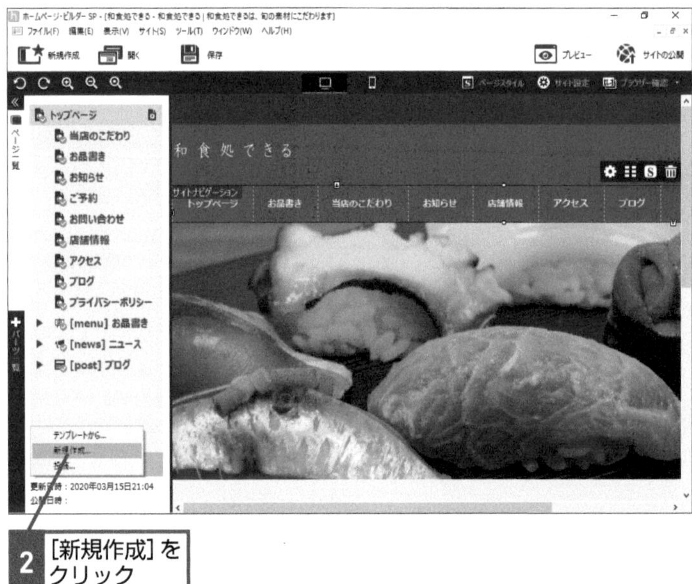

2 [新規作成] をクリック

キーワード

HINT!

ほかの業種のページも追加できる

新しいページはテンプレートからも追加できます。これから新しく作ろうとするページに似たページがテンプレートに用意されているときは、テンプレートから新しいページを追加した方が効率良く作業を進められます。

手順1の操作2で [テンプレートから] をクリックしておく

1 ここをクリックして業種を選択

2 追加したいページの名前をクリック

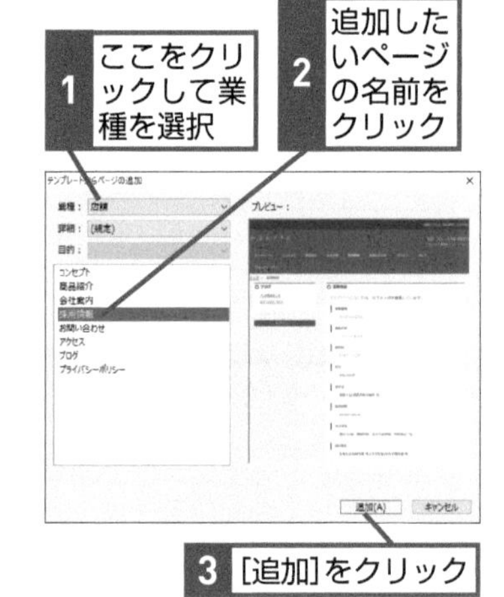

3 [追加] をクリック

間違った場合は？

手順2でタイトルの入力を間違えてしまったときは、Back space キーを押して文字をすべて削除してからもう一度やり直します。

② ページのタイトルを入力する

［ページの新規作成］ダイアログボックスが表示された

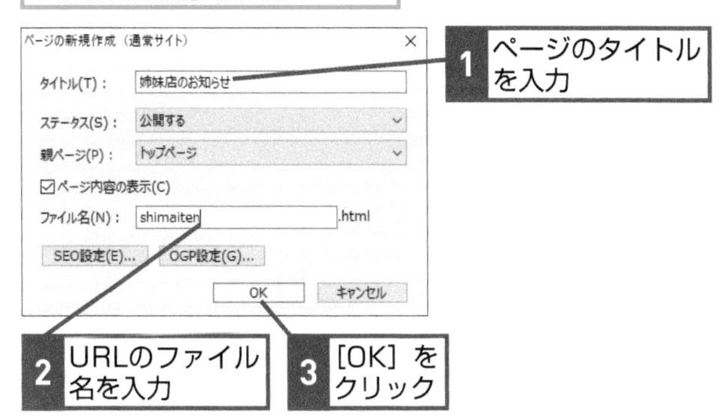

1 ページのタイトルを入力

2 URLのファイル名を入力

3 ［OK］をクリック

③ ページが新規に作成された

作成されたページがページ一覧ビューに表示された

レッスン⑰を参考に、保存しておく

HINT! ファイル名は何を入力すればいいの？

手順2では、新しく作ったページのファイル名を入力します。ページの内容に合った名前にするといいでしょう。なお、すでに同じ名前のファイルがあるときは、同じファイル名を付けることはできません。

HINT! タイトルは後から変更できる

手順2で入力しているタイトルは後から修正できます。レッスン㉛を参考に、［ページの設定］ダイアログボックスでタイトルを修正しましょう。

HINT! 新規作成したページには必ずサイトナビゲーションが表示される

新規作成したページには、ほかのページと同じようにサイトナビゲーションが自動的に配置されます。

Point 新しいページを作成しよう

コンテンツを追加するときは、新しいページを作成しましょう。新しいページを作成すると、テンプレートから作成したページと同じデザイン、同じレイアウトのページができます。そのため、デザインやレイアウトに時間をかけずに、効率良くコンテンツを作れます。新しいページを作成すると、自動的にサイトナビゲーションに登録されるので、「作成したページがどこからもリンクされていない」ということが起きません。

レッスン 35 画像を挿入するには

画像の挿入

新しく作成したページに画像を挿入してみましょう。［画像］パーツを使うと、画像の表示イメージを選んでからページ内に任意の画像を挿入できます。

1 パーツを選択する

レッスン⑳を参考に、パーツ一覧ビューを表示しておく

1 ここにマウスポインターを合わせる

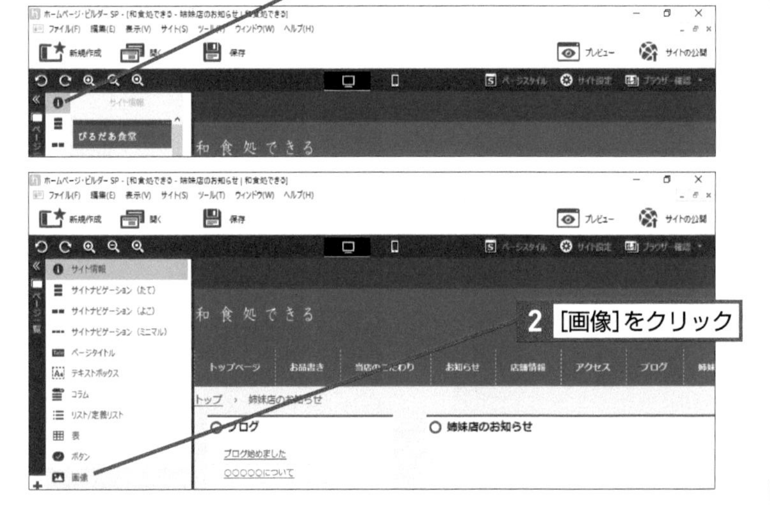

2 ［画像］をクリック

2 画像のパーツを挿入する

一覧ビューに画像のデザイン例が表示された

1 パーツにマウスポインターを合わせる

2 ここまでドラッグ

キーワード

パーツ	p.213
［パーツのプロパティ］ボタン	p.213

HINT! 市販の素材集の画像を使うこともできる

ホームページ・ビルダーにはあらかじめたくさんの画像や写真が含まれています。気に入った画像や写真などの素材が見つからないときは、市販の素材集を利用するのも1つの方法です。市販の素材集から気に入った写真や画像を見つけて、ページに挿入してみましょう。ただし、商用利用する場合は、可能かどうかを確かめてから利用しましょう。

HINT! 肖像権に注意しよう

人物を撮影した写真をホームページに挿入するときは、肖像権に気を付けましょう。例えば、タレントの写真は、たとえ自分が撮影したものでも肖像権を侵害することになるため、ホームページで公開できません。タレントに限らず、他人が写っている写真をホームページで公開するときは、必ずその人の許可を得てから使用しましょう。

間違った場合は？

手順2で違うパーツを挿入してしまったときは、［操作を元に戻します］ボタン（↺）をクリックして元に戻してから、もう一度初めからやり直します。

3 [パーツのプロパティ] ダイアログボックスを表示する

画像のパーツが挿入された

1 [パーツのプロパティ]をクリック

4 画像の選択画面を表示する

[パーツのプロパティ] ダイアログボックスが表示された

1 [ファイルの選択]をクリック

HINT! インターネットの画像を使用するときは権利に注意する

インターネットには、ボタンやアイコンなどさまざまな画像を提供しているホームページがあります。そうした画像をホームページ・ビルダーで使うこともできます。ただし、インターネットの画像を使うときは使用権や著作権に注意してください。自由に使える画像ではないのに、その画像を使ってしまうと、作成者の権利を侵害することになるので絶対にやめましょう。ほかのホームページの画像を使うときは、「自由に利用できます」や「使用権フリー」といったことがそのホームページに明記されているときだけにしましょう。なお、画像だけでなく文章についても同様です。

HINT! 画像が挿入される位置を確認しよう

パーツを編集領域にドラッグすると、編集領域内に「ここにパーツをドラッグ」と表示されます。画像の挿入位置の目安にしましょう。

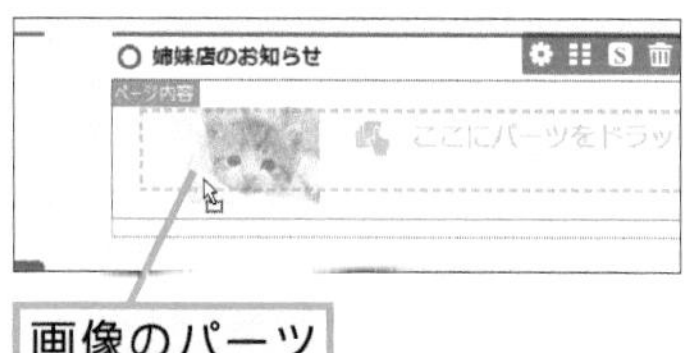

画像のパーツが挿入された

次のページに続く

4 挿入する画像を選択する

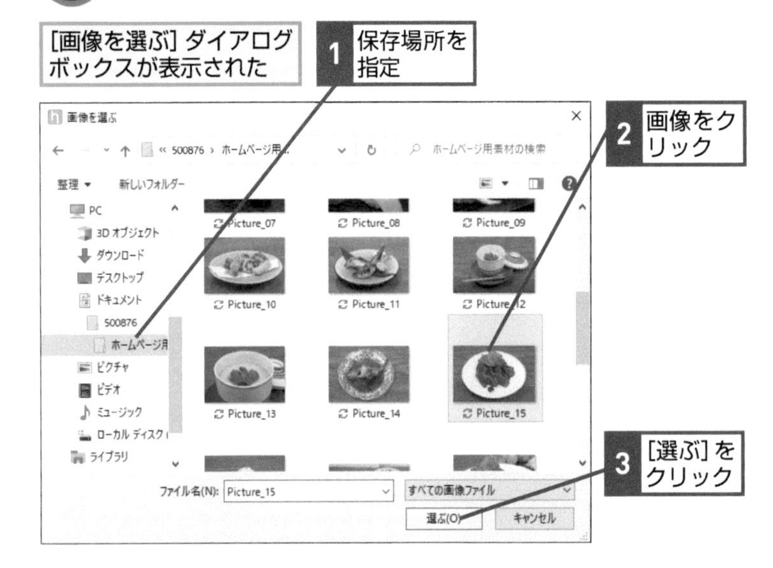

5 [パーツのプロパティ] ダイアログボックスを閉じる

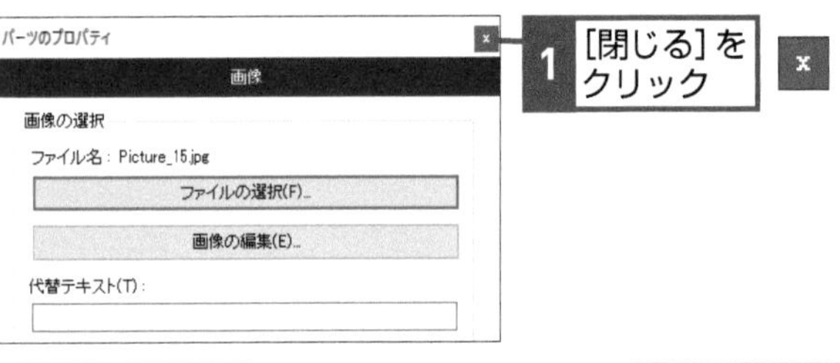

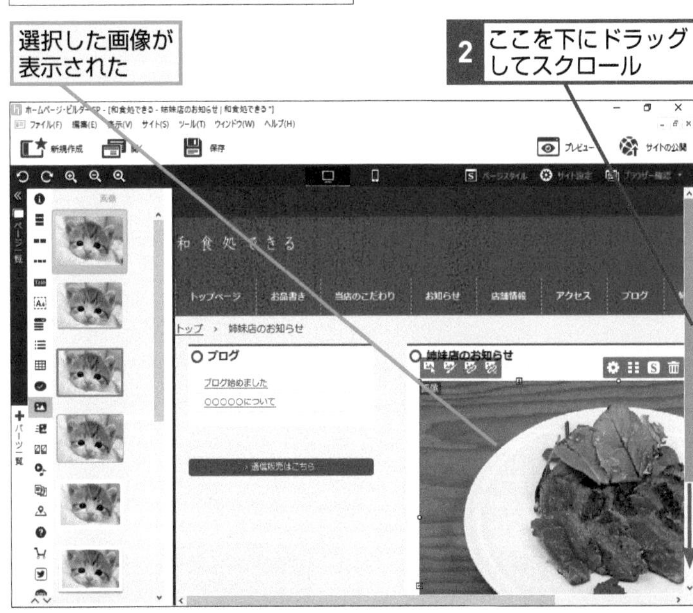

HINT! 用意されている素材を挿入するには

ホームページ・ビルダーにあらかじめ用意されている写真やイラストなどの素材を挿入することもできます。用意されている素材を挿入したいときは、手順4の［画像を選ぶ］ダイアログボックスで［PC］-［デスクトップ］-［ホームページビルダー22 SP］-［画像（amana 220）-hpb22］などをクリックして開きます。

HINT! ページのバランスを考えて写真の大きさを決めよう

編集領域に表示されている写真の四隅にあるハンドルをドラッグしても、写真の大きさを変更できます。ページのバランスを考えて写真の大きさを変更しましょう。例えば、写真を1枚だけ使って目立たせるときは、表示サイズを大きくしましょう。たくさんの写真をホームページに挿入するときや写真をアクセントとして使いたいときは、写真を小さくするといいでしょう。

挿入した写真を削除するには

挿入した写真を削除したいときは、写真の右上に表示されている［パーツの削除］ボタンをクリックします。また、写真を右クリックしたときに表示されるメニューから［削除］を選択しても構いません。また、ページ編集領域で写真をクリックして選択してから Delete キーを押しても削除できます。

間違った場合は？

手順5で間違った画像を選択してしまったときは、挿入した画像の［パーツのプロパティ］ボタンをクリックして、画像を選択し直しましょう。

6 画像の大きさを調整する

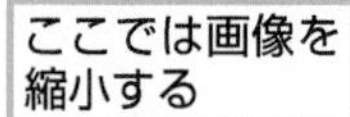

1 ここにマウスポインターを合わせる

2 ここまでドラッグ

7 文字を入力する

画像を縮小できた

新しく追加したページにはテキストボックスがあらかじめ配置されている

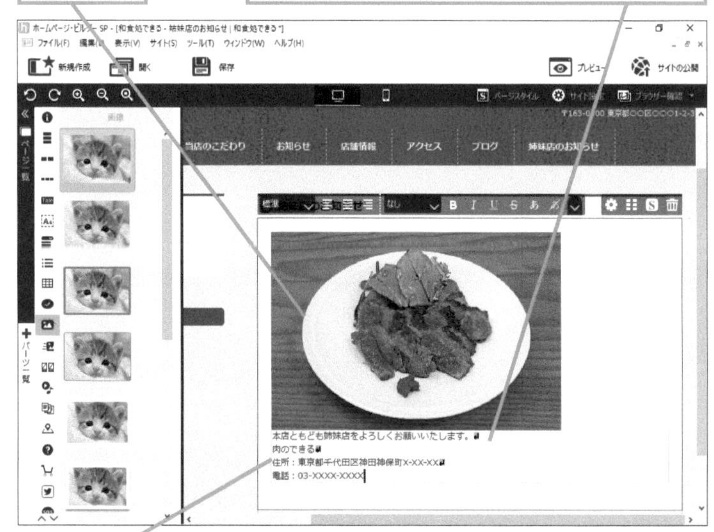

レッスン⓯を参考に、文字を入力しておく

レッスン⓱を参考に、保存しておく

HINT!

文字入力のクリック位置と改行の挿入に注意しよう

手順7では、姉妹店に関するテキストを画像下に入力します。画像の真下、黄緑色で表示されるフォーカス枠の上をクリックし、カーソルの表示を確認して文字を入力します。ここでは、1行を入力した後、Ctrl+Enterキーを押して文章内で改行をしながら文字を入力します。レッスン⓯のHINT!も合わせて確認してください。

ここをクリックして、カーソルを表示する

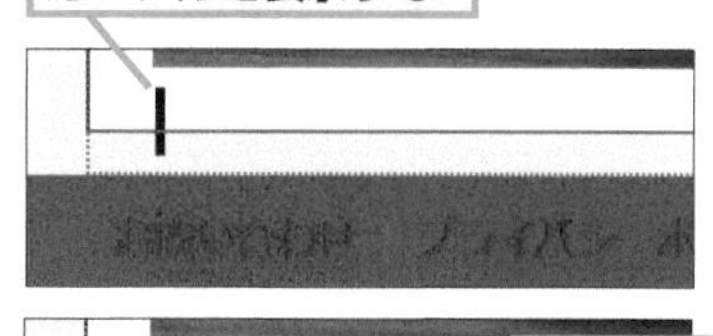

本店ともども

文字を入力する

Ctrl+Enterキーを押して改行してから、次の文章を入力する

本店ともども姉妹店をよろしく
肉のできる

Point

写真を使って説得力のあるコンテンツに仕上げよう

文字だけのページは見る人に味気ない印象を与えます。デジタルカメラやスマートフォンで撮影した写真を、ホームページ作りに活用しましょう。「1枚の写真は千の言葉の価値がある」という言葉にもあるように、写真を添えたページは、文章だけのページよりも読み手に膨大な量の情報を伝えられます。また、写真や画像が添えられたページの方がきれいなデザインになることもあります。写真を積極的に活用して、読み手の目を引くページを作ってみましょう。

この章のまとめ

●ページを追加して、サイトを充実させよう

ホームページ・ビルダーのテンプレートを使ってサイトを作ったら、自分が作るサイト全体のイメージに合わせて、ページの構成をどうするのかを、考えておきましょう。ページの構成が決まったら、サイト全体を組み立てていきます。必要に応じて新しいページを追加して、サイト内のコンテンツを充実させていきましょう。写真や地図などのパーツを効果的に使えば、見た目が美しいだけではなく、十分な情報量を持ったページにできます。ページを追加したときは、メニューの順序や構成が使いやすくなるように、サイトナビゲーションも忘れずに設定します。サイトナビゲーションは、作り手側の視点ではなく、訪問者の視点で考えることが重要です。訪問者が迷うことなくすべてのページを見られるようなメニュー構成になっているのかといったことや、コンテンツが本当に訪問者のためになるかといったことを考えながら内容を充実させ、サイトを作り上げていきましょう。

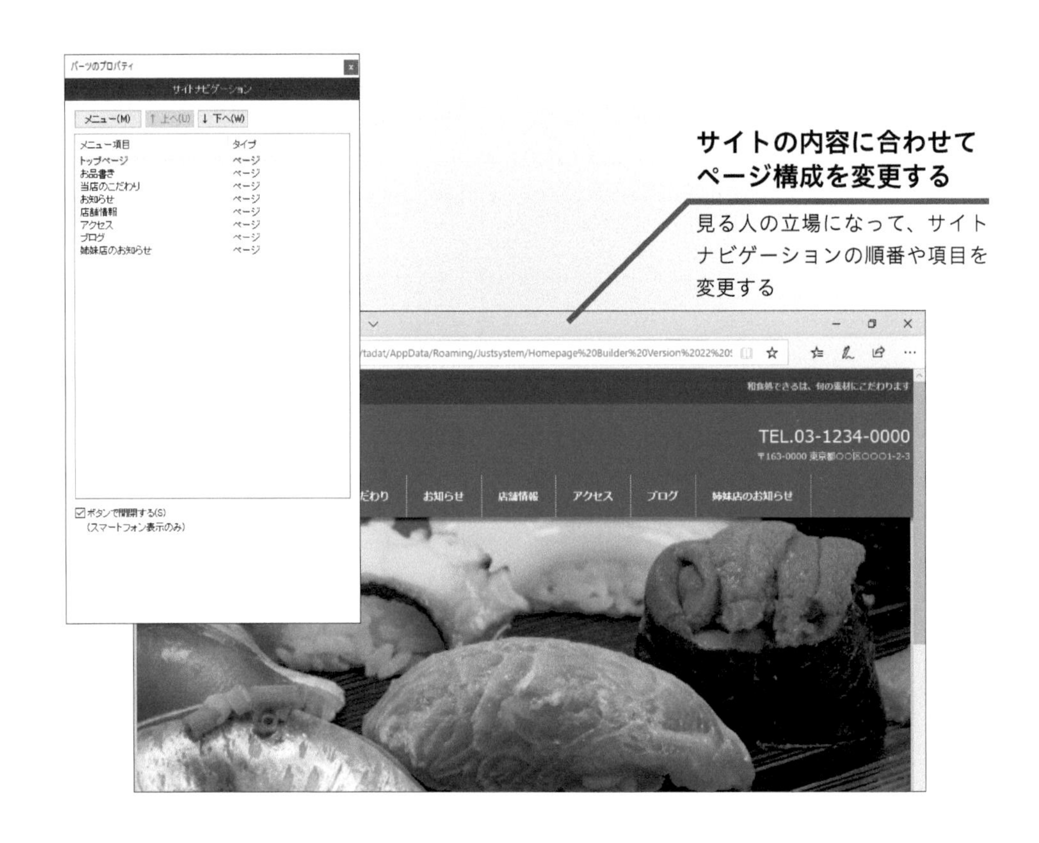

第7章

作成したホームページを公開しよう

第6章までに作成したサイトを、インターネットに公開しましょう。この章では、ホームページを公開するために必要な知識や、インターネットのサーバーにホームページを転送する方法を解説します。

●この章の内容

レッスン

36 ホームページを公開する準備をするには

転送設定

ホームページを公開するには、ホームページをインターネットのサーバーに転送するための設定が必要です。［転送設定］から転送先を設定しましょう。

1 転送設定を開始する

レッスン❸を参考に、サーバーに申し込んでおく

ここではホームページ・ビルダーサービスでの転送設定を解説する

1 ［サイト］をクリック

2 ［転送設定の一覧/設定］をクリック

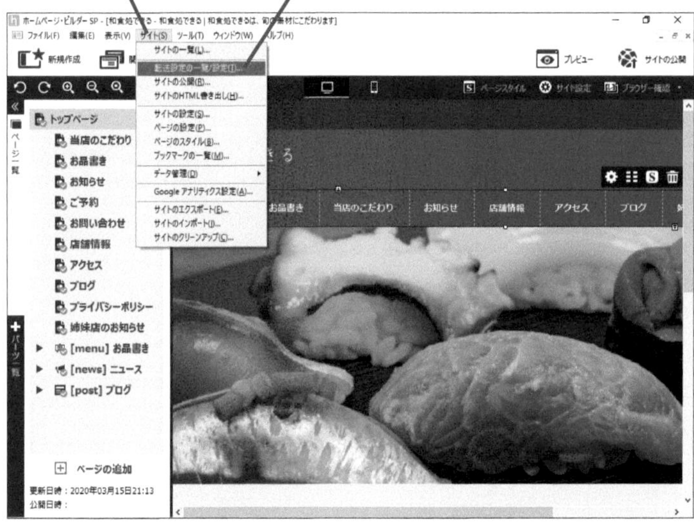

2 転送設定を追加する

［転送設定一覧/設定］ダイアログボックスが表示された

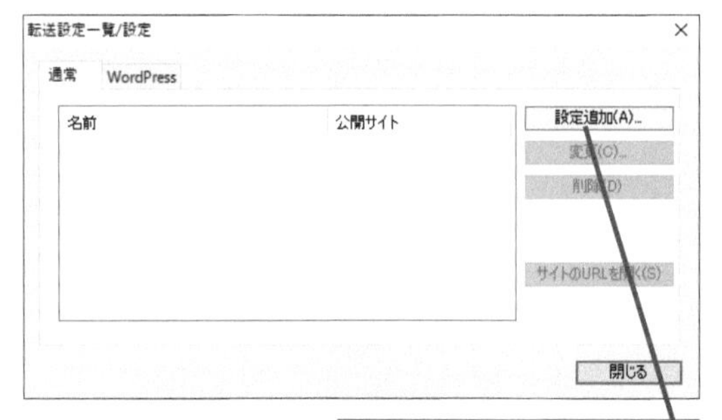

1 ［設定追加］をクリック

キーワード

FTP	p.208
FTPアカウント	p.208
FTPサーバー	p.208
ホームページ	p.215

HINT!

公開に必要な情報を確認しておこう

ホームページを公開するには、ホームページを転送するサーバー名、サーバーのアカウントなどの情報が必要です。ジャストシステムが提供している「ホームページ・ビルダーサービス」を利用しているときは、Justアカウントを入力するだけで、簡単に転送設定を行うことができます。そのほかのプロバイダーを使っているときは、転送するサーバーのアドレス、ユーザー名、パスワード、ホームページを転送するフォルダーの情報が必要なので、あらかじめ準備しておきましょう。

間違った場合は？

手順4で違うプロバイダーを選んでしまったときは、［閉じる］ボタンをクリックしてからもう一度正しいプロバイダーを選び直します。

3 公開先のプロバイダーを選択する

ここでは、ホームページ・ビルダーサービスで操作を進める

1 [ホームページ・ビルダー サービスを使用する]をクリック

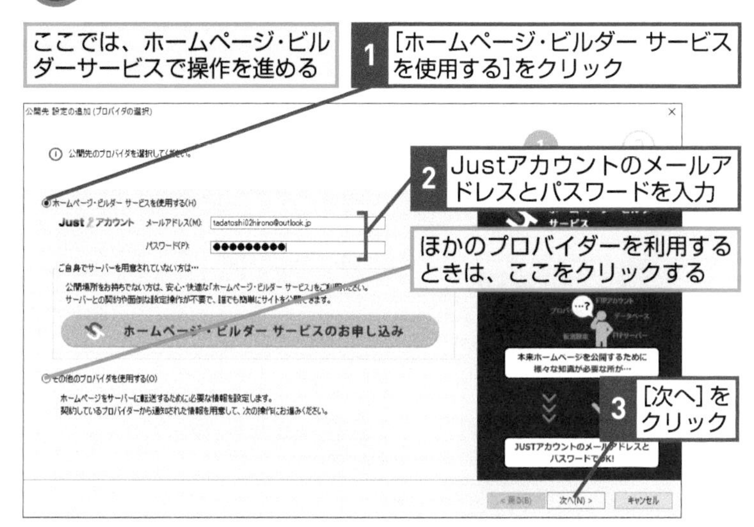

2 Justアカウントのメールアドレスとパスワードを入力

ほかのプロバイダーを利用するときは、ここをクリックする

3 [次へ]をクリック

4 公開先の設定を入力する

設定する項目はプロバイダーによって異なる

1 転送設定を確認

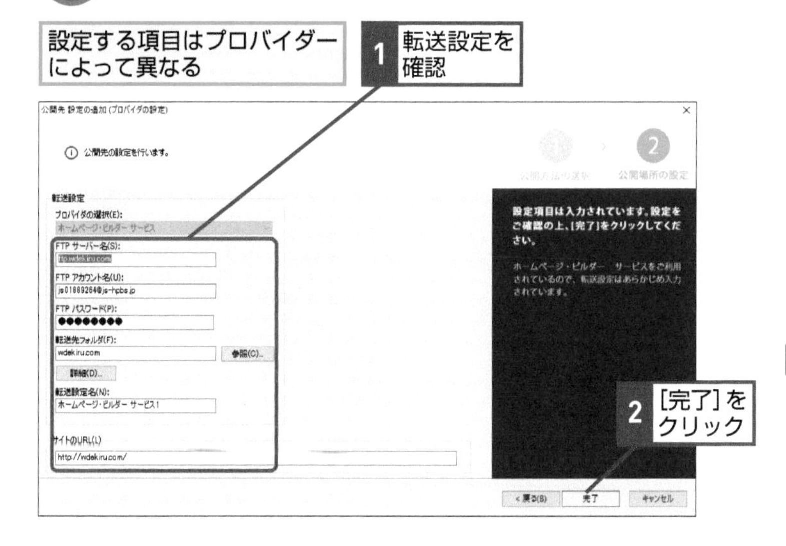

2 [完了]をクリック

5 転送設定を完了する

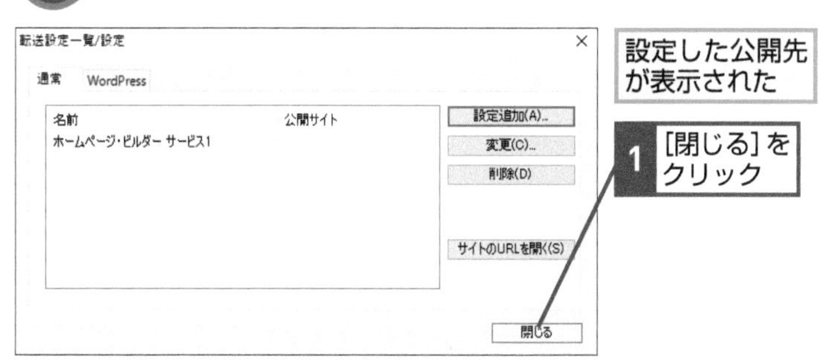

設定した公開先が表示された

1 [閉じる]をクリック

HINT! ホームページ・ビルダーサービス以外のプロバイダーを設定するには

手順3では、ホームページ・ビルダーサービスを利用して転送設定を行っています。ほかのプロバイダーを指定するときは、手順3で［その他のプロバイダを使用する］を選択してから手順4で［プロバイダの選択］をクリックし、利用するプロバイダーの転送設定を入力します。以下のように一覧からプロバイダーを選んでFTPサーバーを選択するとサーバー名などが入力されます。プロバイダーの申し込み後に届く会員証などを参照し、転送設定を慎重に入力してください。

［プロバイダの選択］をクリックして、自分が利用するプロバイダーを一覧から選ぶ

目的のプロバイダーが表示されないときは、一覧から［その他］をクリックして設定する

FTPサーバーなどを指定し、空欄になっている転送設定に情報を入力する

Point サーバースペースの設定をしないとホームページを公開できない

ホームページをインターネットに公開するには、作成したホームページのファイルをプロバイダーのサーバーに転送しなければなりません。転送設定とは、プロバイダーのサーバーに、ホームページと素材のファイルを転送する設定のことです。転送設定をしなかったり、転送設定が間違っていると、プロバイダーのサーバーにホームページのファイルを送れません。ホームページの公開前に必ず正しい内容で転送設定をしておきましょう。

レッスン

37 ホームページを公開するには

サイトの公開

新しいサイトを作ったり、サイト内のページを追加編集したら、［サイトの公開］を実行して、ホームページをインターネットに公開しましょう。

1 サイトの公開を開始する

レッスン㊱を参考に、転送設定を完了しておく

1 ［サイトの公開］をクリック

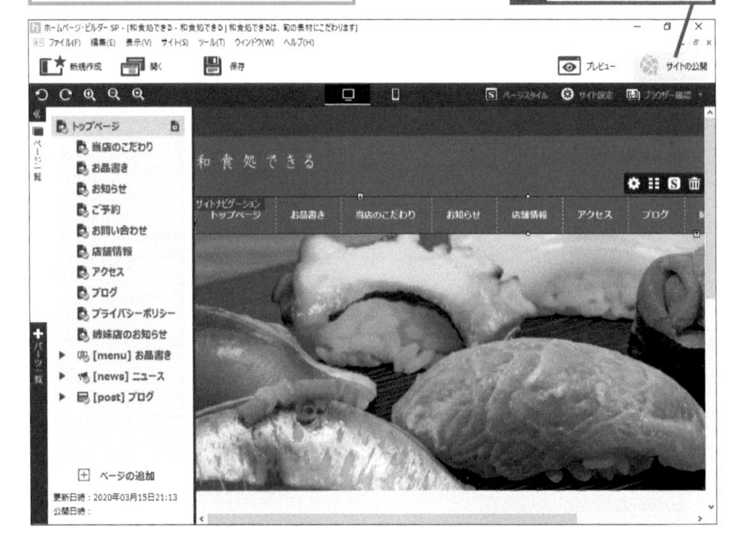

2 公開先を選択する

［サイトの公開］ダイアログボックスが表示された

1 ここをクリックして公開先を選択

2 ［公開］をクリック

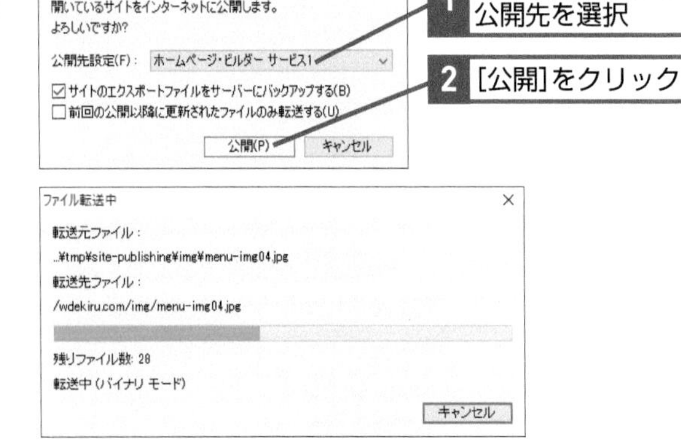

3 しばらく待つ

キーワード

HINT! 転送設定を後から修正するには

転送設定は後から修正することができます。転送設定を修正するには、以下の手順で操作しましょう。

1 ［サイト］をクリック

2 ［転送設定の一覧/設定］をクリック

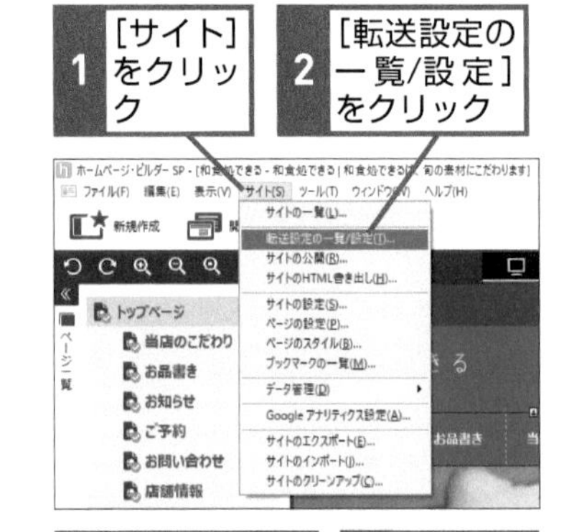

3 転送設定の名前をクリック

4 ［変更］をクリック

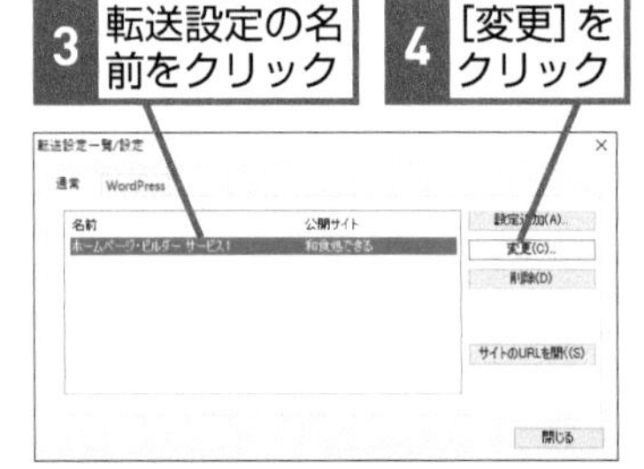

HINT! ブラウザーを設定するには

公開したサイトを確認するときに、ブラウザーの選択ウィンドウが表示されることがあります。Microsoft Edge以外のブラウザーでページを表示したいときは、ブラウザーを選択しましょう。

3 公開したサイトを確認する

転送が完了した

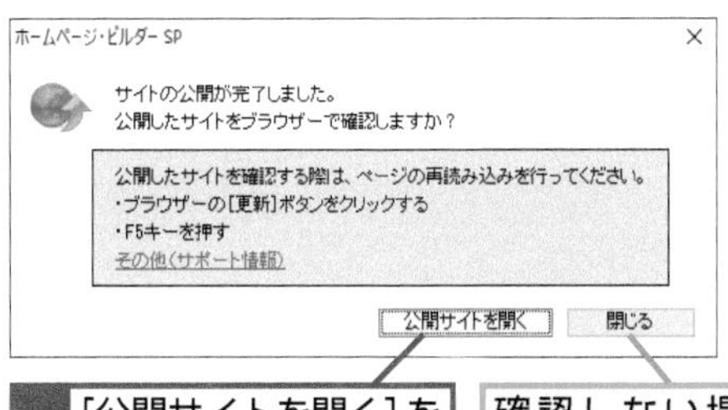

1 [公開サイトを開く]をクリック

確認しない場合は[閉じる]をクリック

4 公開したサイトが表示された

ブラウザーにホームページが表示された

アドレスバーに公開先のURLが表示される

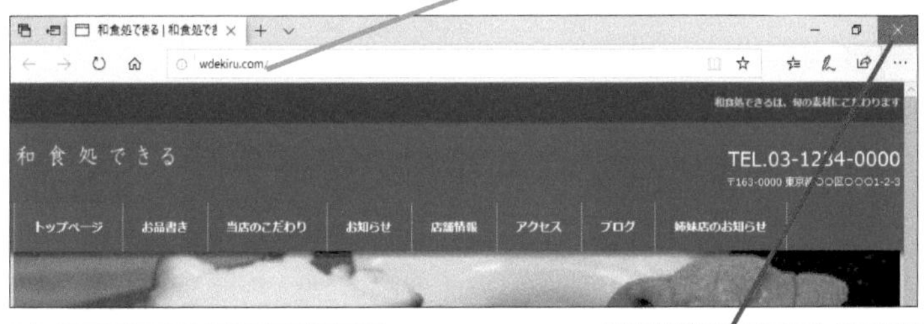

ここでは一度、Microsoft Edgeを閉じる

1 [閉じる]をクリック

ホームページ・ビルダーの画面に戻った

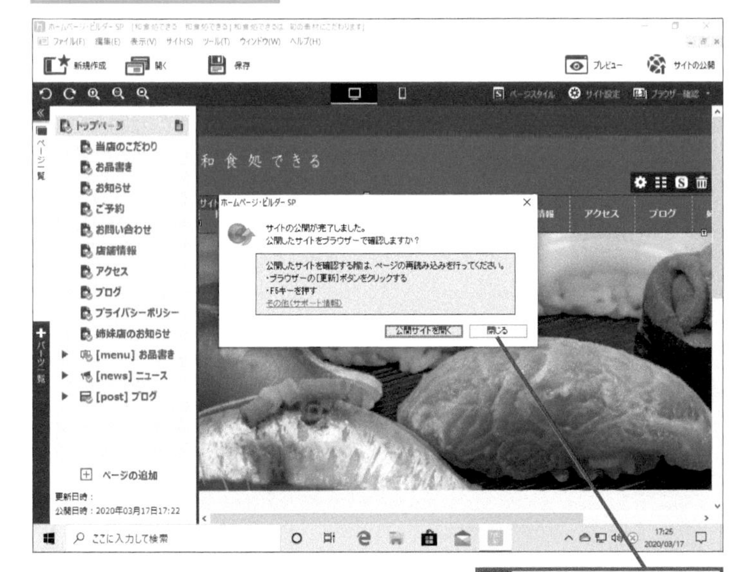

2 [閉じる]をクリック

HINT! エラーが表示されたときは

手順3でファイルが転送されずにエラーが表示されたときは、転送設定が間違っています。表示されたエラーの内容を確認してから、前ページのHINT!を参考にして転送設定を修正し、もう一度ホームページをプロバイダーのサーバーに転送してみましょう。

間違った場合は？

手順3でエラーが表示されたときは、転送設定が間違っています。次の表を参考にして設定を修正しましょう。

エラー表示	対処法
FTPアカウント名またはFTPパスワードが正しくありません。	正しいIDとパスワードを設定します。
サーバーが見つかりません。	正しいサーバーの名前を設定します。

Point サイトの作成、修正をしたら必ず［サイトの公開］を実行する

ホームページ・ビルダーで作成したサイトは、自分のパソコンのドライブに保存されています。自分で見ることはできますが、インターネットに接続しているほかのパソコンからは見ることができません。インターネットに接続した人がホームページを見られるようにするためには、ドライブに保存されているホームページをインターネットのサーバーに転送する必要があります。ここでは、新しく作成したサイトを転送していますが、サイト内のページを修正したときや、ページを追加したときも［サイトの公開］を実行して、必ずインターネットのサーバーに転送しましょう。

レッスン

38 公開したホームページを表示するには

公開したホームページの表示

レッスン㊲でホームページをインターネットに公開したら、すべてのページが表示できるのかを確認してみましょう。確認にはブラウザーを使います。

1 [転送設定一覧/設定] ダイアログボックスを表示する

公開したホームページがどのような状態か確認する

1 [サイト] をクリック

2 [転送設定の一覧/設定] をクリック

2 ブラウザーを起動する

[転送設定一覧/設定] ダイアログボックスが表示された

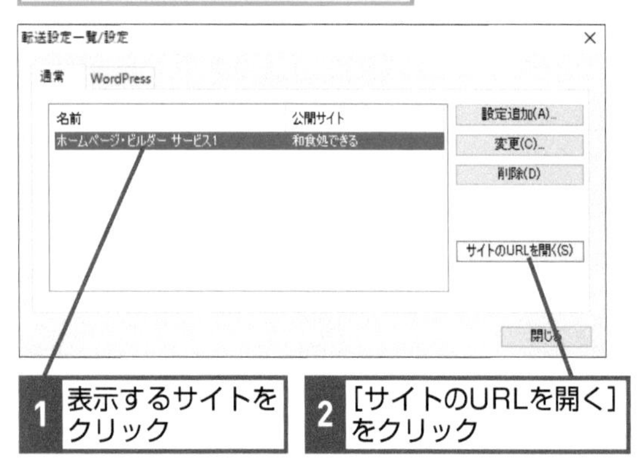

1 表示するサイトをクリック

2 [サイトのURLを開く] をクリック

キーワード

URL	p.209
ホームページ	p.215

HINT!

閲覧者の「足跡」を確認してみよう

このレッスンまでで作成したホームページは、比較的シンプルな構成です。今後、SNSボタンやアクセスカウンター、閲覧者がコメントなどを残せるスペースを追加した場合は、ページにどれぐらいの人が来ているか来訪者の「足跡」を定期的に確認するといいでしょう。

HINT!

画像が表示されないときは

プロバイダーのサーバーのトラブルやネットワークの状態によっては、画像が表示されないことがあります。ブラウザーに画像が表示されなかったときは、画像を右クリックして、表示されたメニューから [画像の表示] をクリックします。[画像の表示] をクリックしても画像が表示されないときは、ホームページのファイルが正しく転送されていない可能性があります。そのようなときはレッスン㊲を参考にして、もう一度プロバイダーのサーバーにホームページを転送します。

間違った場合は？

手順1で違うメニューをクリックしてしまったときは、表示された画面を閉じて、もう一度正しいメニューをクリックし直します。

テクニック 自分のホームページをお気に入りに登録しよう

ホームページをサーバーに転送できたら、自分のホームページのアドレス（URL）をWebブラウザーのお気に入りに登録しておきましょう。お気に入りに登録しておけば、確認のために毎回URLを入力する手間を省けるので覚えておきましょう。以下は、Microsoft Edgeでの操作です。Google Chromeでは、［このタブをブックマークに追加します］をクリックしてください。

1 ［お気に入りまたはリーディングリストに追加します］をクリック ☆

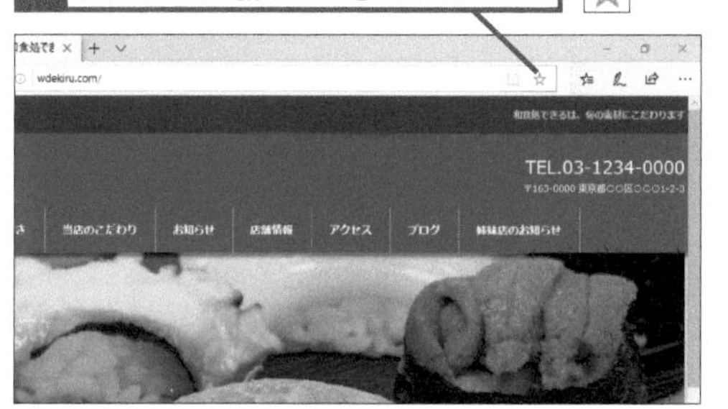

2 ［お気に入り］をクリック

3 ［追加］をクリック

3 公開したサイトが表示された

ブラウザーにホームページが表示された

サイトナビゲーションの各項目をクリックして確認しておく

ホームページ・ビルダーに戻って［転送設定一覧/設定］ダイアログボックスの［閉じる］をクリックしておく

Point 必ずすべてのページを確認しておこう

ブラウザーで公開したホームページを確認するときは、必ずすべてのページが正しく表示できているのかを確認しましょう。また、サイトナビゲーションのメニューをクリックして、サイト内のページがすべてブラウザーに表示できるのかを確認します。また、外部のサイトへのリンクが設定されているときは、リンクをクリックしたときに外部のサイトが正しく表示されるのかも確認しておきましょう。

この章のまとめ

●完成したホームページをみんなに見てもらおう

作成したホームページは、そのままではほかの人が見ることはできません。インターネットに公開することで、初めてインターネットに接続しているほかの人に見てもらえるようになります。インターネットにホームページを公開するには、サーバースペースを開設する手続きが必要です。そのとき発行された転送に必要な情報をもとに、設定を確実に行い、ホームページを公開しましょう。ホームページをインターネットに公開するということは、製品やサービスを、広告や展示場などで知らせるようなものだといえます。たとえ製品やサービスがどんなにすぐれていても、多くの人にその存在を知ってもらわなければ意味がありません。ホームページもこれとまったく同じことなのです。せっかく苦労して作ったホームページなのですから、インターネットに公開してたくさんの人に見てもらいましょう。

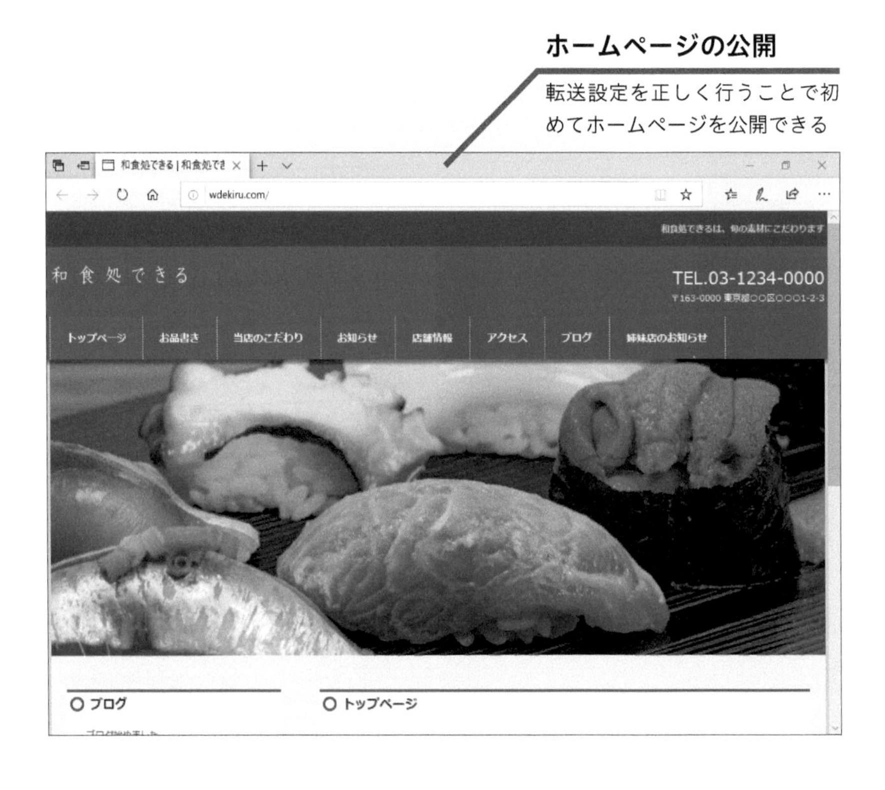

ホームページの公開

転送設定を正しく行うことで初めてホームページを公開できる

第8章 スマートフォン向けのサイトを最適化しよう

ホームページ・ビルダー SPのテンプレートから作成したサイトは、スマートフォンにも対応しているため、スマートフォンで見ても表示が崩れません。この章では、ホームページ・ビルダー SPのスマートフォン向け機能について解説します。

●この章の内容

レッスン 39

スマートフォン向けのサイトについて知ろう

スマートフォン向けのサイト

テンプレートから作成したページは、自動的にスマートフォンでも見やすいページになります。ここではスマートフォンのページについての概要を説明します。

スマートフォン向けのサイトとは

スマートフォンやタブレットの普及で、ホームページがパソコンではなくスマートフォンで閲覧されることが非常に多くなっています。したがって、ページをスマートフォンに対応させるのは必須だといえます。一般に、パソコン向けのページをスマートフォンに対応させるのは非常に面倒です。しかし、ホームページ・ビルダーなら、テンプレートから作成したページはパソコンとスマートフォンの両方に対応しているので、面倒な作業は一切必要ありません。

パソコン向けのサイトを作成すれば、自動的にスマートフォン向けのサイトも作成される

キーワード
SEO p.209

HINT!

閲覧者の機器によって表示されるページは自動的に切り替わる

テンプレートで作成したページは、ページを閲覧している人が使っている機器によって、表示されるページが自動的に切り替わります。例えば、閲覧している人がパソコンを使っているときはパソコン向けのページが、iPhoneやAndroid携帯などのスマートフォンを使っているときは、自動的にスマートフォン向けのページが表示されます。

HINT!

スマートフォン対応はSEOにも有利

スマートフォン用のページがあるとSEOにも有利になります。パソコン向けのページのみのときは、スマートフォンで検索をすると、検索順位はパソコンで検索したときよりも低くなります。ところが、ページがスマートフォンに対応していると、スマートフォンで検索したときに、検索結果がより上位になる傾向があります。

スマートフォン向けに最適化する

ページを作っていると、スマートフォンに最適化したページにしたいことがあります。例えば、メニューが少ないときは、ボタンを押さずにメニューが表示された方がいいかもしれません。また、スマートフォンで閲覧したときだけ特定の画像を表示することもできます。テンプレートのままではなく、手を加えることでより一層使いやすいページにできます。

画像の代わりに、トップページの下部にクーポンを表示したい

タップしないとナビゲーションメニューが表示されない

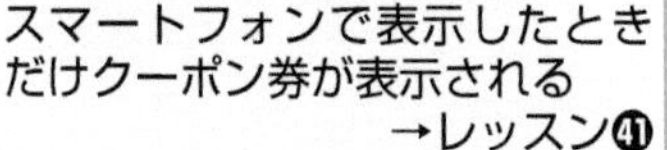
スマートフォンで表示したときだけクーポン券が表示される
→レッスン㊶

ナビゲーションメニューが常に表示されるようにする
→レッスン㊷

HINT! 片方を編集すると片方にも変更が加わる

ページを編集するときは、パソコン向けのページの編集をメインに考えましょう。パソコン向けのページを編集すると、その編集内容はスマートフォン向けのページにも反映されます。また、パソコンで閲覧したときだけ表示したい内容やスマートフォンで閲覧したときだけ表示したい内容を別々に設定することもできます。このような設定をしたいときは、閲覧する機器向けの編集画面で編集を行います。例えば、スマートフォンで表示したときに、クーポン券の画像を表示したいときはスマートフォン向けの編集画面を使います。

Point スマートフォン対応は必須

パソコン向けのページをスマートフォンで閲覧すると、スマートフォンの画面サイズに縮小されるため、非常に見づらくなります。ページをスマートフォンで閲覧されたときは、スマートフォンの画面で見やすく表示する必要があります。お店などのページは、スマートフォンに対応したページがなければ集客力が落ちてしまう可能性もあります。ホームページ・ビルダーのテンプレートから作ったページは、自動的にスマートフォンに対応されます。ただし、そのまま使うのではなく、スマートフォンで見たときに使いやすいように編集しましょう。

レッスン

40 スマートフォン向けのサイトの表示を確認するには

レスポンシブデザイン

ホームページ・ビルダーで作成したページは、スマートフォンにも対応しています。スマートフォンでどのように見えるのかを確認してみましょう。

1 スマートフォン用のデザインを表示する

表示を確認したいサイトを開いておく

1 ここをクリック

2 デザインの下部を確認する

ページ編集画面がスマートフォン用のデザインに切り替わった

1 ここを下にドラッグしてスクロール

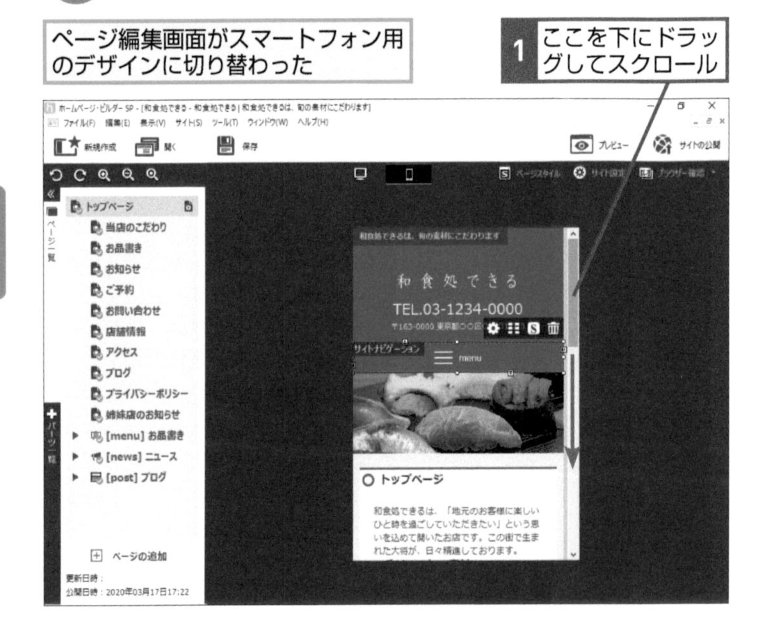

キーワード

レイアウト	p.215
レスポンシブデザイン	p.215

HINT!

「レスポンシブデザイン」って何？

「レスポンシブデザイン」とは、ブラウザーのウィンドウサイズやブラウザーの種類によって、自動でページのレイアウトを調整する技術です。ホームページ・ビルダー SPで作成したページは、レスポンシブデザインに対応しているため、スマートフォンでページを見たときに、最適なデザインとレイアウトで表示されるようになっています。

HINT!

編集するとレイアウトが崩れることがある

テンプレートから作成したページは、レスポンシブデザインが採用されているため、何もしなくてもスマートフォンに最適化されたページを表示できます。そのため、スマートフォン向けのページが編集画面に表示されているときはページを編集する必要はありません。スマートフォン向けのページを編集するときは、プレビューなどで必ず確認しながら作業してレイアウトが崩れないか確認しましょう。

間違った場合は？

手順1でパソコンのアイコンをクリックしてしまったときは、そのまま手順1の操作をやり直しましょう。

③ デザインの下部を確認する

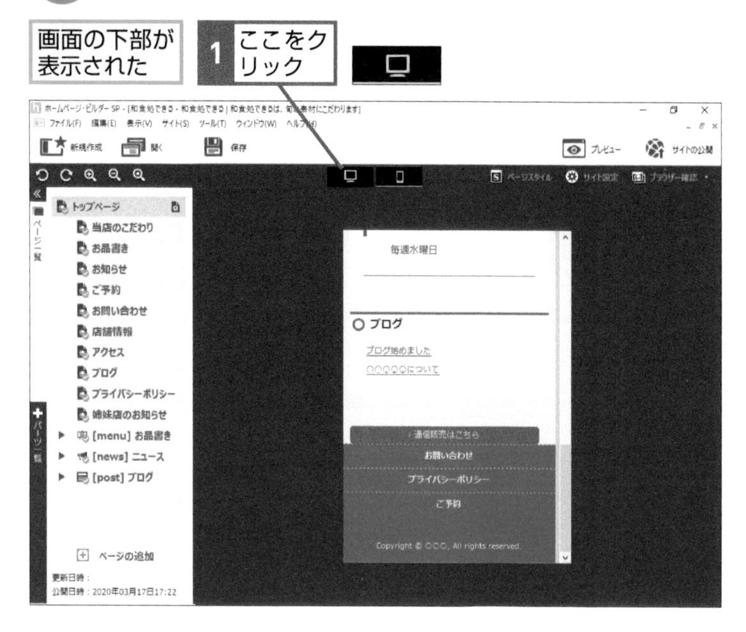

④ 表示が元に戻った

HINT!

必ずスマートフォンでも確認しよう

ホームページが完成したら、実際にスマートフォンで正しくページが表示できるか確認しましょう。

Point

スマートフォンでどのように表示されるのかを確認しよう

ホームページ・ビルダーで作成したページは、レスポンシブデザインで作成されているため、スマートフォンでも正しく表示されます。ホームページ・ビルダーのプレビュー機能を使うと、パソコンのブラウザーだけではなく、スマートフォンやタブレットのブラウザーでページがどのように表示されるのかを確認できます。ページの作成がひと通り終わったら、プレビューを実行して、スマートフォンでもページが正しく表示できることを確認しておきましょう。

レッスン 41

スマートフォン向けのサイトだけに別の画像を表示するには

表示メディア

スマートフォンで見たときだけ画像を表示させることができます。このレッスンではスマートフォンで見たときだけクーポンの画像が表示されるように設定します。

1 ［画像のスタイル］ダイアログボックスを表示する

ここでは、背景画像をパソコン向けサイトにだけ表示するように設定する

1 背景画像をクリック

2 ［パーツのスタイル］をクリック

2 ［表示メディア］の設定を変更する

［画像のスタイル］ダイアログボックスが表示された

1 ここをクリックして［PCのみ］を選択

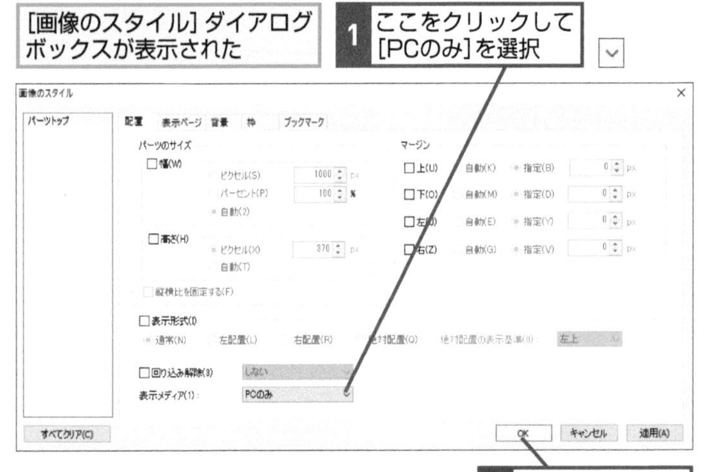

2 ［OK］をクリック

キーワード

ウェブアートデザイナー p.209

HINT!

画像の表示方法は3種類選択できる

画像の表示方法は［表示メディア］で設定します。［すべて］を選択すると、その画像はパソコンとスマートフォンの両方に表示されます。［PCのみ］に設定した画像はスマートフォンでは表示されません。［スマートフォンのみ］に設定すると、その画像はパソコンでは表示されなくなります。この3つの違いをよく覚えておきましょう。パソコンとスマートフォンで別々の画像を表示したいときは、パソコン用の画像は［PCのみ］、スマートフォン用の画像は［スマートフォンのみ］に設定します。

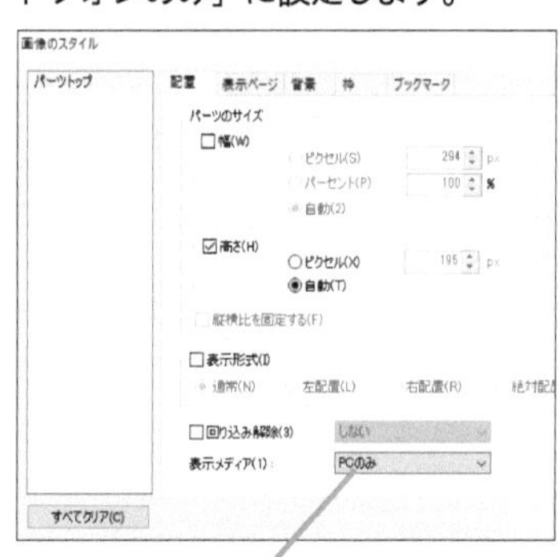

［表示メディア］から3種類の方法を選択できる

間違った場合は？

手順2で違う表示メディアを選んでしまったときは、もう一度正しい表示メディアを設定し直します。

3 スマートフォン向けのサイトの表示を確認する

パソコン向けサイトにだけ、背景画像が表示されるようになった

1 ここをクリック

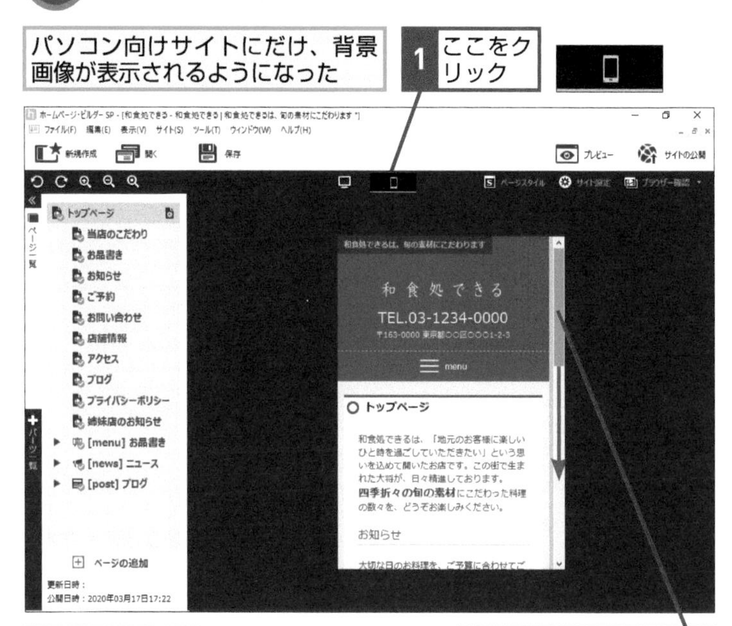

背景画像が表示されていない

2 ここを下にドラッグしてスクロール

[画像を選ぶ] ダイアログボックスを表示する

ページの下部が表示された

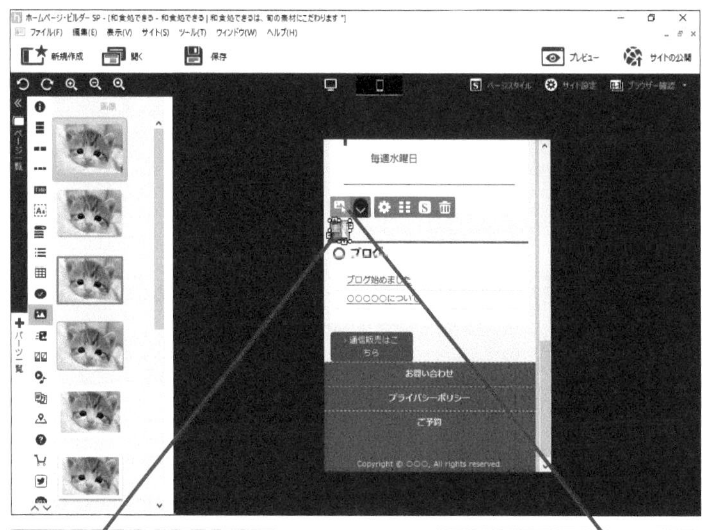

1 レッスン㉟を参考に、画像のパーツを挿入

2 [画像の選択] をクリック

HINT! 非表示にした画像を元に戻すには

非表示にした画像を元に戻したいことがあります。表示メディアを［PCのみ］に設定した画像は、スマートフォンの編集画面では編集できません。編集画面をパソコン向けにしてから、画像の表示メディアを［すべて］にします。また、表示メディアを［スマートフォンのみ］に設定した画像は、パソコン向けの編集画面では設定できません。編集画面をスマートフォン向けにしてから、画像の表示メディアを[すべて]にします。

HINT! そのほかの画像もスマートフォン用に用意しておこう

スマートフォンでは、画像はスマートフォンの画面サイズに合わせて縮小表示されます。そのため、パソコンではきれいに表示されるのにスマートフォンではきれいに表示されないということがあります。例えば、画像に文字が含まれていると、文字がつぶれて読めなくなってしまいます。このようなときは、スマートフォンの画面サイズでもきれいに表示されるように、あらかじめ画像を用意しておきましょう。

次のページに続く

5 画像を選択する

[画像を選ぶ] ダイアログボックスが表示された

ここではすでに作成してあるクーポンの画像を選択する

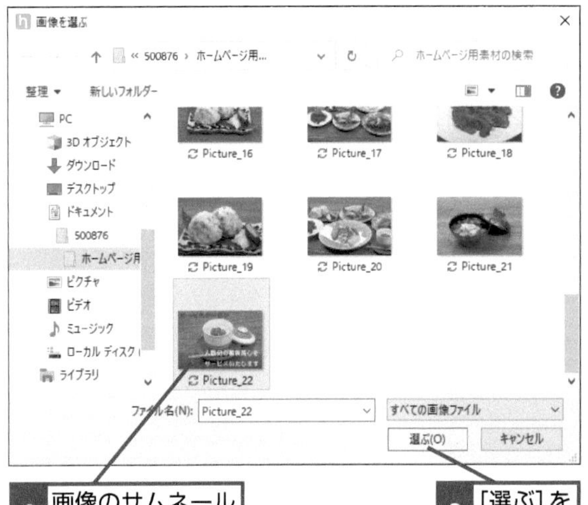

1 画像のサムネールをクリック

2 [選ぶ] をクリック

6 画像が挿入された

ここでは、挿入した画像がスマートフォン向けのサイトだけに表示されるように設定する

1 [パーツのスタイル] をクリック

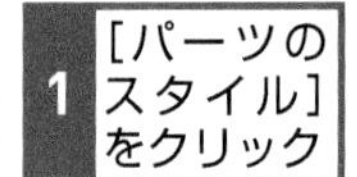

HINT!

クーポンはウェブアートデザイナーでも作成できる

スマートフォン用の画像は、ウェブアートデザイナーでも作成できます。画像の横幅を320ピクセル以内に収まるようにしておけば、画像がつぶれずに表示されます。

[スタート] メニューで [JustSystemsツール&ユーティリティ] - [JustSystemsツール&ユーティリティ] をクリックして、JustSystemsツール&ユーティリティを起動しておく

1 [ホームページビルダー22...]をクリック

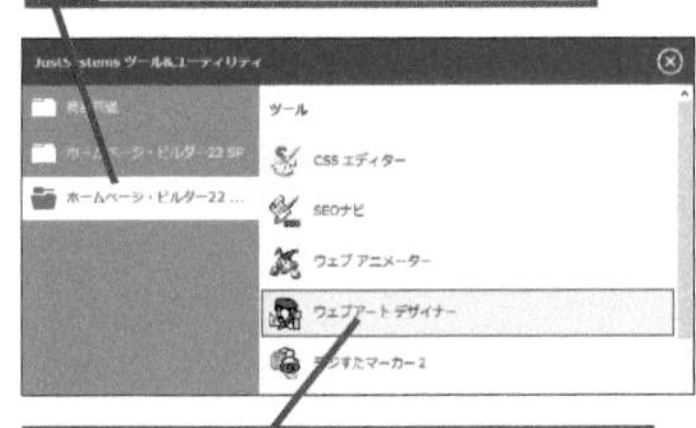

2 [ウェブアートデザイナー] をクリック

3 [ファイル]をクリック

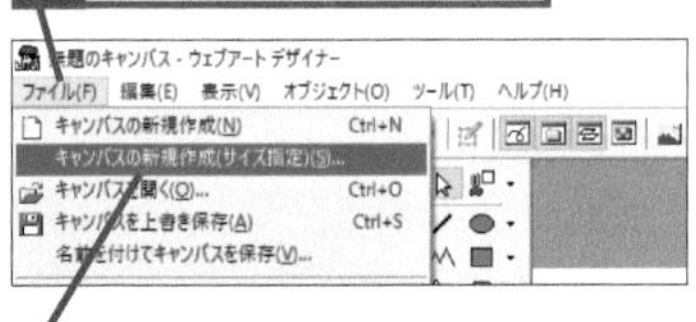

4 [キャンバスの新規作成(サイズ指定)]をクリック

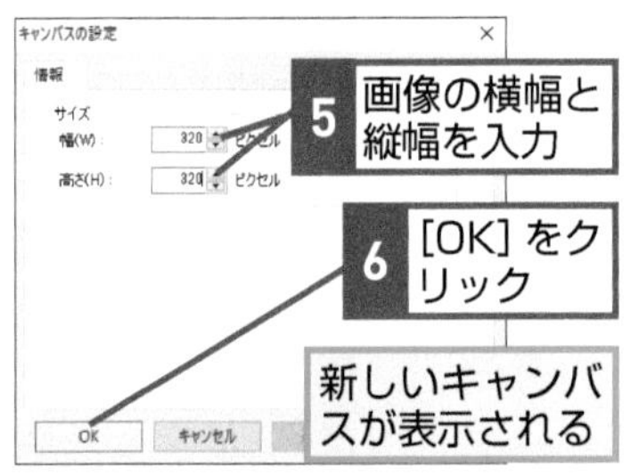

5 画像の横幅と縦幅を入力

6 [OK] をクリック

新しいキャンバスが表示される

間違った場合は？

手順6で間違った画像が挿入されてしまったときは、[操作を元に戻します] をクリックして元に戻してから、手順4からもう一度やり直します。

7 ［表示メディア］の設定を変更する

［画像のスタイル］ダイアログボックスが表示された

1 ここをクリックして［スマートフォンのみ］を選択

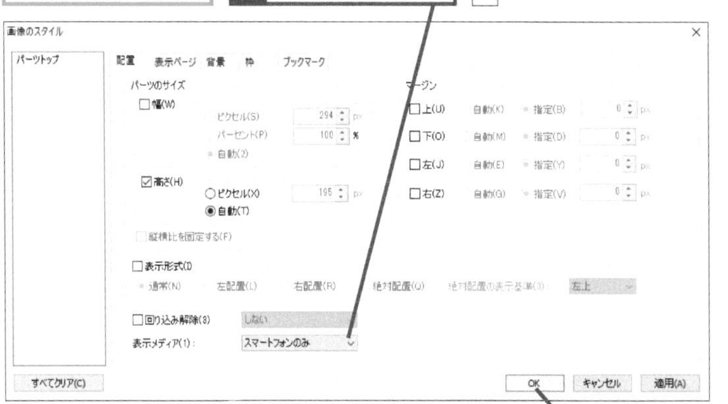

2 ［OK］をクリック

8 画像の設定が完了した

スマートフォン向けのサイトだけに画像が表示されるようになった

レッスン⑰を参考に、保存しておく

レッスン㊲を参考に、転送しておく

HINT!

パソコン向けのサイトではどのように表示されるの？

表示メディアを［スマートフォンのみ］に設定した画像は、パソコンでは表示されません。後から設定を変えたり、画像を削除したいときは編集画面をスマートフォンに切り替えます。

レッスンを参考に、スマートフォン向けのサイトにだけ表示される画像を挿入しておく

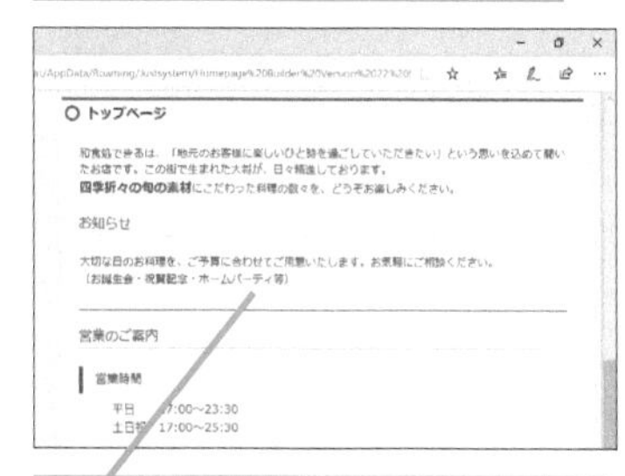

パソコン向けサイトの編集画面には何も表示されない

Point

編集することでもっと使いやすくなる

スマートフォン向けのページは、パソコン用のページをもとに自動的に変換されて作成されます。ページに挿入した画像は、スマートフォンの画面サイズに収まるように自動的に縮小されます。そのため、文字を挿入した画像などは文字がつぶれてしまい、スマートフォンでは読めません。スマートフォンでも見やすいページを作るには、スマートフォン専用の画像を用意しておきましょう。このレッスンでは、スマートフォンで閲覧したときだけクーポンの画像が表示されるように設定しました。そのほかの画像もスマートフォンで見たときに、ちゃんと見やすく表示されるように編集しましょう。

レッスン
42 サイトナビゲーションの項目を常に表示するには

ボタンで開閉する

スマートフォン用のメニューは、アコーディオンメニューと呼ばれ、ボタンをクリックしたときに表示されます。メニューを常に表示するように設定しましょう。

1 [パーツのプロパティ] ダイアログボックスを表示する

レッスン㊶を参考に、スマートフォン向けのサイトを表示しておく

ここでは、ナビゲーションメニューの項目が常に表示されるように設定する

1 サイトナビゲーションをクリック

2 [パーツのプロパティ]をクリック

2 ナビゲーションメニューの表示方法を選択する

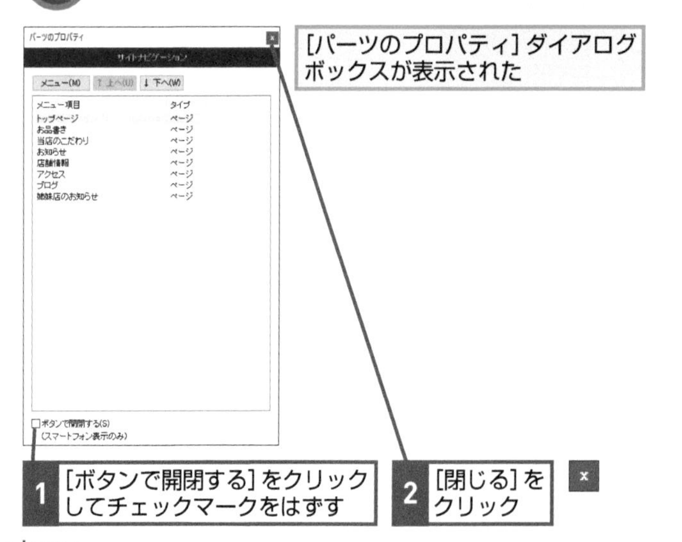

[パーツのプロパティ] ダイアログボックスが表示された

1 [ボタンで開閉する] をクリックしてチェックマークをはずす

2 [閉じる] をクリック

キーワード

サイトナビゲーション	p.211
[パーツのプロパティ] ボタン	p.213

HINT! 「アコーディオンメニュー」って何?

アコーディオンメニューは、ボタンをクリックしたときにアコーディオンのようにメニューが開き、もう一度ボタンをクリックすると閉じるメニューのことです。ホームページビルダーで作成したナビゲーションメニューをスマートフォンで表示すると、自動的にアコーディオンメニューになります。なお、メニューを開くためのボタン(☰)は、形がハンバーガーに似ていることから、ハンバーガーボタンと呼ばれることもあります。

HINT! パソコン向けのページには影響しない

スマートフォン用のページで、ナビゲーションメニューの表示方法を変更しても、パソコン向けのページには影響しません。パソコン向けのページのナビゲーションメニューは、階層を下げていないメニューが常に表示されるようになっています。

間違った場合は?

手順2でサイトナビゲーションの[パーツのプロパティ] が表示されないときは、[閉じる] ボタンをクリックして [パーツのプロパティ] を閉じて、手順1からもう一度やり直します。

テクニック 項目数に応じてボタンの開閉を使い分ける

このレッスンでは、ナビゲーションメニューを常に表示するように設定しました。ナビゲーションメニューを常に表示しておくと、メニューを開くボタン（ハンバーガーボタン）をクリックする手間を減らせます。ところが、メニューの項目がたくさんあると、スマートフォンでページを見たときに、メニューのみが画面全体に表示され、コンテンツが分かりにくくなってしまいます。メニューの項目が多いときは、ナビゲーションメニューの［パーツのプロパティ］で［ボタンで開閉する］にチェックマークを付けて、ボタンで開閉するアコーディオンメニューにしましょう。

1 ［メニュー］をタップ

ナビゲーションメニューの項目が表示された

3 ナビゲーションメニューの設定が完了した

ナビゲーションメニューの項目が常に表示されるように設定された

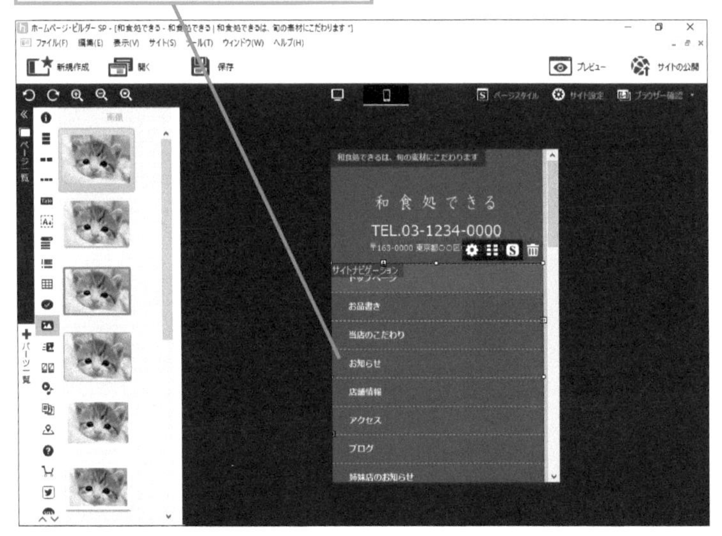

レッスン⑰を参考に、保存しておく

レッスン㊲を参考に、転送しておく

Point メニュー項目が少ないときはメニューを固定しよう

スマートフォン向けのページのナビゲーションメニューは、ボタンをクリックしたときに表示する「アコーディオンメニュー」と、メニューを常に表示する2つの方法があります。標準では、アコーディオンメニューになっていますが、メニューの項目が少ないときは、メニューを常に表示した方が使いやすくなります。メニューの項目数が5つ程度のときは、メニューを固定してみましょう。

レッスン 43

転送したホームページをスマートフォンから確認するには

レスポンシブデザインの確認

テンプレートから作成したページは、スマートフォンにも対応しています。スマートフォンでどのように表示されるのか確認してみましょう。

1 ブラウザーを起動する

ここではiPhoneを例に解説する

ホーム画面を表示しておく

1 Safariのアイコンをタップ

2 URLの入力画面を表示する

[Safari]のアプリが起動した

1 ここをタップ

HINT!

どのスマートフォンで確認すればいいの？

ひとくちにスマートフォンといってもさまざまな機種があります。また、同じオペレーティングシステムを搭載したスマートフォンでも、画面の解像度が異なることがあります。すべてのスマートフォンで表示を確認するのは無理です。最低でもiPhoneに搭載されているSafariと、Androidに搭載されているGoogle Chromeの2つのブラウザーで表示を確認しておきましょう。この2つのブラウザーで正しく表示されれば、国内に流通しているほとんどのスマートフォンに対応できます。

間違った場合は？

手順4でホームページが表示されないときは、URLの入力が間違っています。手順3を参考にしてもう一度URLを入力し直します。

3 URLを入力する

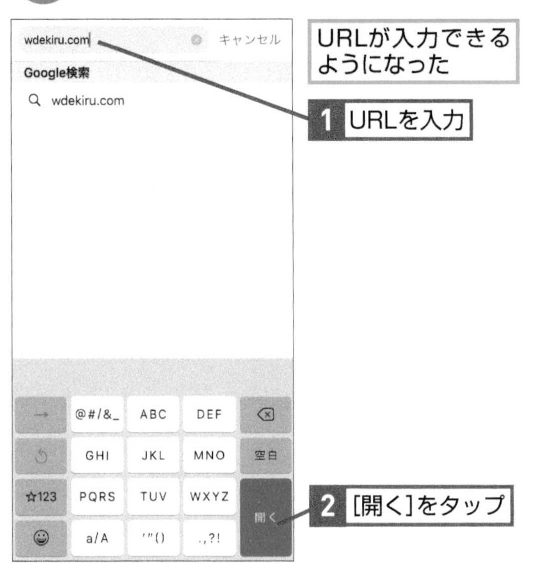

4 レスポンシブデザインを確認する

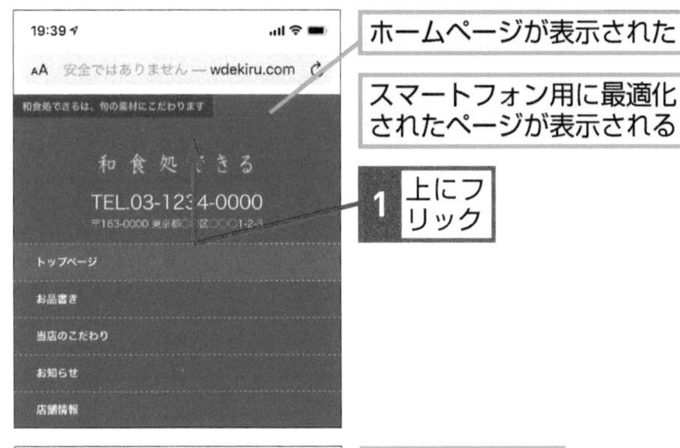

ページの下部が表示された

ほかのページも確認しておく

HINT! スマートフォン向けに編集した内容を確認しよう

スマートフォンでページを確認するときは、次のことに気を付けましょう。まずは、すべてのページが正しく表示できているのかを確認します。もし、すべてのページが表示できないときは、メニューの構成やリンクが正しくないことがあるので修正しましょう。次に、スマートフォン向けに調整した内容を確認します。スマートフォンだけに表示される画像が正しく表示されているか、パソコン用に設定した画像が表示されていないかなどを確認しましょう。

Point スマートフォンでどのように表示されるか確認しよう

テンプレートから作成したページは、レスポンシブデザインが使われています。そのため、スマートフォンでページを表示したときでも正しく表示されるようになっています。サイトをインターネットに公開したら、パソコンのブラウザーだけではなく、スマートフォンを使って、すべてのページが正しく表示できているかを確認しましょう。

この章のまとめ

●スマートフォンに対応するとともに忘れずに細かい調整をしよう

外出先でインターネットで何かを調べたくなったときはどうしますか。ほとんどの人がスマートフォンを使って検索することでしょう。家にいるときも、わざわざパソコンを起動せずに、スマートフォンを使って調べ物をする人が多いのではないでしょうか。このように、現在のホームページはパソコンだけがメインではなく、スマートフォンで閲覧する方向にシフトしていっています。そのため、ホームページをスマートフォン対応にするのは必須だといえるでしょう。ホームページ・ビルダーのテンプレートで作成したページは、スマートフォンに対応しているため、スマートフォンで見たときには、スマートフォン専用のレイアウトで表示されます。しかし、ただ作りっぱなしでは見にくいページができてしまうこともあります。スマートフォン専用の画像を用意するなど、スマートフォンで見たときに、より使いやすくなるように調整するのも忘れないようにしましょう。

スマートフォン向けのサイトを見やすくする

表示する画像やナビゲーションメニューを設定し、スマートフォンで閲覧したときに見やすいように変更する

第9章 ホームページ・ビルダーの便利な機能を使おう

ホームページ・ビルダー SPには便利な機能がたくさん用意されています。この章では、箇条書きや表、画像を動きのある表現で配置する方法などを解説します。ホームページ・ビルダー SPのさまざまな機能を使って、魅力的なページを作ってみましょう。

●この章の内容

レッスン

44 画像を並べて表示するには

アイテムギャラリー

アイテムギャラリーを使うと、複数の写真を簡単にまとめてページに掲載することができます。アイテムギャラリーを使ってみましょう。

1 パーツの一覧を表示する

ここでは[お品書き]のページに、商品の一覧を表示する

レッスン㉔を参考に、2つ目の[お品書き]のパーツを削除しておく

1 [パーツ一覧]をクリック

2 ここにマウスポインターを合わせる

注意 練習用ファイルのサイトをインポートして操作するときは、付録2を参考に、アイテムギャラリーをインポートする必要があります

2 パーツを選択する

パーツの一覧が表示された

1 [アイテムギャラリー]をクリック

キーワード

HINT!

手順1で削除するパーツとは

手順1では[お品書き]ページにある、2つ目の［お品書き］パーツを削除します。操作前の［お品書き］ページは、下記の画面のように［お品書き］パーツが2つあります。マウスポインターを合わせると［投稿一覧］と表示される、下の［お品書き］パーツを削除してください。削除を実行すると、手順1の画面のように［季節のおすすめ］などが丸ごと消えた状態となります。

[投稿一覧]の[お品書き]パーツを削除する

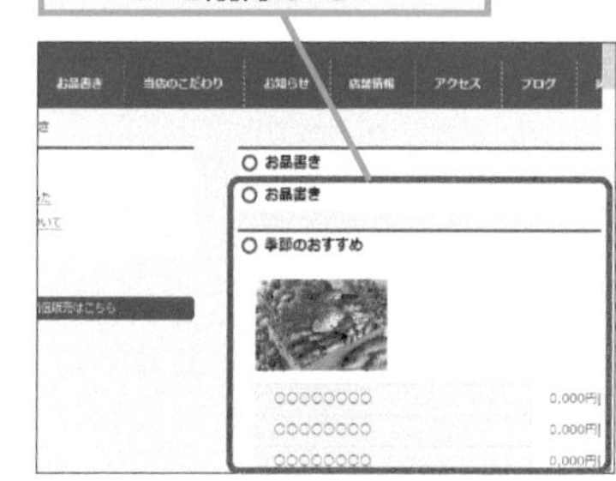

間違った場合は？

手順2で違うパーツをクリックしてしまったときは、もう一度パーツをクリックし直します。

3 パーツを挿入する

[アイテムギャラリー]の一覧が表示された

1 ここにマウスポインターを合わせる

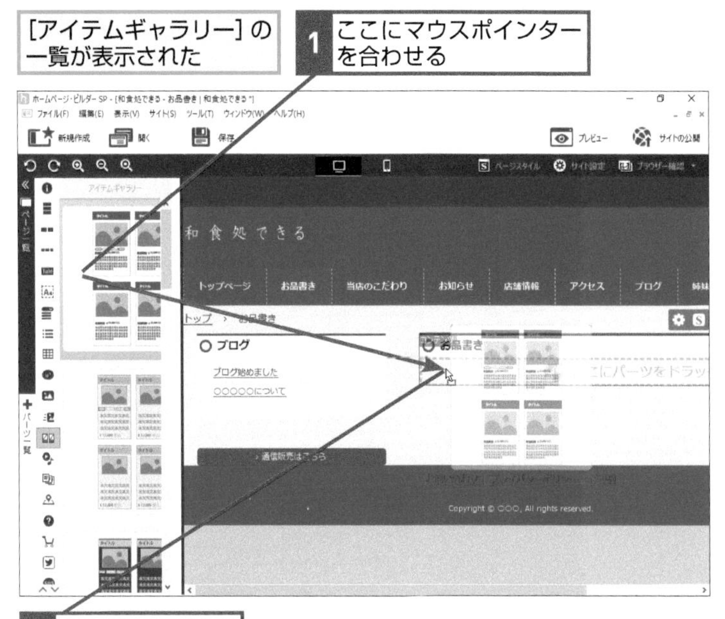

2 ここまでドラッグ

4 [パーツのプロパティ]ダイアログボックスを表示する

[アイテムギャラリー]が挿入された

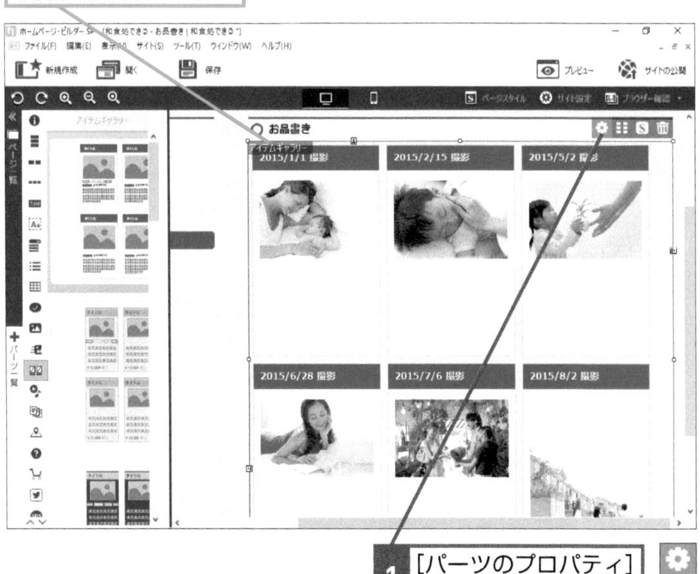

1 [パーツのプロパティ]をクリック

HINT! 「アイテムギャラリー」って何？

「アイテムギャラリー」はページ内に挿入できるパーツの1つです。アイテムギャラリーを使うと、たくさんの写真をサムネイル形式でページに挿入することができます。表示されているサムネイルをクリックしたときに、画像を拡大表示したり、あらかじめ設定したURLのページを表示したりするなど、細かい制御ができるのが特徴です。

HINT! 複数のアイテムギャラリーを配置できる

1つのページに配置できるアイテムギャラリーの数に制限はありません。例えば、商品の種類ごとに複数のアイテムギャラリーを使ったり、全商品の一覧とは別におすすめの商品を別のアイテムギャラリーに表示して、商品の一部をアピールしたりできます。アイテムギャラリーを効果的に使ってみましょう。

次のページに続く

5 画像の追加を開始する

[パーツのプロパティ] ダイアログボックスが表示された

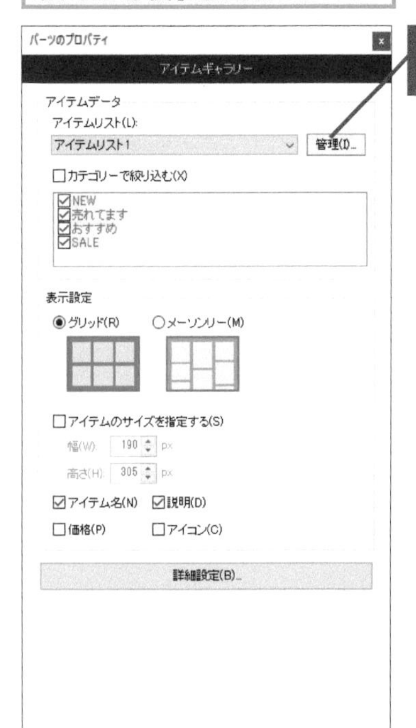

1 [管理] をクリック

6 アイテムリストを追加する

[アイテムデータの管理] ダイアログボックスが表示された

1 [アイテムリスト] をクリック

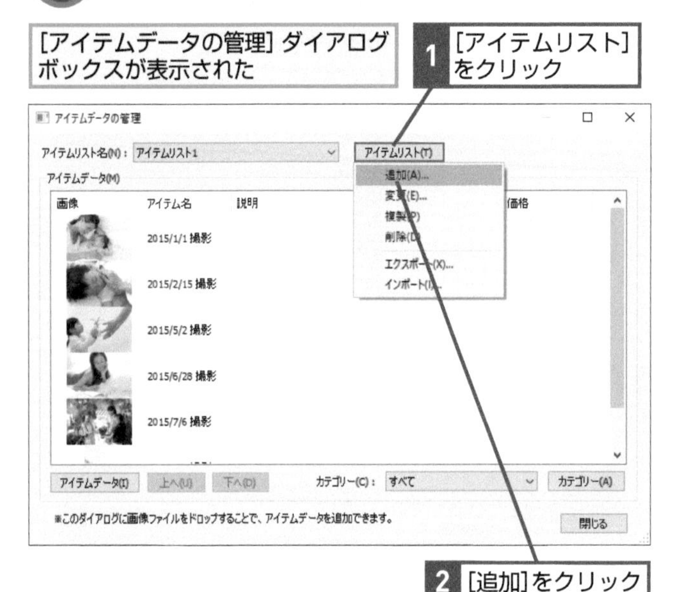

2 [追加]をクリック

HINT! 「アイテムリスト」って何？

アイテムギャラリーに表示される写真は、「アイテムリスト」と呼ばれるデータの集まりで管理されています。アイテムリストには、写真やタイトルなどが含まれていて、アイテムギャラリーでは、どのアイテムリストに含まれているデータを表示するのかを指定できるようになっています。

HINT! サンプルのアイテムリストが用意されている

アイテムギャラリーをページに表示すると、サンプルのアイテムリストがアイテムギャラリーに表示されます。アイテムギャラリーでページに掲載する写真を選ぶときは、サンプルのアイテムリストを編集するのではなく、新しいアイテムリストを作りましょう。このレッスンでは、手順6以降で「お品書き」という新しいアイテムリストを作ります。

間違った場合は？

手順6で［変更］を選んでしまったときは［閉じる］ボタンをクリックしてから、もう一度［追加］を選び直します。

7 アイテムリストの名前を入力する

[アイテムリストの追加] ダイアログボックスが表示された

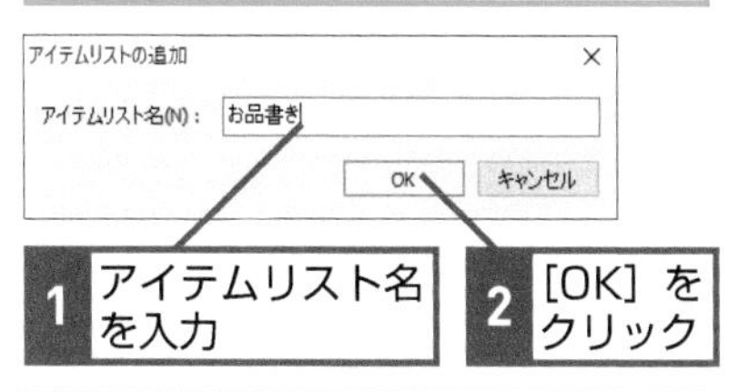

[アイテムデータの管理] ダイアログボックスが表示された

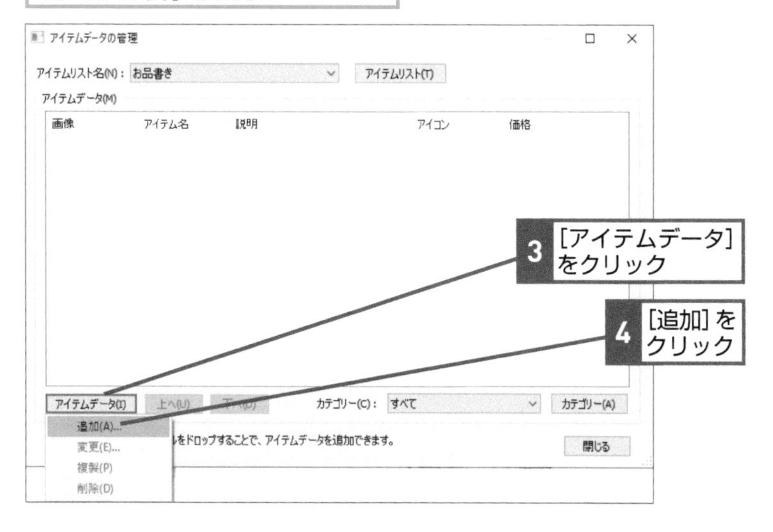

8 画像の選択画面を表示する

[アイテムデータの追加] ダイアログボックスが表示された

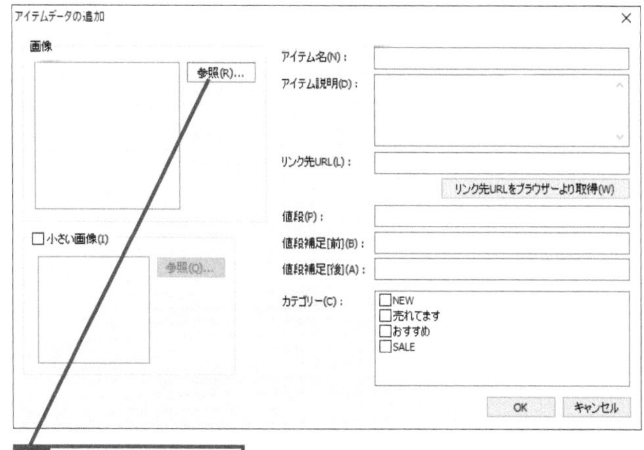

HINT! アイテムリストには分かりやすい名前を付けよう

手順7ではアイテムリストに名前を付けます。アイテムリストの名前は分かりやすい名前にしましょう。ここでは「お品書き」としましたが、たくさんの商品を扱っているときは、アイテムギャラリーに掲載する商品の種類が分かるような名前を付けると、後で見たときにひと目で内容を把握できます。

HINT! アイテムリストを削除するには

アイテムリストは削除も可能です。ただし、アイテムリストを削除すると、アイテムリストにどのような写真が登録されているのかといった情報や、写真のタイトルなどの情報がすべて削除されてしまいます。本当にそのアイテムリストが必要ないのかをよく考えてから削除を実行しましょう。なお、アイテムリストを削除しても、写真や画像そのものは削除されません。

[アイテムデータの管理] ダイアログボックスを表示しておく

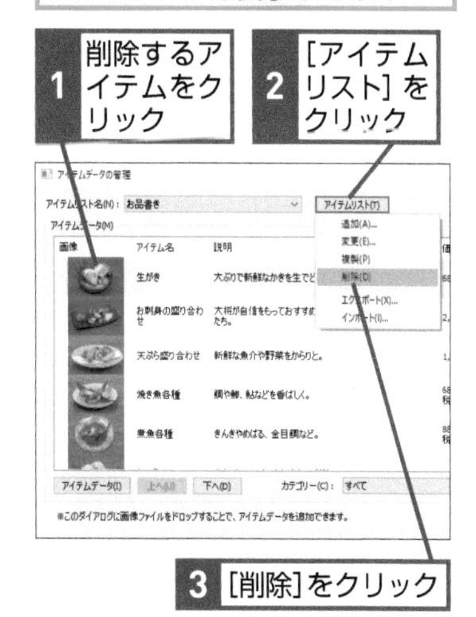

次のページに続く

9 画像を選択する

[画像ファイルの選択]ダイアログボックスが表示された

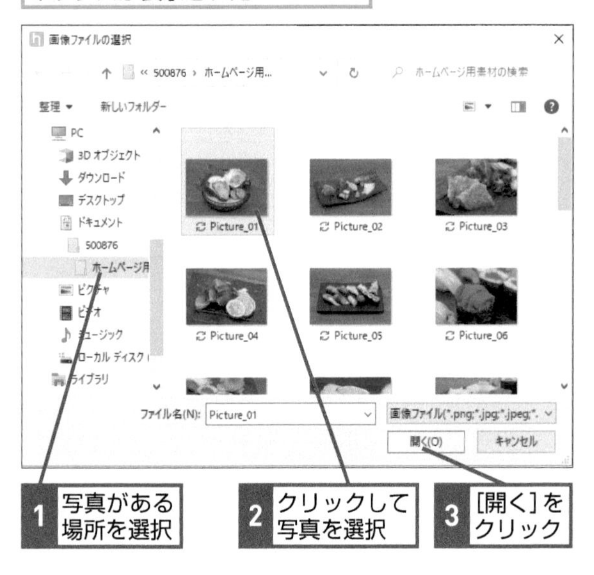

HINT!

画像の大きさは自動的に調整される

アイテムギャラリーに表示される画像の大きさは、ページに合わせて自動的に調整されます。そのため、画像や写真をアイテムリストに設定するとき、特に大きさを意識する必要はありません。

間違った場合は？

手順9で違う画像を選択して［開く］ボタンをクリックしてしまったときは［参照］ボタンをクリックして、写真をもう一度選び直します。

テクニック サムネイルを設定するには

アイテムギャラリーにはサムネイル画像が表示されます。このサムネイル画像は、アイテムリストに設定した写真から自動的に生成されるようになっていますが、自分でサムネイルの画像を設定することもできます。例えば、実際に表示される写真や画像とは違うサムネイル画像を設定できます。

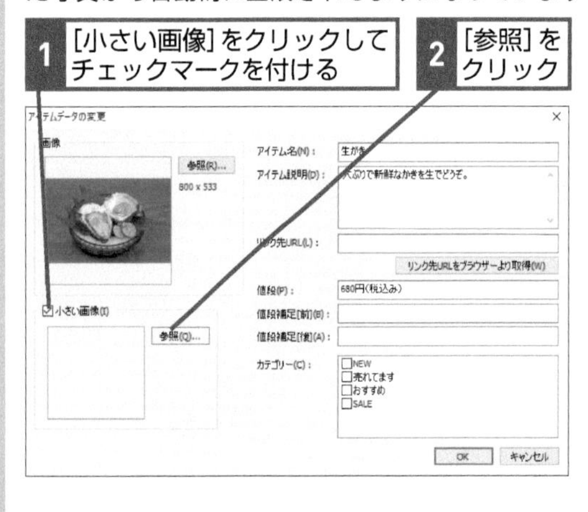

手順8を参考に、サムネイルに設定する画像を選択する

10 画像の説明を入力する

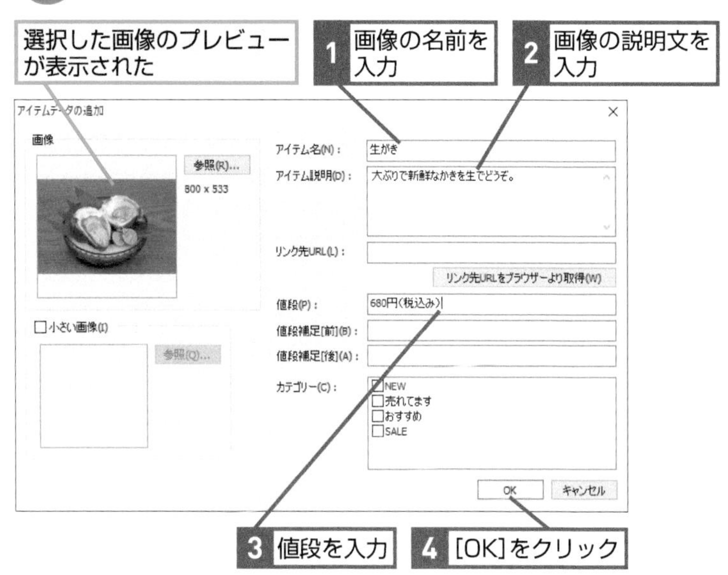

11 アイテムが追加された

同様の手順でほかのアイテムを追加しておく

HINT! 「カテゴリー」って何？

アイテムリストに登録した写真には「カテゴリー」を設定できます。カテゴリーを設定しておくと、特定のカテゴリーの写真だけをアイテムギャラリーに表示することもできます。

HINT! 追加したアイテムを削除するには

アイテムを間違って追加したときなど、アイテムを削除したいことがあります。アイテムを削除するには、[アイテムデータの管理] ダイアログボックスの削除したいアイテムを右クリックしてから [削除] をクリックします。

HINT! 追加したアイテムを後から編集するには

アイテムは、後から自由に編集ができます。登録する写真を間違ってしまったり、写真のタイトルや説明を間違ってしまったりしたときは、アイテムを編集しましょう。アイテムを編集するには、編集したいアイテムをダブルクリックします。

[アイテムデータの管理] ダイアログボックスを表示しておく

次のページに続く

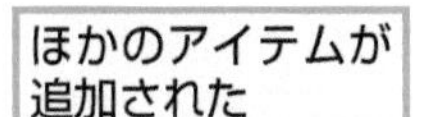

アイテムギャラリーの内容を確定する

ほかのアイテムが追加された

1 [閉じる]をクリック

[パーツのプロパティ] ダイアログボックスを閉じる

アイテムギャラリーに画像が追加された

1 ここをクリックして[お品書き]を選択

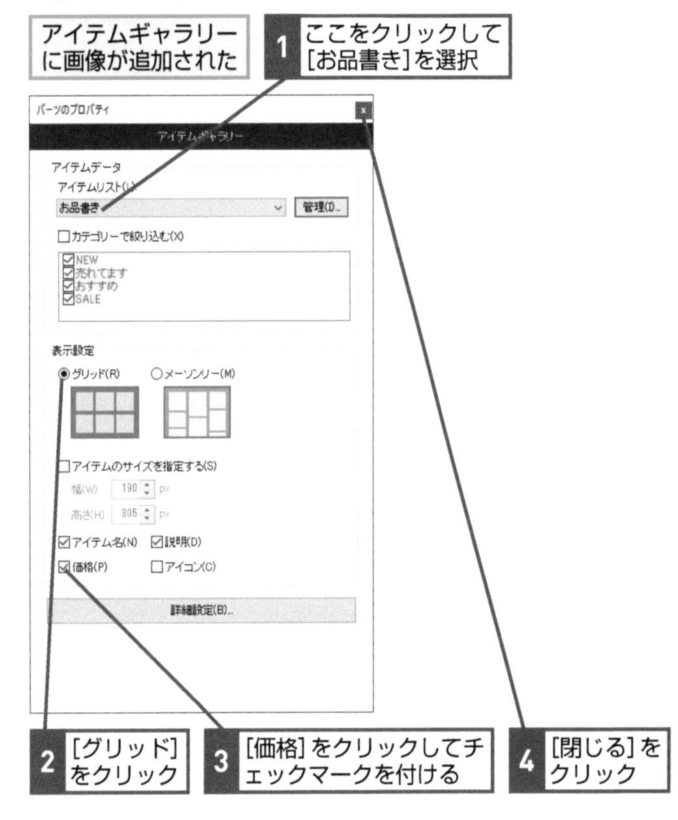

2 [グリッド]をクリック

3 [価格]をクリックしてチェックマークを付ける

4 [閉じる]をクリック

HINT!

「グリッド」と「メーソンリー」の違いとは

アイテムギャラリーには「グリッド」と「メーソンリー」のいずれかの表示方法を設定できます。グリッドはすべての画像を同じ比率で表示する形式で、それぞれのアイテムの高さは、最も高いアイテムに合わせて表示されます。「メーソンリー」とはもともとコンクリートやブロックを積み上げる構造という意味を持つ言葉で、それぞれの画像は、元の画像の比率に合わせて表示されます。

HINT!

アイテムのサイズを指定するには

アイテムのサイズは自分で指定できます。アイテムのサイズを設定するには、[アイテムのサイズを指定する] をクリックしてから、幅と高さを入力します。なお、メーソンリー形式のときは、高さが自動的に設定されるため、高さの入力欄はありません。

HINT!

表示する項目を設定するには

アイテムギャラリーに表示する項目は自由に設定することができます。「アイテム名」「アイコン」「説明」「価格」「アイコン」をクリックしてチェックマークを付けると、その項目をアイテムギャラリーに表示できます。

間違った場合は？

手順13で［お品書き］を選択しないと、商品の画像が表示されません。正しい画像が表示されないときは、手順13からもう一度やり直します。

テクニック 画像にリンクを設定するには

標準の状態では、アイテムギャラリーの画像をクリックすると、画像が拡大して表示されます。画像には、[リンク先URL] にURLを入力してリンクを設定できます。画像にリンクを設定すると、その画像がクリックされたときに、別のページを表示できます。例えば、商品は一覧表示させておき、商品がクリックされたときに商品の詳細ページを表示したいときなどは、画像にリンクを設定しましょう。

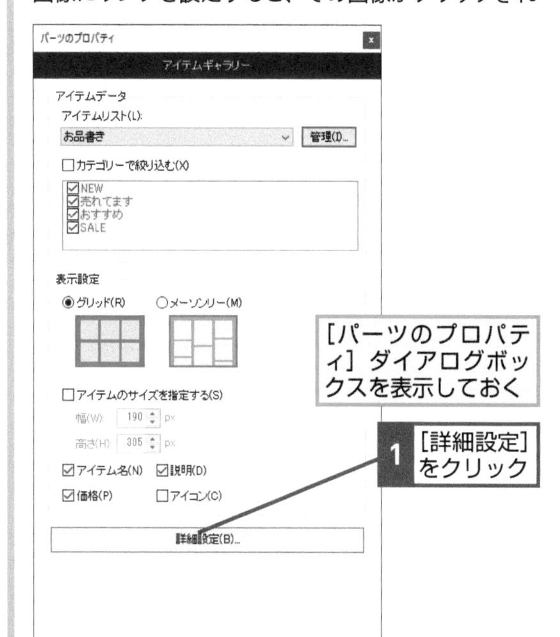

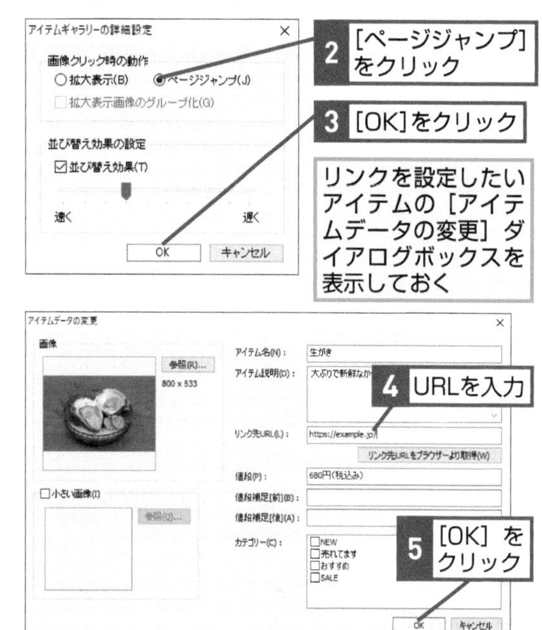

14 アイテムギャラリーに画像が追加された

Point

アイテムギャラリーで写真をきれいに見せよう

アイテムギャラリーを使うと、たくさんの写真をきれいなレイアウトでページに配置できます。アイテムギャラリーに表示される写真は、「アイテムリスト」と呼ばれる簡単なデータベースで管理されています。そのため、写真をきれいに見せるだけではなく、アイテムリストに登録されている一部の写真だけを掲載するといった、ページに掲載する写真の管理が簡単にできます。アイテムギャラリーは非常に強力で便利な機能なのでぜひ使ってみましょう。

レッスン
45 箇条書きのリストを挿入するには

リスト／定義リスト

通常の文章のほかに、箇条書きの文章をページに追加できます。［リスト/定義リスト］を使って箇条書きをページに追加してみましょう。

1 箇条書きのリストを挿入する場所を選択する

ここでは［当店のこだわり］の文章中に箇条書きのリストを挿入する

レッスン⓯を参考に、文章を編集可能な状態にしておく

レッスン㉔を参考に、画像のパーツを削除しておく

2 パーツ一覧ビューから箇条書きのリストを選択する

レッスン⓴を参考に、パーツ一覧ビューを表示しておく

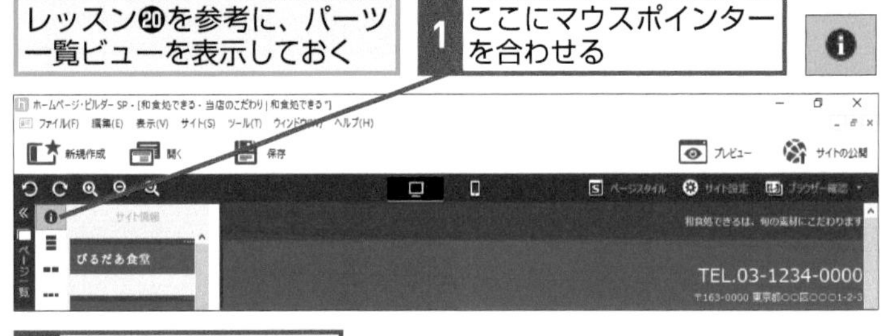

キーワード

HINT!

手順1で削除する画像とは

手順1では［当店のこだわり］ページにある画像パーツを削除します。文章の上にある「ふすま」の画像を削除してください。

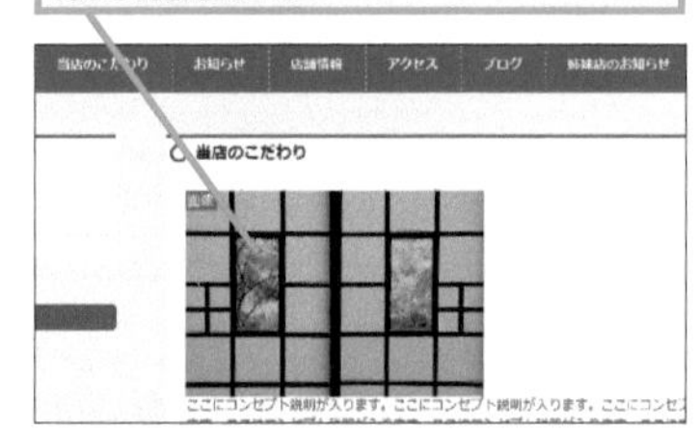

HINT!

箇条書きのリストを上手に使おう

リストはいくつかの項目を読みやすくまとめるという特徴があり、簡潔な内容を表現するのに向いています。例えば、求人募集などの募集要項のほか、機器の性能や特徴を表現するときなどによく使われます。なお、長文を箇条書きにしてしまうと読みにくくなることがあるので気を付けましょう。

間違った場合は？

違う場所にリストを挿入してしまったときは、［操作を元に戻します］ボタン（↺）をクリックして元に戻してから、もう一度やり直します。

3 箇条書きのリストのデザインを選択する

リスト/定義リストの一覧が表示された

1 ここにマウスポインターを合わせる

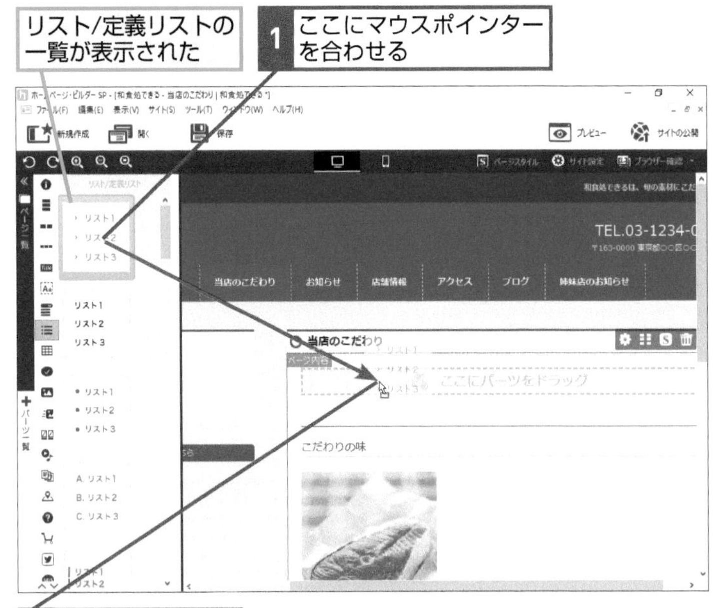

2 ここまでドラッグ

4 箇条書きのリストが挿入された

レッスン⑮を参考に、文章を変更しておく

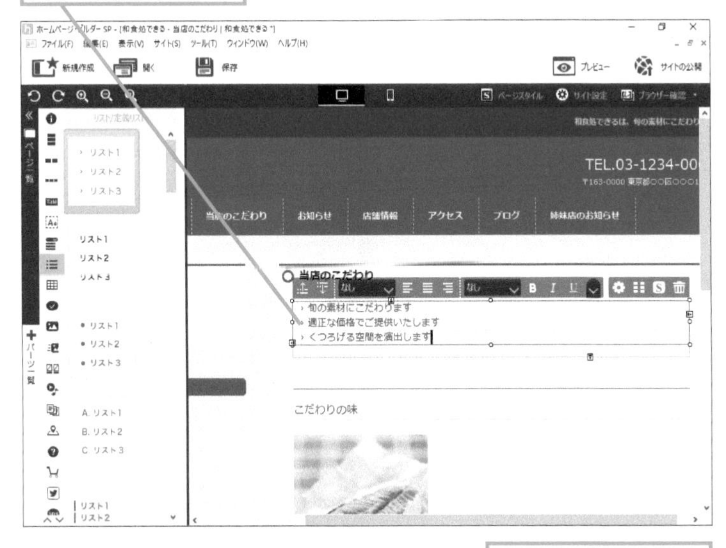

レッスン⑰を参考に、保存しておく

HINT!

リストのデザインを変更するには

リストのデザインは後から変更できます。リストのデザインを変更したいときは［パーツのデザイン選択］ボタンをクリックします。

1 ここをクリック

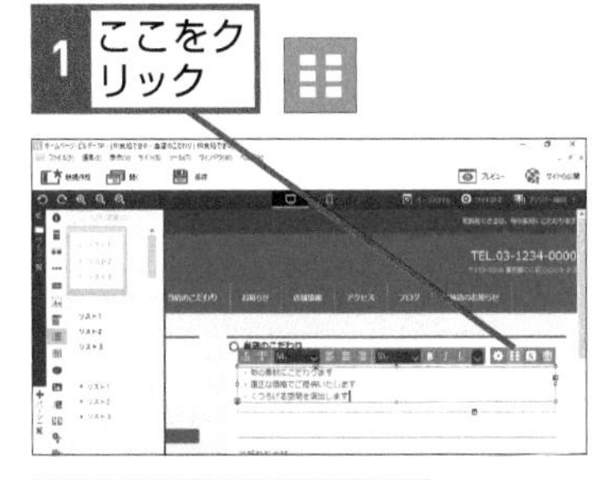

クリックしてリストの書式を選択できる

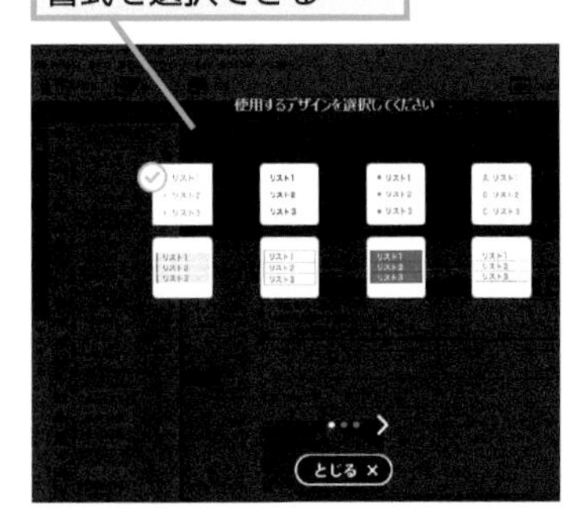

Point

リストは簡単に編集できる

［リスト/定義リスト］には箇条書きのための［リスト］と、用語と内容の2つの内容を明記できる［定義リスト］の2つがあります。テンプレートによっては、リストまたは定義リストが使われていることもあるので、編集してみましょう。このレッスンでも紹介しているように、リストは作成と編集が非常に簡単にできるという特徴があります。また、挿入したリストの書式は自由に変更できます。

レッスン
46 開いたり閉じたりできるパーツを配置するには

コラム

クリックするとアコーディオンのように開く効果をページに追加してみましょう。アコーディオン効果を追加するには［コラム］パーツを使います。

1 パーツの一覧を表示する

ここでは［当店のこだわり］のページに、囲み文を表示する

レッスン㉔を参考に、［こだわりの味］の画像のパーツを削除し、文章も削除しておく

レッスン⑳を参考に、パーツ一覧ビューを表示しておく

1 ここにマウスポインターを合わせる

2 ［コラム］をクリック

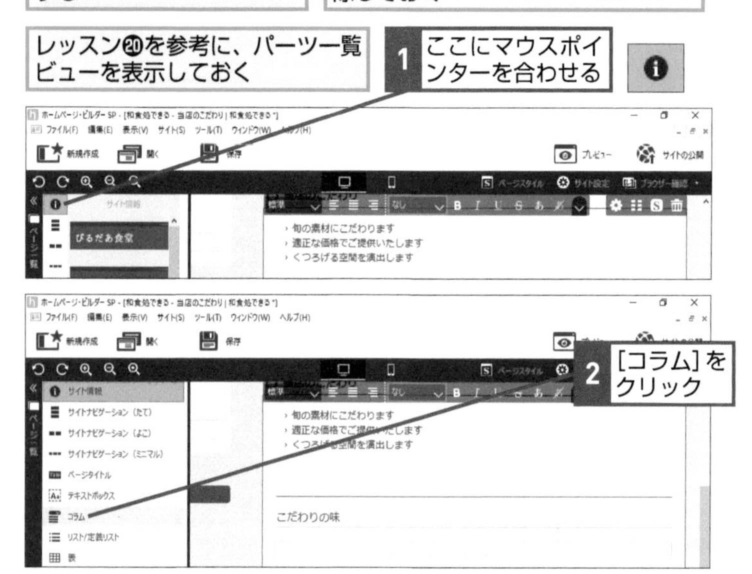

2 パーツを選択する

［コラム］の一覧が表示された

1 ここにマウスポインターを合わせる

2 ここまでドラッグ

キーワード

パーツ	p.213
パーツ一覧ビュー	p.213

HINT!

コラムに文章などを入力するには

［コラム］は枠組みのみを提供するパーツで、単体では意味を持ちません。コラム内に文章を入力したいときは、コラムの内にテキストボックスパーツを挿入して、そこに文章を書きましょう。また、同様に画像や表、リストなどのパーツをコラム内に挿入できます。

パーツの一覧を表示しておく

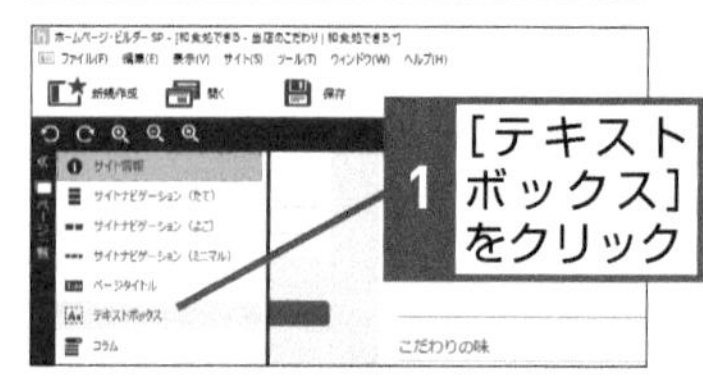

1 ［テキストボックス］をクリック

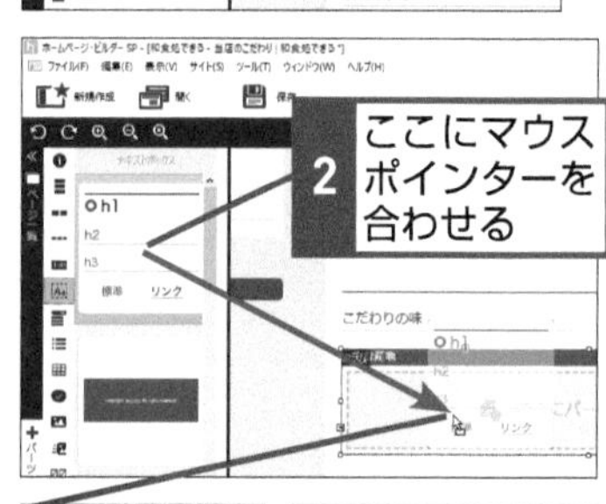

2 ここにマウスポインターを合わせる

3 ここまでドラッグ

コラムに文章が入力できるようになった

間違った場合は？

手順2で間違った位置にドラッグしてしまったときは［操作を元に戻します］をクリックして元に戻してから、もう一度はじめからやり直します。

3 ［パーツのプロパティ］ダイアログボックスを表示する

囲み文が挿入された

1 ［パーツのプロパティ］をクリック

4 コラムのタイトルを入力する

［パーツのプロパティ］ダイアログボックスが表示された

1 コラムのタイトルを入力

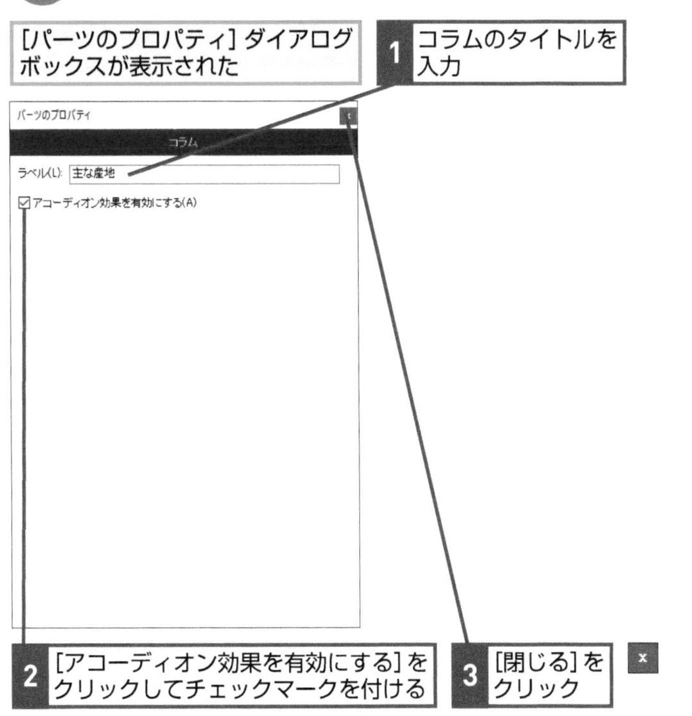

2 ［アコーディオン効果を有効にする］をクリックしてチェックマークを付ける

3 ［閉じる］をクリック

コラムが挿入される

レッスン⓱を参考に、保存しておく

HINT!

「アコーディオン効果」って何？

アコーディオン効果とは、アコーディオンのように開いたり閉じたりする効果のことをいいます。アコーディオン効果を使うと、コンテンツを展開したり、折り畳んだりできるようになります。アコーディオン効果がどのように動作するのかは、編集画面では確認できません。アコーディオン効果を確認したいときは、ブラウザーでプレビューしましょう。

1 ここをクリック

アコーディオンが開いた

2 ここをクリック

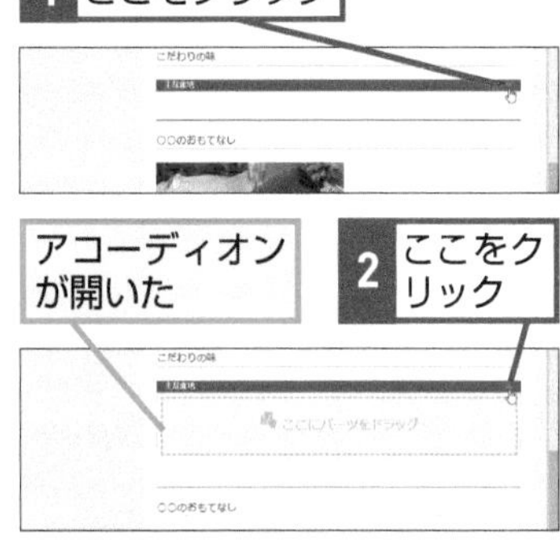

再びアコーディオンが閉じた

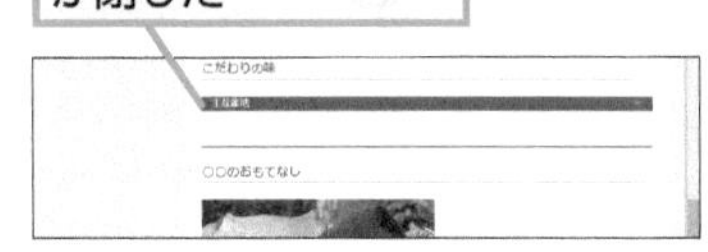

Point

アコーディオン効果の使い方

ページ内に表示しきれない大量のコンテンツや、あまり重要ではないコンテンツは、コラムの「アコーディオン効果」を使って非表示にしておくと、ページ全体をすっきりと見せることができます。アコーディオン効果で隠すコンテンツは、重要ではないものや、補足説明のような内容に留めておきます。重要なコンテンツをアコーディオン効果で隠してしまうと、そのコンテンツが読まれないこともあるので気を付けましょう。

レッスン

47 表を追加するには

表

パーツ一覧ビューから、行と列で構成された簡単な表を挿入できます。文章だけでなく、表を使って読みやすいページを作ってみましょう。

1 表を挿入する場所を選択する

レッスン㉟を参考に、レッスン㊻で作成したコラムに画像を挿入しておく

レッスン⑳を参考に、パーツ一覧ビューを表示しておく

1 ここにマウスポインターを合わせる

2 パーツ一覧ビューから表を選択する

1 [表]をクリック

キーワード

パーツ	p.213
パーツ一覧ビュー	p.213
[パーツのプロパティ] ボタン	p.213

HINT!

表を使って見やすいホームページを作ろう

文章で表現するよりも表を使った方が分かりやすくなる場合があります。そのようなときは、積極的に表を使ってみましょう。例えば、集計表のように計算結果が含まれた内容は、表にすると内容をひと目でできるようになります。また、時間割や諸元、商品の特徴、価格表といった内容のものも、文章で書くより表にした方が見た目がきれいになり、分かりやすくなるでしょう。

3 表のデザインを選択する

表の一覧が表示された

1 ここにマウスポインターを合わせる

2 ここまでドラッグ

4 列を削除する

表が挿入された

ここでは4列×4行の表を4列×2行の表にする

1 表のここをクリック

2 ここを右クリック

3 ［列の削除］をクリック

HINT!

列と行の違いは？

表は行と列とで構成されています。横方向は「行」と呼ばれ、縦方向は「列」と呼ばれています。混同しないように注意しましょう。なお、表内の要素を「セル」と呼ぶこともあります。

◆セル ◆行

◆列

HINT!

行や列を追加・削除できないときは

手順4で列を削除していますが、表のみが選択されているときには行や列の追加や削除はできません。行や列の追加削除をしたいときは、表内のセルをクリックして、カーソルが表示されている状態で操作しましょう。

間違った場合は？

手順3で表以外のパーツを挿入してしまったときは、［操作を元に戻します］ボタン（ ）をクリックして元に戻してから、もう一度やり直します。

次のページに続く

5 続けてもう1列削除する

列が1列削除された

同様の手順で列を削除しておく

6 表の要素を編集する

ここでは産地表を作成する

1 ここをドラッグして選択

2 「産地」と入力

同様の手順で産地表の要素を入力しておく

HINT! 行や列を追加するには

表の行や列は簡単に追加ができます。行や列の追加は要素（セル）を右クリックしたときに表示されるメニューを使います。[行を追加 上へ] または [行の追加 下へ] をクリックすると、上または下へ行を追加できます。[列を追加 右へ] または [列の追加 左へ] をクリックすると右や左へ列を追加できます。表の入力をしていて、行や列が足りなくなってしまったときに使ってみましょう。

1 要素を右クリック

表示されたメニューから、行や列を追加できる

間違った場合は？

項目の入力を間違えてしまったときは、キーを押して文字をすべて削除してからもう一度入力し直します。

7 表のサイズを変更する

ここでは1列目を左に詰めてサイズを小さくする

1 ここにマウスポインターを合わせる

2 ここまでドラッグ

表のサイズを変更できた

レッスン⑰を参考に保存しておく

HINT! 表の要素も書式を変更できる

表に入力した要素（セル）の書式は、文字列の書式と同じ手順で変更できます。書式の変更については、レッスン⑯を参照してください。

HINT! 行や列を移動するには

表の行や列は、左右上下に移動できます。移動させたい行や列を選択してから［行を上へ］［行を下へ］［列を左へ］［列を右へ］のどれかをクリックします。なお、移動は行単位または列単位で実行されます。

1 入れ替える行や列をクリック

矢印の方向に行や列が移動する

Point 表を使って情報を整理しよう

表のパーツを使うと、ページに簡単な表を挿入できます。例えば、何かを集計した計算結果は、文章で表現するよりも表にした方が分かりやすくなります。また、計算結果に限らず、縦と横で整列させたい内容も、表にすることで見やすくできます。文章で入力するべき内容と、表にした方が分かりやすい内容をうまく使い分けて、読みやすいページにしましょう。なお、ホームページ・ビルダーSPでは、セル同士を結合した複雑な表を作ることはできないので注意しましょう。

レッスン

48 写真や画像を動きのある表現で配置するには

フォトモーション

ページには動きのある表現の写真や画像を挿入できます。動きのある写真や画像を挿入するにはフォトモーションの機能を使うといいでしょう。

1 パーツの一覧を表示する

ここでは［姉妹店のお知らせ］のページに、フォトモーションを表示する

1 ここにマウスポインターを合わせる

2 ［フォトモーション］をクリック

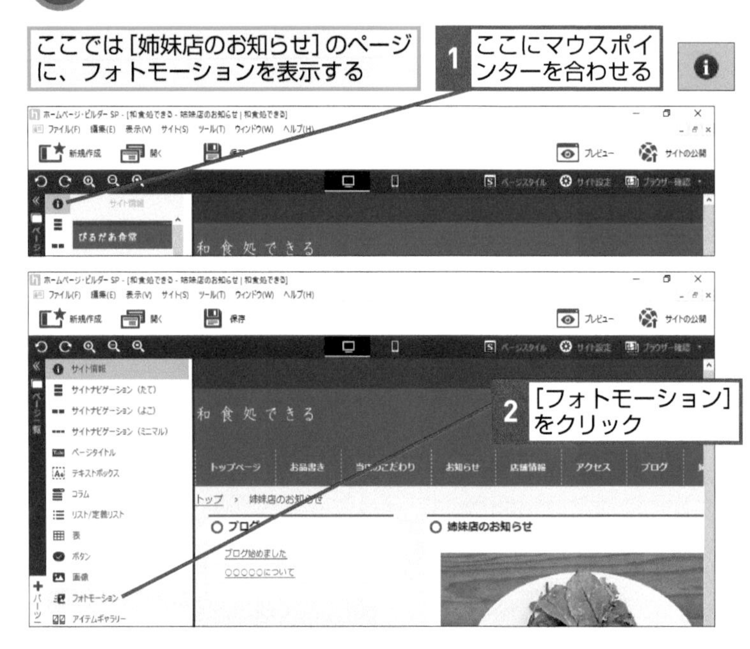

2 パーツを選択する

［フォトモーション］の一覧が表示された

ここでは［カルーセル］を選択する

1 ［カルーセル］にマウスポインターを合わせる

2 ここまでドラッグ

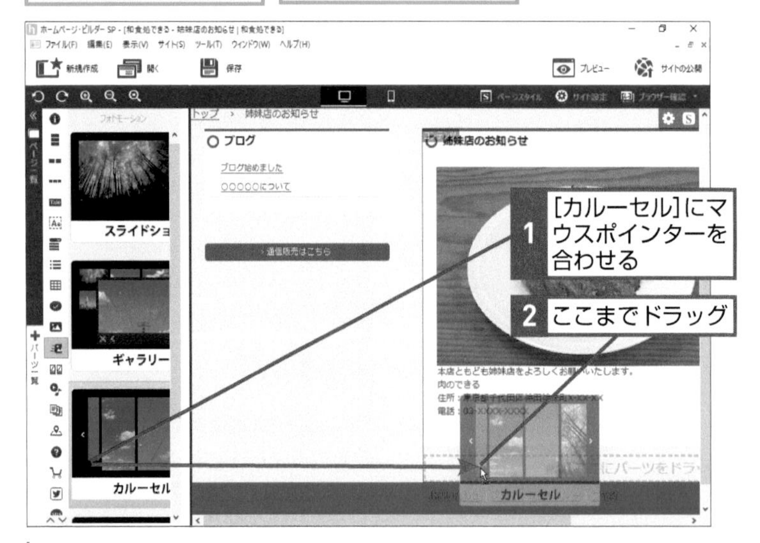

キーワード

パーツ	p.213
パーツ一覧ビュー	p.213
［パーツのプロパティ］ボタン	p.213
フォトモーション	p.214

HINT!

フォトモーションにはいくつかの種類がある

フォトモーションには「カルーセル」「ギャラリー」「ズーム」「スライドショー」の4つがあり、写真の見せ方や動きの特徴が違います。用途にあったフォトモーションを使いましょう。

種類	特徴
カルーセル	写真を横方向にスクロールさせながら表示します。商品カタログなど、たくさんの写真を少ないスペースで紹介するのに向いています
ギャラリー	写真のサムネールをクリックすると、クリックした写真が全体表示されます。アルバムのようにたくさんの写真をまとめて見せたいときに向いています
ズーム	マウスカーソルの位置を拡大して表示させます。商品の写真など、写真の全体と拡大した写真の両方を見せたいときに向いています
ショー	写真をいろいろな効果で切り替えて表示します。トップページの写真など比較的大きな写真でイメージを伝えたいときに向いています

3 [パーツのプロパティ] ダイアログボックスを表示する

フォトモーションが挿入された

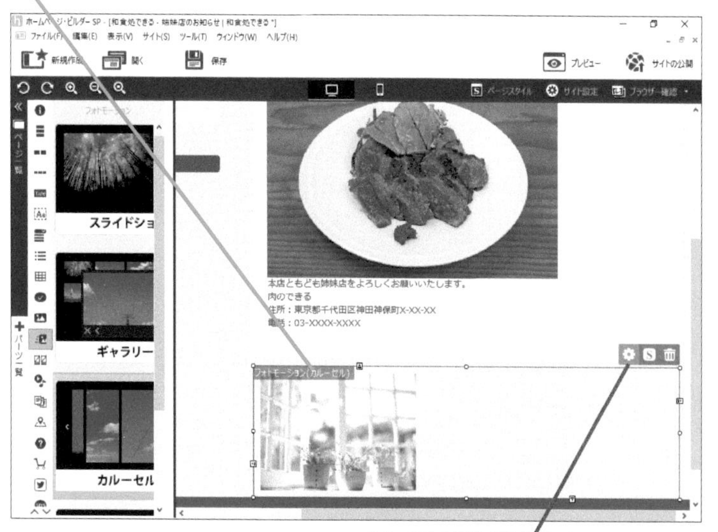

1 [パーツのプロパティ]をクリック

4 画像を追加する

[パーツのプロパティ] ダイアログボックスが表示された

1 [画像ファイルの選択]をクリック

HINT! フォトモーションを綺麗に見せるには

フォトモーションに追加する写真や画像の大きさが不ぞろいになっていると、サムネールやカルーセルなどに表示される画像のサイズもそろわなくなってしまい、せっかくのきれいな効果が台なしになってしまうことがあります。あらかじめ写真をトリミングしたり縮小したりして写真のサイズをそろえておけば、フォトモーションをきれいに見せることができるので覚えておきましょう。

間違った場合は？

手順2で［カルーセル］以外のフォトモーションを挿入してしまったときは［パーツの削除］ボタンをクリックして、フォトモーションを削除して、もう一度はじめからやり直します。

次のページに続く

5 画像の選択画面を表示する

ここではパソコンに保存してある画像を選択する

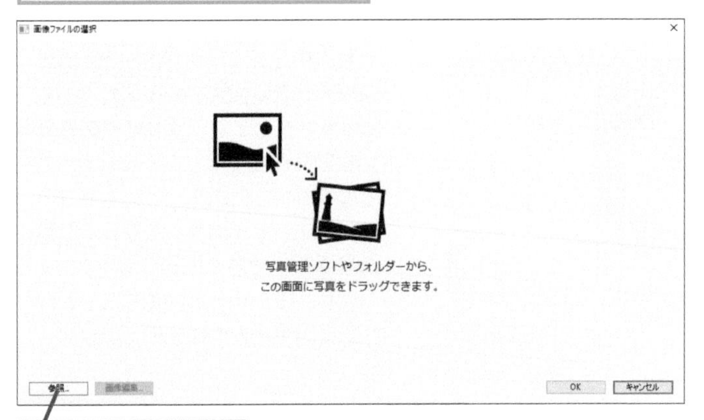

1 [参照]をクリック

6 画像を選択する

[画像を選ぶ] ダイアログボックスが表示された

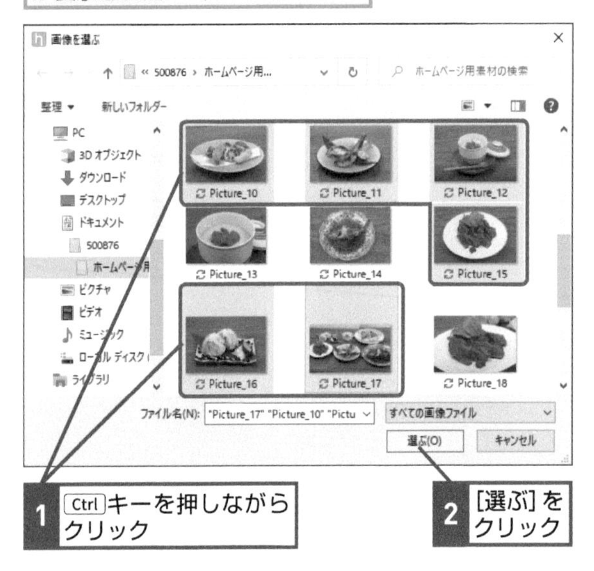

1 Ctrl キーを押しながらクリック

2 [選ぶ] をクリック

HINT! エクスプローラーから写真を追加できる

手順5の画面が表示されているときに、エクスプローラーから画像ファイルをドラッグすると、その画像がフォトモーションに追加されます。大量の画像を一度に追加したいときに便利な機能なので覚えておきましょう。

HINT! 複数の写真を選択するには

[ファイルを開く] ダイアログボックスで複数の写真を選択するには、Ctrl キーを押しながらファイルをクリックします。選択を解除したいときは、もう一度 Ctrl キーを押しながら選択を解除したいファイルをクリックします。

間違った場合は？

手順7で違う写真が表示されたときは、選択した写真が間違っています。[キャンセル] ボタンをクリックして、もう一度手順6からやり直します。

7 選択した画像を確認する

選択した写真が表示された

1 [OK]をクリック

8 画像が選択された

プレビューが表示された

1 [カスタマイズ]をクリック

HINT!

一度選択した画像を取り消すには

たくさんの写真をフォトモーションに追加した後で、追加した写真の一部を除外したくなる場合もあるでしょう。写真を除外するには、写真に表示されている［ゴミ箱］アイコンをクリックします。

手順3を参考に、［パーツのプロパティ］ダイアログボックスを表示しておく

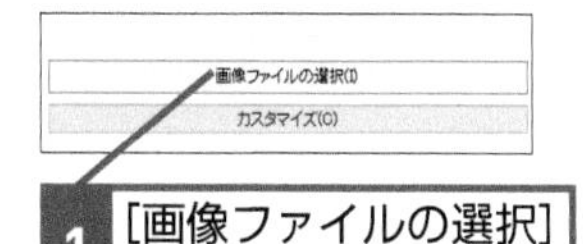

1 ［画像ファイルの選択］をクリック

2 削除する画像にマウスポインターを合わせる

3 ここをクリック

次のページに続く

9 スライドの速度を変更する

ここではスライドの速度を変更する

1 [詳細]をクリック

HINT!
「スライド」と「ティッカー」って何？

フォトモーションには種類ごとにどのように写真や画像を表示するのかといったスタイルを選ぶことができます。「カルーセル」では［スライド］と［ティッカー］のどちらかを選択できます。［スライド］は写真ごとにスクロールするモーションでマウスのクリックで表示をスクロールさせることができます。もう一方の［ティッカー］は写真が滑らかに自動的にスクロールする表示方法です。用途に応じて使い分けてみましょう。

10 スライドの速度を指定する

ここでは5秒おきに画像が切り替わるように設定する

1 「5000」と入力

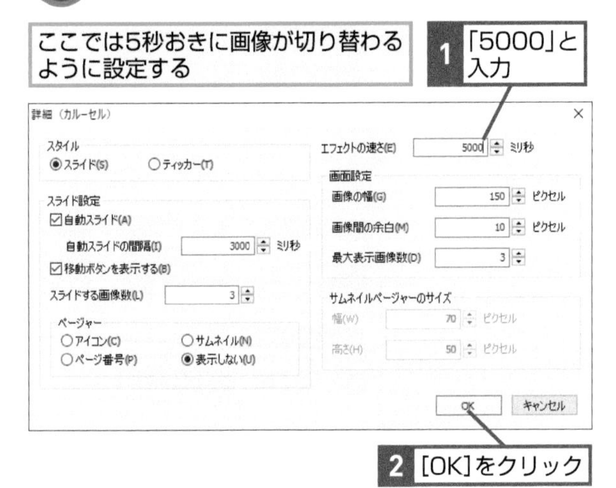

2 [OK]をクリック

HINT!
写真の表示方法を細かく設定できる

手順10の画面では写真の表示方法を細かく設定できます。「カルーセル」ではスライドやティッカーなどの表示スタイル、スライドする速度、画像のサイズなどを設定することができます。また、［画面設定］ではカルーセルに表示される1枚当たりの写真の幅を設定します。カルーセルでは、画像の幅と画像間の余白を加えて最大表示画像数を掛けた値が全体のサイズになります。ブラウザーでフォトモーションを表示したときに、全体の大きさが大きすぎたり小さすぎたりしないように適切な値を設定しましょう。

間違った場合は？

手順10でエフェクトの速さの入力を間違えてしまうと、意図した通りに画像が動きません。正しい値を入力し直します。

⑪ スライドの速度が変更された

スライドの速度が変わった

1 [OK]をクリック

⑫ [パーツのプロパティ] ダイアログボックスを閉じる

フォトモーションの設定を完了する

1 [閉じる]をクリック

フォトモーションが挿入される

レッスン⓱を参考に、保存しておく

HINT! 必ずブラウザーで確認する

フォトモーションはページ編集画面では表示されません。必ずブラウザーを使って、実際にどのようなサイズや効果で表示されるのかを確認しておきましょう。

編集画面では動作を確認できない

Point フォトモーションでホームページの表現力をアップさせよう

フォトモーションの機能を使うと、写真にさまざまな効果を付けて見せることができます。例えば、たくさんの写真を一度に見せたいとしましょう。このようなときに、ページに写真をたくさん挿入するよりも、このレッスンで紹介したようにカルーセルのスタイルで表示した方が見た目にも美しくかつ訴求力のあるページにすることができます。また、スライドショーのスタイルをトップページで使えば、会社や店舗のイメージを効果的に伝えることができるようになります。フォトモーションをうまく使って表現力の高い美しいページを作ってみましょう。

レッスン
49 動画を挿入するには

YouTube

ページには、動画を挿入して再生できるように設定できます。ここではYouTubeにアップロード済みの動画を挿入する方法を解説します。

埋め込みコードを取得する

1 アップロードした動画のページを表示する

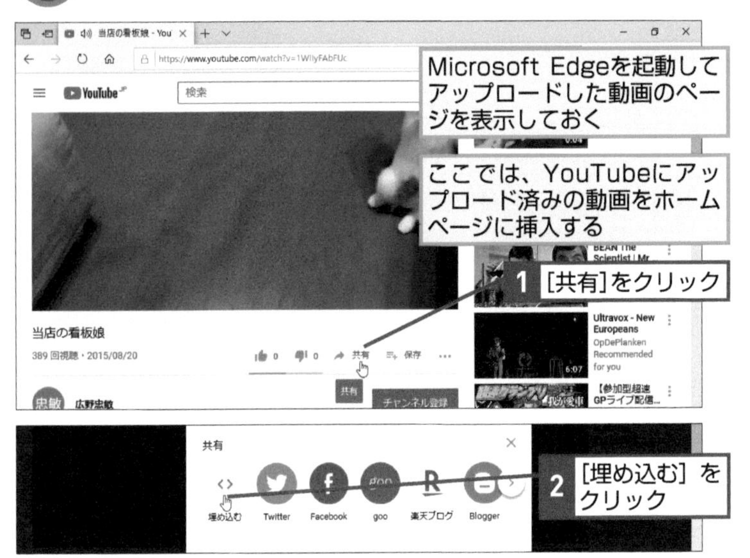

2 埋め込みコードをコピーする

動画の共有情報が表示された

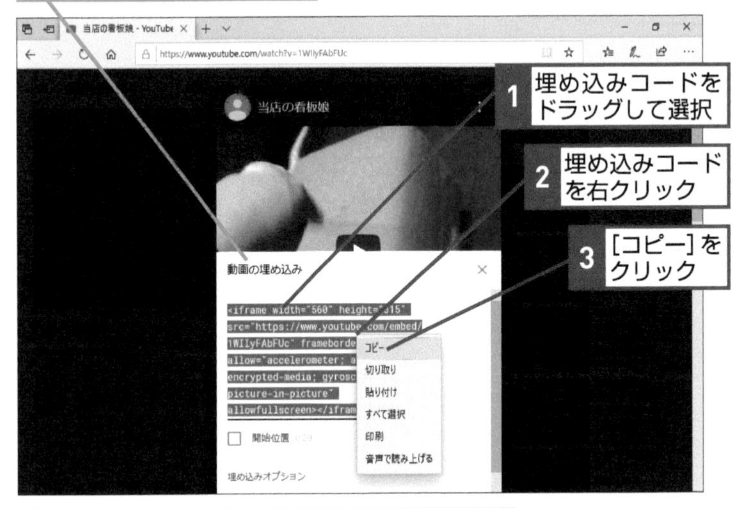

埋め込みコードがクリップボードにコピーされる

キーワード

HTML	p.208
パーツ	p.213
パーツ一覧ビュー	p.213
[パーツのプロパティ] ボタン	p.213

HINT!

YouTubeにアップロードされた動画を利用する

ホームページで動画を再生するには、YouTubeを利用する方法が最も簡単です。YouTubeは動画共有サービスで、自分で撮影した動画を簡単にインターネットに公開できます。自分のページで動画を再生するには、YouTubeに動画をアップロードしてから、「埋め込みコード」と呼ばれる動画再生用のHTMLを自分のページに挿入します。

HINT!

Googleアカウントを取得しておく

YouTubeでチャンネル登録や動画の投稿を実行するにはGoogleアカウントが必要です。Googleアカウントを持っていないときは、Googleアカウントを取得します。

▼Googleアカウントの作成
https://accounts.google.com/Signup

間違った場合は？

埋め込みコードのコピーを失敗した場合は、もう一度手順2の操作をやり直します。

YouTubeの動画を挿入する

1 パーツ一覧ビューから動画を選択する

レッスン㉞を参考に、[当店の看板娘]というページを追加しておく

レッスン⑳を参考に、パーツ一覧ビューを表示しておく

1 ここにマウスポインターを合わせる

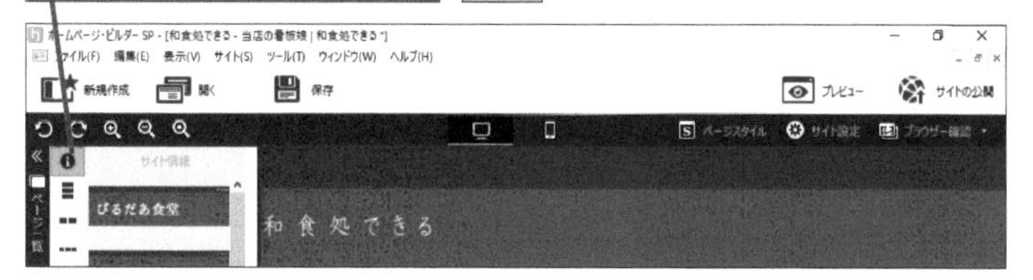

2 [HTMLソース]をクリック

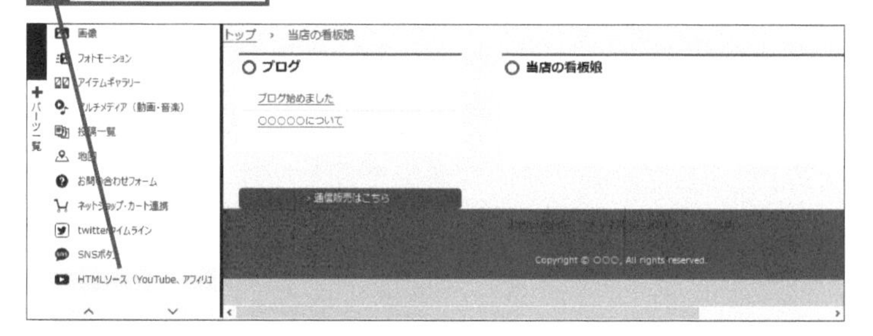

2 サービスを選択する

HTMLソースの一覧が表示された

1 ここにマウスポインターを合わせる

2 ここまでドラッグ

HINT!

「アフィリエイト」って何？

アフィリエイトとは、自分のサイトに広告を掲載して、その広告経由で商品が販売された時に報酬を受け取ることができるサービスのことです。[アフィリエイト] パーツを使うとアフィリエイトプロバイダーが提供している広告を表示するためのHTMLを埋め込むことができるようになっています。代表的なアフィリエイトサービスには「Google AdSense」や「Amazonアソシエイト」などがあります。

▼Google AdSense
https://www.google.co.jp/adsense/start/

▼Amazonアソシエイト
https://affiliate.amazon.co.jp/

HINT!

HTMLソースを挿入できる

[HTMLソース] パーツを使うと、ページにHTMLソースを埋め込むことができます。インターネットではアクセスカウンターや時計、アクセス解析、カレンダーなどさまざまなパーツがHTMLソースで提供されています。そうしたパーツをページに埋め込みたいときに、[HTMLソース] パーツを利用しましょう。

次のページに続く

3 ［パーツのプロパティ］ダイアログボックスを表示する

YouTubeのパーツが挿入された

1 ［パーツのプロパティ］をクリック

4 埋め込みコードを貼り付ける

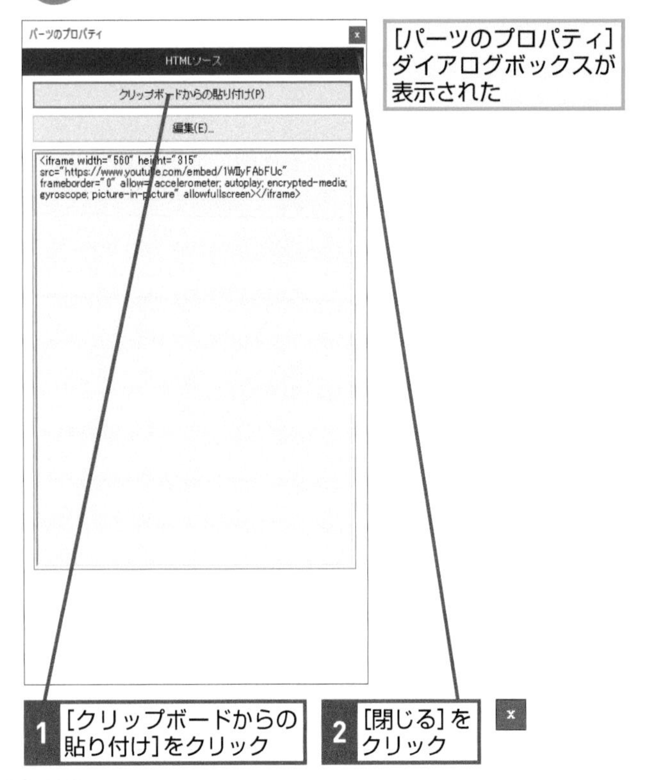

［パーツのプロパティ］ダイアログボックスが表示された

1 ［クリップボードからの貼り付け］をクリック

2 ［閉じる］をクリック

HINT! YouTubeの動画はプレビューで確認する

ページに埋め込んだYouTubeの動画は、編集領域では再生できません。ページに動画を埋め込んだときは、必ずプレビューまたはブラウザーで動画が正しく再生できるかを確認しましょう。

HINT! 動画も著作権や肖像権に配慮する

動画をホームページに掲載するときは著作権や肖像権に気を付けましょう。たとえ自分が撮影したものでも、タレントや他人を撮影した動画は肖像権を侵害することになるため、ホームページで公開することはできません。また、録画されたテレビ番組をインターネットで配信することは法律で禁止されています。こうしたコンテンツをページに埋め込むのは絶対にやめましょう。

間違った場合は？

手順4で違う［パーツのプロパティ］ダイアログボックスが表示されたときは、［閉じる］ボタンをクリックしてダイアログボックスを閉じて、もう一度手順3からやり直します。

5 YouTubeの動画のプレビューを確認する

YouTubeの動画を挿入できた

編集画面では動画は表示されない

1 [プレビュー]をクリック

6 YouTubeの動画のプレビューを表示できた

プレビューが表示された

1 ここを下にドラッグしてスクロール

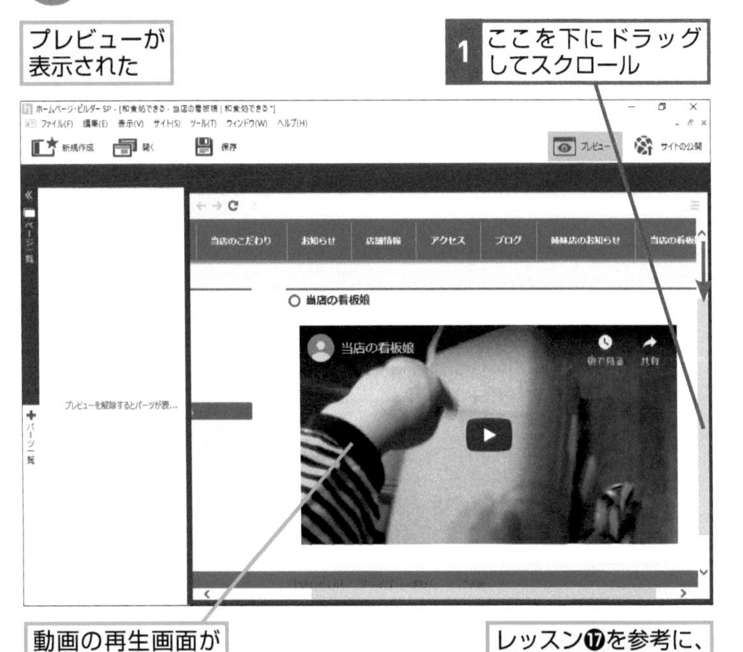

動画の再生画面が表示された

レッスン⑰を参考に、保存しておく

HINT! 再生画面を操作するには

ページに埋め込まれた再生画面は、実際に操作して確認しておきましょう。再生を開始するボタンや再生位置を変更するスライダー、ボリュームボタンを操作して、動画が正しく再生されているか、音はきちんと出ているのかなどを確認できます。

◆再生/一時停止

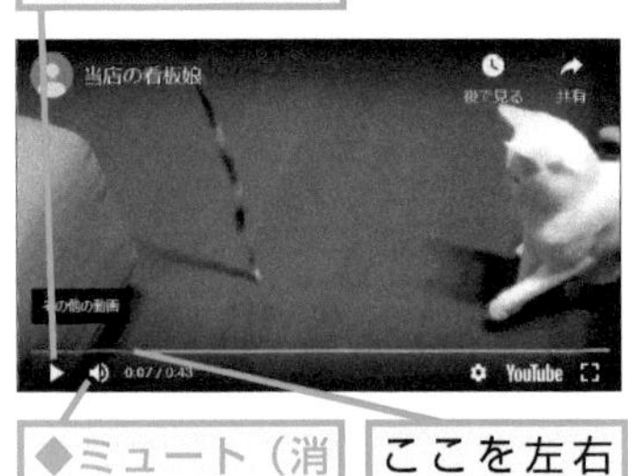

◆ミュート（消音）/ミュート解除

ここを左右にドラッグして再生位置を変更できる

Point 動画を効果的に使ってみよう

デジタルビデオカメラやデジタルカメラ、スマートフォンで撮影した動画は簡単にインターネットにアップロードして公開できます。そうした動画をページで使えば、コンテンツをさらに魅力的なものにすることもできます。例えば、商品のページには商品の写真だけではなく、実際に商品を使っている動画を掲載して商品をアピールします。店舗情報のページなどでは、社員のインタビューを掲載して業種や職種をアピールしてみましょう。

レッスン
50 地図を挿入するには

HTMLソース

ホームページに会社やお店の地図が表示してあると便利です。ここでは、[アクセス]のページにGoogleマップを使った地図を挿入してみましょう。

埋め込みコードを取得する

1 Googleマップで地図を表示する

Googleマップを開いて、挿入したい地図の住所を検索しておく

▼Googleマップ
https://www.google.co.jp/maps/

2 共有方法を選択する

ここでは地図を埋め込む

キーワード

パーツ	p.213
パーツ一覧ビュー	p.213
[パーツのプロパティ]ボタン	p.213

HINT!

大きさを指定して地図のサイズを設定するには

ページに挿入する地図は、任意のサイズに設定できます。手順3の画面で[カスタムサイズ]をクリックし、縦と横のサイズを数値で指定します。[実サイズでプレビュー]をクリックすると、指定したサイズを画面で確認できます。

手順3の画面を表示しておく

サイズを入力できる

ホームページ・ビルダーの便利な機能を使おう 第9章

3 地図のHTMLをコピーする

ここでは地図を小さく表示する

1 ここをクリックして[小]を選択

2 [HTMLをコピー]をクリック

4 地図のパーツを削除する

ここでは[アクセス]のページに地図を挿入する

[アクセス]のページに最初から配置されている地図を削除する

1 [Googleマップ]をクリック

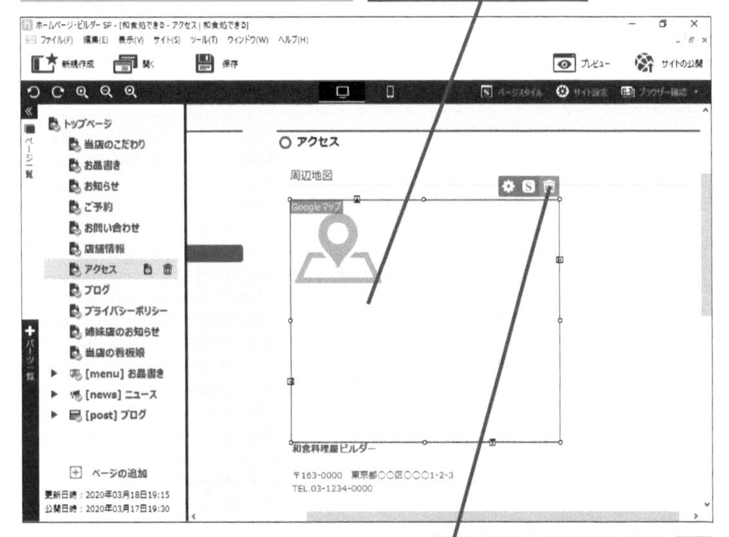

2 [パーツの削除]をクリック

HINT! どうして最初にあったGoogleマップのパーツを削除するの？

手順4では［アクセス］のページにあった地図をいったん削除します。テンプレートで利用しているGoogleマップの［地図］パーツを利用するには、「APIキー」という特定のユーザーがソフトウェアやWebサービスの機能を利用できる「鍵」のようなものが必要になります。Googleマップの地図を表示するには、Googleが提供する「Google Maps Platform」というサービスでAPIキーを取得するための設定やクレジットカード情報などの登録が必要になります。Googleマップを挿入するホームページの登録のほか、かなり専門的な知識が必要になるため、APIキーの利用はおすすめできません。レッスン㊾で操作したように、HTMLソースを利用して、Googleマップの地図をページに挿入する方が簡単で確実です。なお、GoogleマップのAPIキーの設定はGoogleが規定しており、ホームページ・ビルダーのテンプレートに依存するものではありません。

間違った場合は？

手順4で「このページではGoogleマップが正しく読み込まれませんでした。」というメッセージと地図が表示されたときは、画面がプレビューモードになっており、地図の削除ができません。画面右上の［プレビュー］ボタンをクリックしてページ編集モードに切り替えてください。

次のページに続く

5 パーツ一覧ビューからHTMLソースを選択する

レッスン⑳を参考に、パーツ一覧ビューを表示しておく

1 ここにマウスポインターを合わせる

2 [HTMLソース]をクリック

6 挿入するパーツを選択する

HTMLソースの一覧が表示された

1 [htmlソース]にマウスポインターを合わせる

2 ここまでドラッグ

HINT! HTMLを自由に挿入できる

手順6で選択した[htmlソース]のパーツを利用すれば、レッスン㊾で紹介したYouTubeの動画のほか、来訪者の人数をカウントするアクセスカウンターや特定のURLを指定したバナー、カレンダー、HTMLで記述されるアニメーション画像などをページに挿入できます。ただし、HTMLソースの出力方法はWebサービスやアプリケーションソフトによって異なるので、取得方法などをあらかじめ確認する必要があります。

HINT! 地図を修正するには

Googleマップの地図に表示された位置情報や施設情報が間違っていたときは、もう一度Googleマップで目的の住所を表示して地図の埋め込みを実行する必要があります。ホームページ・ビルダーでは地図情報の修正や変更ができないため、再度手順1から操作をやり直してください。Googleマップで画面右下の[+]をクリックし、マウスの左ボタンを押しながらドラッグして目的地の正確な場所を確認しましょう。

間違った場合は？

手順7で、[パーツのスタイル]ボタンをクリックしてしまったときは、[HTMLソースのスタイル]ダイアログボックスの[キャンセル]ボタンをクリックします。ゴミ箱のアイコンで表示されている[パーツの削除]ボタンをクリックしてください。

7 埋め込みコードを貼り付ける

[htmlソース]のパーツが挿入された

1 [パーツのプロパティ]をクリック

2 [クリップボードからの貼り付け]をクリック

3 [閉じる]をクリック

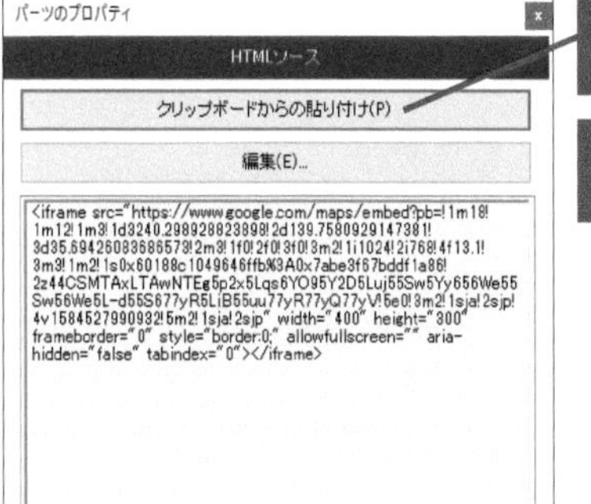

```
<iframe src="https://www.google.com/maps/embed?pb=!1m18!1m12!1m3!1d3240.298928823899!2d139.7580929147381!3d35.694260836865 73!2m3!1f0!2f0!3f0!3m2!1i1024!2i768!4f13.1!3m3!1m2!1s0x60188c1049646ffb%3A0x7abe3f67bddf1a86!2z44CSMTAxLTAwNTEg5p2x5Lqs6YO95Y2D5Luj55Sw5Yy656We55Sw56We5L-d55S677yR5LiB55uu77yR77yQ77yV!5e0!3m2!1sja!2sjp!4v1584527990932!5m2!1sja!2sjp" width="400" height="300" frameborder="0" style="border:0;" allowfullscreen="" aria-hidden="false" tabindex="0"></iframe>
```

Googleマップの地図が挿入される

[アクセス]のページに最初から配置されている不要なパーツを削除して、住所などを修正しておく

レッスン⓱を参考に、保存しておく

レッスン㊲を参考に、転送しておく

HINT!

挿入した地図はプレビューで確認しておく

手順7でGoogleマップの埋め込みコードを貼り付けても、編集画面では灰色に表示されるだけで、地図は表示されません。[プレビュー]ボタンをクリックして地図を確認しましょう。インターネットに接続されていない場合も地図は表示されません。

1 [プレビュー]をクリック

挿入した地図が表示された

Point

地図でホームページの価値が高まる

会社やお店のホームページに地図があれば、ホームページを見た人が会社やお店に訪問しやすくなり便利です。地図といっても自分で描く必要はありません。Googleマップを挿入しておけば、ホームページを見た人がブラウザーで拡大地図を表示してエリアの詳細情報を確認したり、目的地までの経路を簡単に調べたりすることができます。お店やレストランのほか、観光スポットなどを紹介するときも、地図を添えることでホームページの価値がより高まります。

この章のまとめ

●いろいろな機能を使ってホームページを充実させよう

ホームページ・ビルダーにはさまざまな機能があります。ホームページを作成するときは、これらの便利な機能を活用してみましょう。アイテムギャラリーを使えば、写真をきれいにページに配置できるだけではなく、ページ内で写真の管理がしやすくなり、ページを更新するのも簡単になります。また、動画やフォトモーションをページで利用すれば、動きのある楽しいページにすることもできます。ホームページは、ページに掲載されている情報ももちろん重要ですが、ひと目見たときにそのページが魅力的に思えるかを考えて作ることも大切です。ホームページ・ビルダーの豊富な機能を使って、ホームページを見てくれる人がほかの人にオススメできるような魅力的なコンテンツを作りましょう。

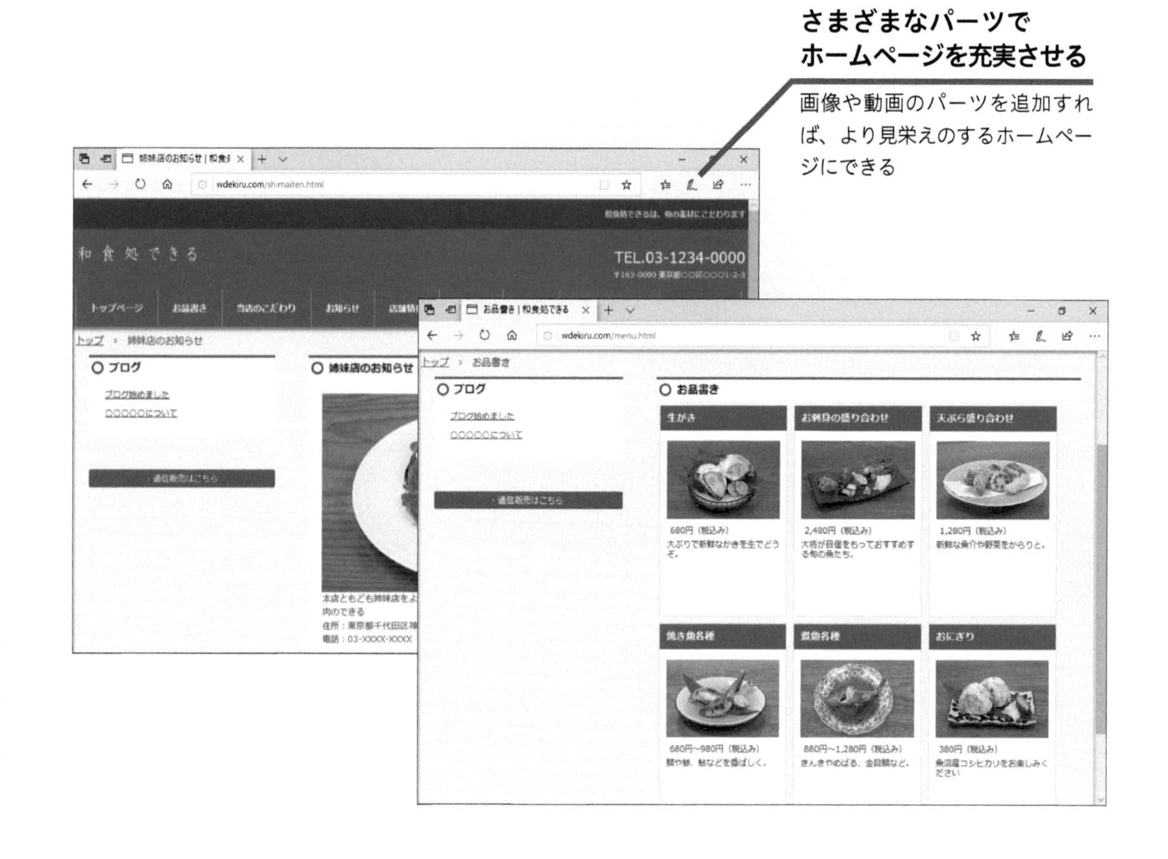

さまざまなパーツでホームページを充実させる

画像や動画のパーツを追加すれば、より見栄えのするホームページにできる

第10章 ホームページを広めよう

この章では、ホームページ・ビルダーとFacebookやTwitterなどのSNSと連携する方法を紹介します。さらに、記事を使ってホームページを更新する作業について説明します。いつも最新の情報を掲載し、見てくれる人が飽きないようなホームページにしましょう。

●この章の内容

レッスン

51 ソーシャルネットワークと連携するには

SNSボタン

SNSボタンを使うと、SNSでページを共有できるようになります。固定ページや記事のページに表示されるSNSボタンを設定しましょう。

ソーシャルネットワークとの連携

ソーシャルネットワーキングサービス（SNS）は、いわばインターネットの口コミ情報だということができます。ホームページがソーシャルネットワークに紹介されると、その内容を見た人がホームページを訪れてくれることもあります。自分で作ったホームページには、ソーシャルネットワークに紹介するボタンなどを設置し、ソーシャルネットワークに紹介しやすいようにしておきましょう。

キーワード

SNSボタン	p.209
パーツ	p.213
パーツ一覧ビュー	p.213
［パーツのプロパティ］ボタン	p.213

HINT!

どんなSNSがあるの？

インターネットにはさまざまなSNSがあります。代表的なものには、Facebook、Twitter、LINEなどがあります。Facebookは比較的ユーザーの年齢層が高めなのが特徴で、ビジネスで使う人も増えています。Twitterは、気軽なコミュニケーションができるのが特徴です。また、LINEはスマートフォン向けのSNSで、中高生に人気があります。この3つのサービスが日本国内ではSNSの三大巨頭といえます。

SNSボタンを挿入する

1 パーツの一覧を表示する

ここではトップページの文章中にSNSボタンを挿入する

レッスン⑳を参考に、パーツ一覧ビューを表示しておく

1 ここにマウスポインターを合わせる

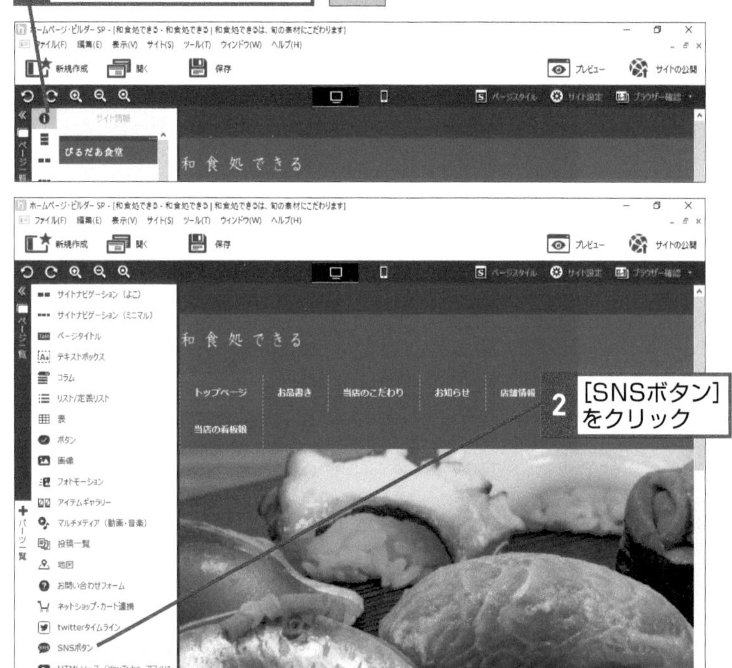

2 [SNSボタン]をクリック

2 SNSボタンのデザインを選択する

SNSボタンの一覧が表示された

1 ここにマウスポインターを合わせる

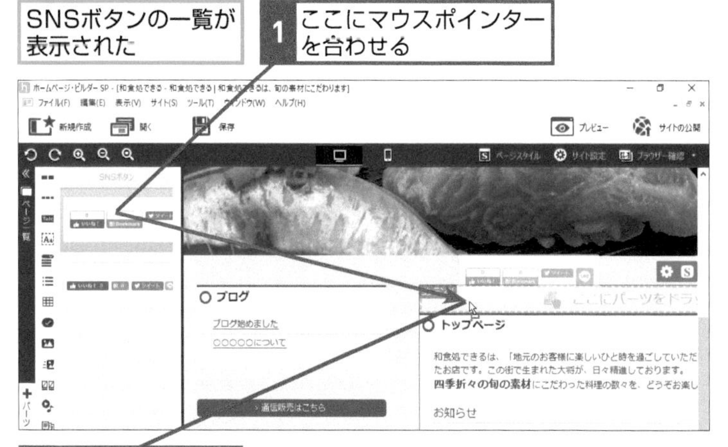

2 ここまでドラッグ

HINT!

「SNSボタン」って何？

SNSボタンはFacebookやTwitterなどのSNSにページを共有するためのボタンです。SNSボタンの動作はSNSによって異なりますが、たいていの場合ページを見た人がSNSのボタンをクリックすると、その人が参加しているSNSに、現在表示されているページの情報が投稿されるようになっています。

HINT!

SNSボタンのデザインはどれを選択すればいいの？

SNSボタンにはカウント数がボタンの縦に配置されているものと、カウント数がボタンの横に配置されているものの2種類が用意されています。ページの内容やページの大きさに合わせて選択しましょう。なお、ボタンの種類や形式は［パーツのプロパティ］ダイアログボックスで変更できます。

間違った場合は？

手順1で［SNSボタン］以外のパーツをクリックしてしまったときは、もう一度［SNSボタン］をクリックし直します。

次のページに続く

SNSボタンを設定する

1 [パーツのプロパティ] ダイアログボックスを表示する

挿入したSNSボタンをサービスごとに設定する

1 [パーツのプロパティ] をクリック

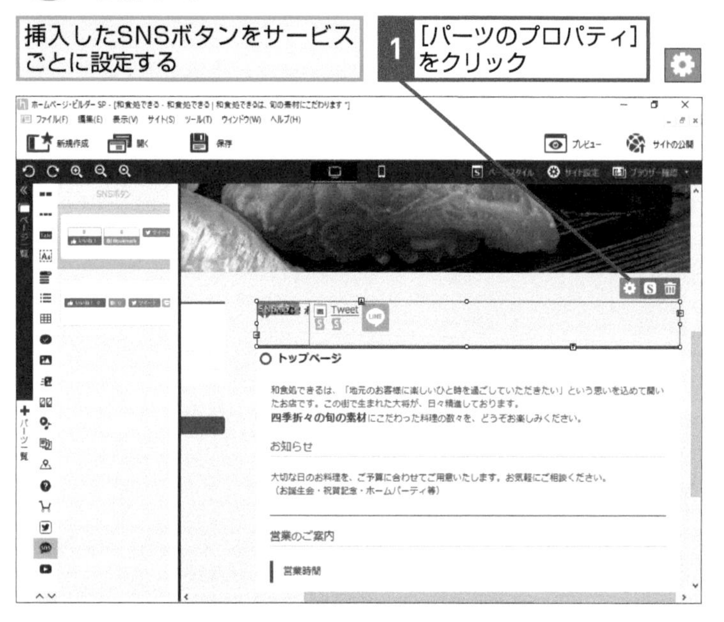

2 FacebookのSNSボタンを設定する

[パーツのプロパティ] ダイアログボックスが表示された

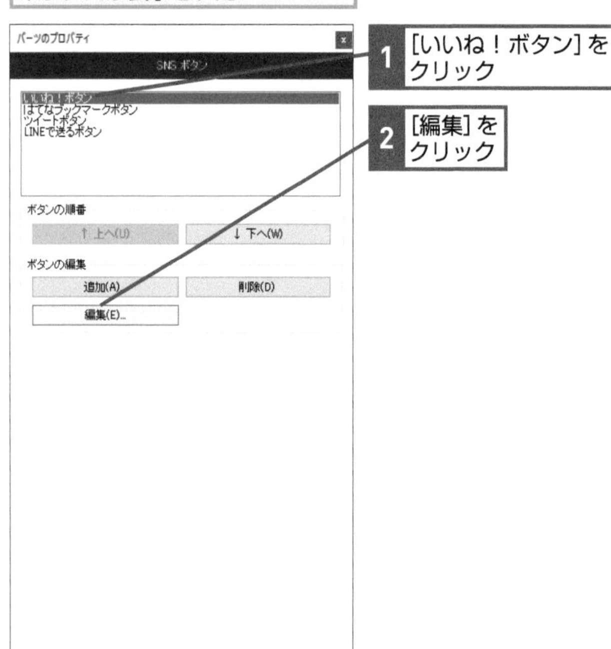

1 [いいね！ボタン] をクリック

2 [編集] をクリック

HINT!

どのボタンがどのSNSに対応しているの？

SNSボタンのパーツを使うと、次のようなボタンをページに挿入することができます。

●SNSボタンの名称と内容

ボタンの名称	内容
ツイートボタン	Twitter でツイートするためのボタン
いいね！ボタン	Facebook でページをシェアするためのボタン
はてなブックマークボタン	はてなブックマークへ追加するためのボタン
LINE で送るボタン	ページの情報を他の LINE 利用者に送るためのボタン

間違った場合は？

手順2で間違って違うSNSボタンを選択してしまったときは、表示された画面で [キャンセル] ボタンをクリックして、手順2からやり直しましょう。

3 いいね！ボタンを設定する

[いいね！ボタン] ダイアログボックスが表示された

ここではボタンの表示方法を設定する

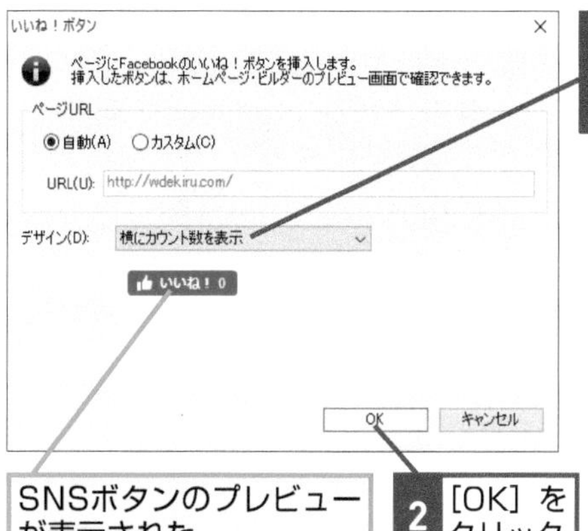

1 ここをクリックして[横にカウント数を表示]を選択

SNSボタンのプレビューが表示された

2 [OK] をクリック

4 TwitterのSNSボタンを設定する

ここではTwitterの [ツイートボタン] を設定する

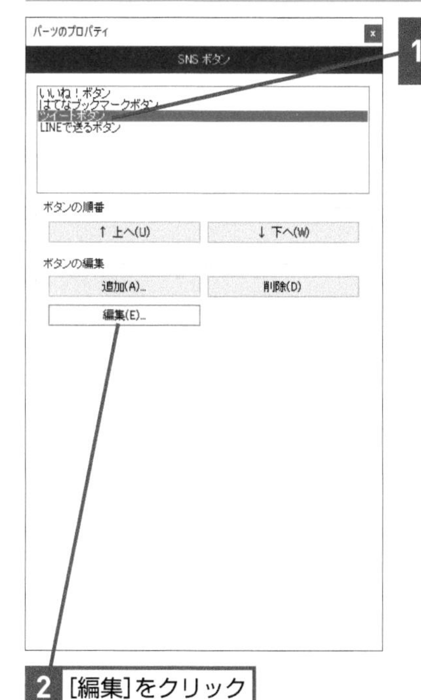

1 [ツイートボタン] をクリック

2 [編集]をクリック

HINT! LINEのSNSボタンを設定するには

[LINEで送るボタン] をスマートフォンでページを閲覧している人がクリックすると、LINEアプリが起動して、閲覧者の友人などにページのURLなどの情報を送ることができます。[LINEで送るボタン] は、ボタンのデザインを選ぶことができるほか、ページのURLとLINEで送るメッセージを設定することができるようになっています。

HINT! はてなブックマークのボタンを設定するには

ページを閲覧している人が、[はてなブックマークボタン] をクリックすると、そのページの情報がはてなブックマークに登録されます。[はてなブックマークボタン] を設定するには [パーツのプロパティ] ダイアログボックスで [はてなブックマークボタン] を選択してから [編集] ボタンをクリックします。

次のページに続く

5 ツイートボタンを設定する

[ツイートボタン] ダイアログボックスが表示された

ここではボタンの表示方法を設定する

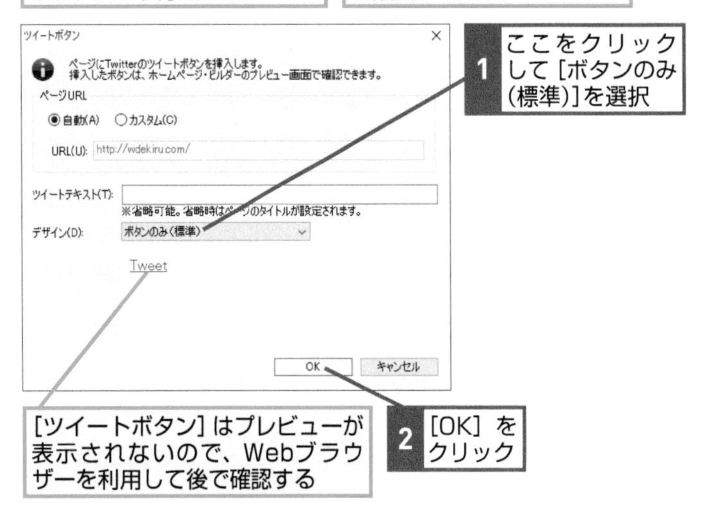

[ツイートボタン] はプレビューが表示されないので、Webブラウザーを利用して後で確認する

2 [OK] をクリック

6 使用しないSNSボタンを削除する

ここでははてなのSNSボタンを削除する

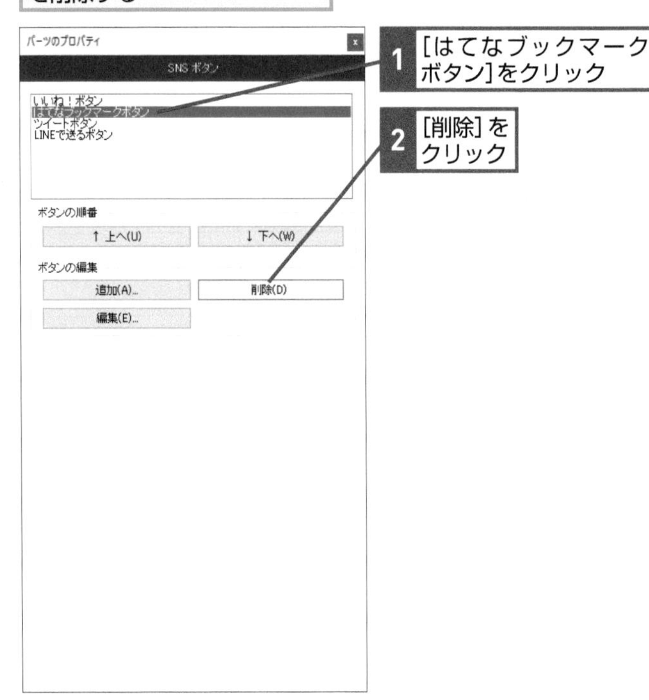

HINT!

後からSNSボタンを追加するには

SNSボタンは後から追加できます。SNSボタンを追加するには、[パーツのプロパティ] の [追加] ボタンをクリックして、追加したいSNSボタンを選択します。

1 [追加]をクリック

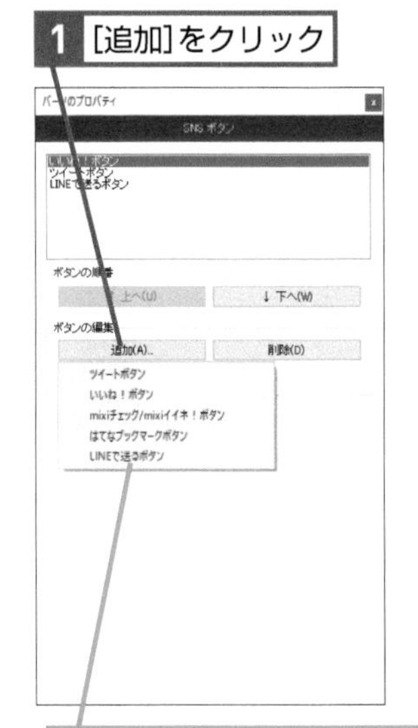

追加したいSNSボタンの名前をクリックする

間違った場合は？

手順5で [ボタンのみ] 以外を選んでしまったときは、もう一度 [ボタンのみ] を選択し直します。

ホームページを広めよう 第10章

7 SNSボタンの表示を確認する

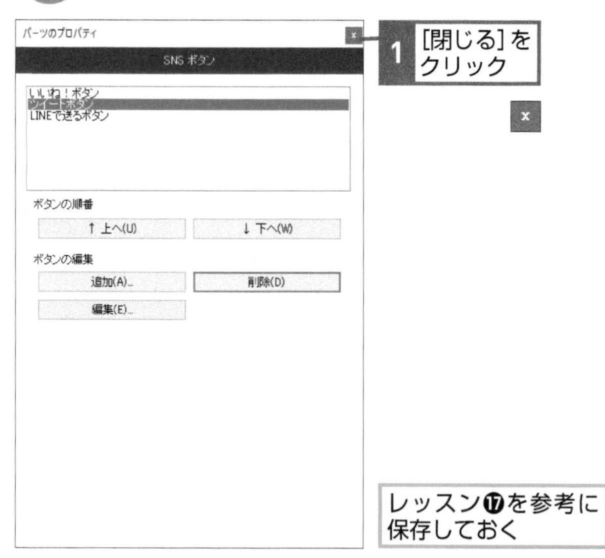

1 [閉じる]をクリック

レッスン⓱を参考に保存しておく

8 SNSボタンの表示を確認する

[プレビュー]をクリックしても[ツイートボタン]のプレビューが確認できない

1 [ブラウザー確認]をクリック

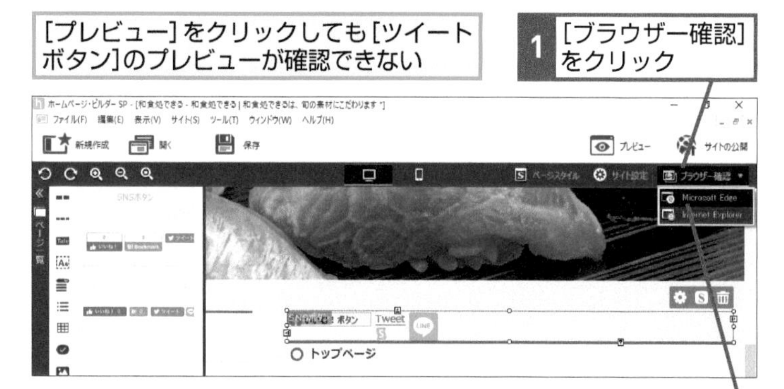

2 [Microsoft Edge]をクリック

Microsoft Edgeが起動した

[ツイートボタン]の表示が確認できた

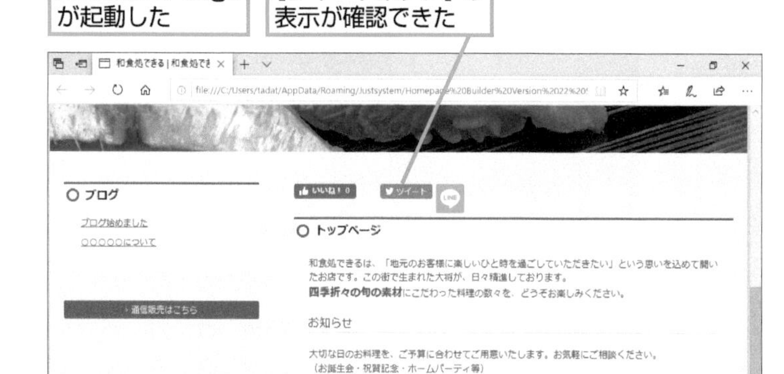

HINT! SNSボタンをクリックするとどうなるの？

手順8でWebブラウザー上に表示されたSNSボタンをクリックすると、各SNSサービスへのログインが実行されます。[いいね！ボタン]をクリックすると、Facebookにログインするための画面が表示されます。[ツイートボタン] をクリックしたときは、コメントの投稿画面が表示されます。FacebookとTwitterのいずれも、ユーザー登録をしないとログインしてサービスを利用できません。Facebookの場合、ログイン画面で[新しいアカウントを作成] をクリックしてアカウントの作成と登録が可能です。同様にTwitterでは、コメントの投稿画面で [アカウント作成] をクリックするとアカウントの登録が可能になります。

[ツイートボタン] をクリックすると、コメントの投稿画面が表示される

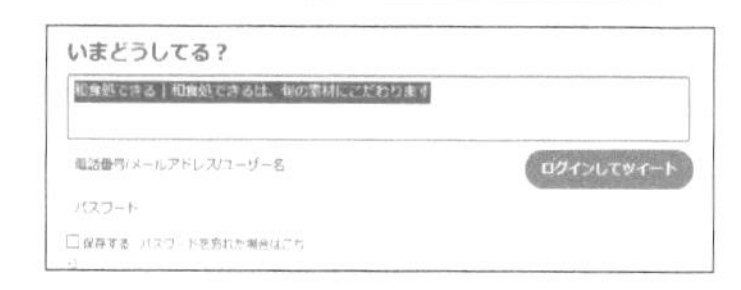

Point SNSボタンを設定して訪問者を増やそう

FacebookやTwitterなど、SNSに代表されるインターネットの「口コミ」情報は、いまやインターネットから得られる情報としてはなくてはならないものとなっています。SNSに影響力を持っている人がページを共有すると、そのページへのアクセスが爆発的に増えます。ただし、ページにSNSボタンを設置したからといって、必ずしも訪問者が増えるわけではありません。SNSボタンを設定してSNSと連携させるだけではなく、共有したくなるような魅力的なコンテンツを作ることが最も重要です。

レッスン 52

Twitterのアカウントを作成するには

アカウント作成

Twitterは、最新の情報を手軽に発信したり、チェックしたりするのに最適なSNSです。アカウントを登録してTwitterの利用を始める方法を紹介します。

1 アカウントの作成を開始する

Twitterのアカウントをすでに取得している場合は、レッスン㊾に進む

Microsoft EdgeでTwitterのトップページを表示しておく

▼Twitterのトップページ
https://twitter.com/

2 名前と電話番号を入力する

ここでは電話番号で登録する

1 名前を入力

2 電話番号を入力

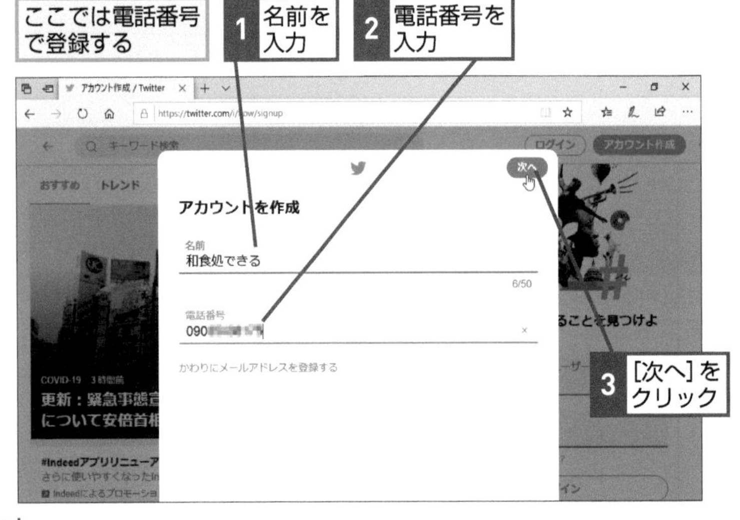

キーワード

SNSボタン	p.209
タイムライン	p.212

HINT! すでにTwitterのアカウントを持っているときは

取得済みのアカウントを利用するときは、手順1でユーザ－名とパスワードを入力して［ログイン］をクリックします。ただし、個人で利用しているTwitterのアカウントと業務で利用するTwitterのアカウントを分けた方が運用上混乱がなく、コメントを投稿するときも書き分けがしやすくなります。

HINT! メールアドレスで登録してもいい

手順2では、［電話番号］にスマートフォンの電話番号を入力しています。電話番号を登録すると、電話番号とパスワードを入力してログインを実行できます。メールアドレスで登録を実行するには、手順2で［かわりにメールアドレスを登録する］をクリックします。［電話番号］のボックスが［メール］に変わるので、普段利用しているメールアドレスを入力しましょう。

間違った場合は？

手順4で電話番号が間違っていたことに気付いたときは、画面左上の←をクリックして手順2の画面を表示します。自分が利用しているスマートフォンの電話番号を正しく入力し直してください。

3 利用環境を設定する

閲覧履歴の追跡を許可したくないときは、チェックマークをクリックしてチェックマークをはずす

ここでは閲覧履歴の追跡を許可する

1 [次へ]をクリック

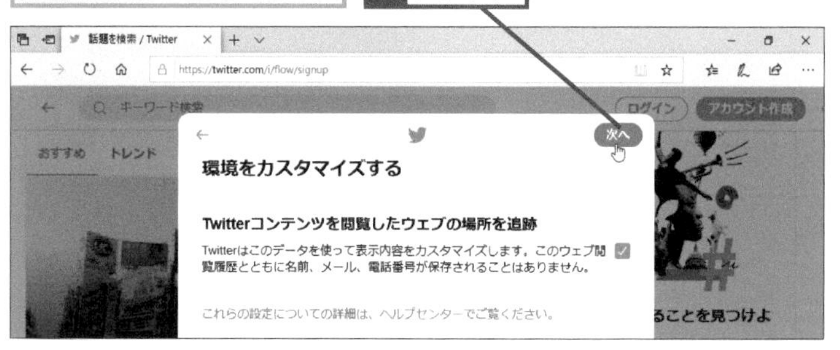

4 アカウントを作成する

手順2で入力した名前と電話番号が表示された

1 [登録する]をクリック

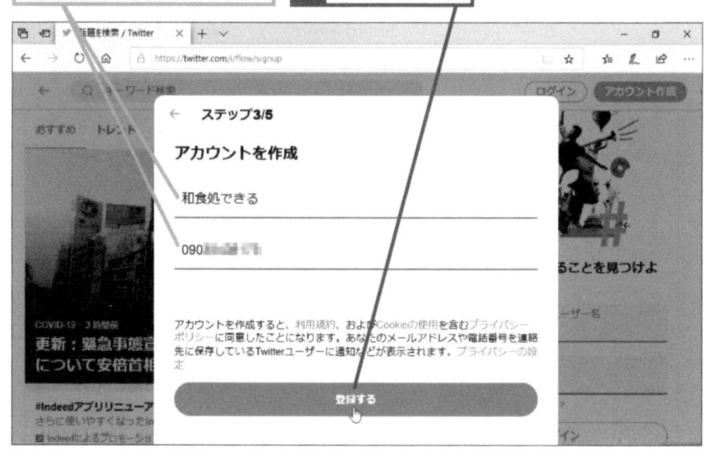

2 [OK]をクリック

入力した電話番号に認証コードが記載されたSMSが送信される

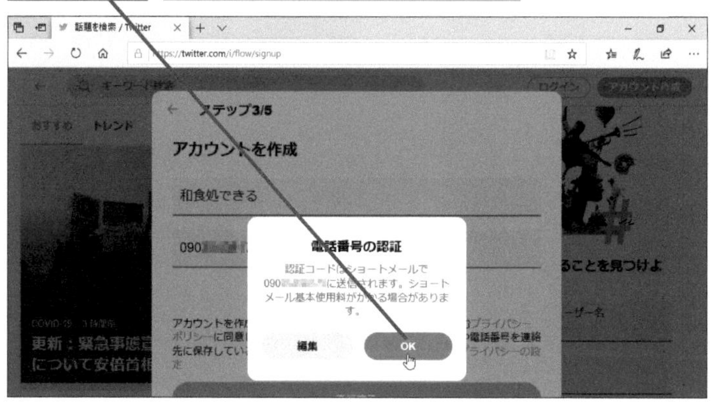

HINT! 「閲覧したウェブの場所を追跡」って何？

手順3で表示される「Twitterコンテンツを閲覧したウェブの場所を追跡」とは、自分が閲覧したホームページやブログなどによって、Twitterに表示される広告やほかの人が投稿したツイートが自動でカスタマイズされる機能です。ホームページやブログなどにTwitterの埋め込みタイムラインが組み込まれていて、そのページに多数アクセスしたとき、関連のある広告や関連するツイートが表示されるようになります。例えば、料理や調理器具、自動車などのWebページを多く閲覧すると、調理器具に関する広告や自動車についてよく投稿しているおすすめのユーザーがTwitterに表示されます。利用者の個人情報、およびTwitterのユーザー名とサイトの閲覧履歴が関連付けされることはありませんが、よく分からないという場合はチェックマークをはずして閲覧履歴の追跡機能をオフにしても構いません。

HINT! スマートフォンの電話番号を登録する

SMS（ショートメッセージサービス）は自宅やオフィスなどの固定電話には送信できません。手順4で電話番号を入力するときは、SMSを受信できるスマートフォンの電話番号を指定します。

次のページに続く

5 認証コードを入力する

ショートメールで認証コードを確認しておく

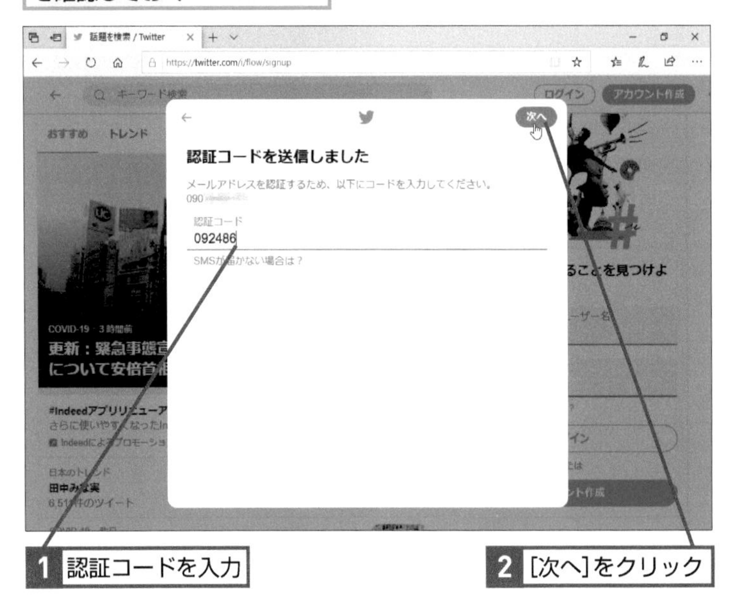

6 パスワードを設定する

Twitterにログインするためのパスワードを設定する

HINT!

認証コードはどこで確認できるの？

スマートフォンの種類や設定によっても異なりますが、SMSはロック中の画面やホーム画面に通知画面が表示されるほか、［メッセージ］アプリで内容を確認できます。スマートフォンの［メッセージ］アプリに届くTwitter認証コードの数字を確認して、手順5の画面に認証コードの数字を入力しましょう。

認証コードに関するSMSの受信通知がロック画面などに表示される場合がある

HINT!

認証コードが届かないときは

手順4で［OK］をクリックしてもSMSが届かないときや、SMSが届いているかどうか分からなくなってしまったときは、手順5で［SMSが届かない場合は？］をクリックします。再度スマートフォンにSMSを送信するには、画面右上に表示される［SMSを再送信］をクリックします。スマートフォンの［メッセージ］アプリでSMSが届いていないかよく確認しましょう。なお、［かわりにメールアドレスを登録する］をクリックしたときは、［アカウントを作成］の画面で［電話番号］の代わりに［メール］が表示されます。手順2を参考に登録をやり直してください。

間違った場合は？

手順6で入力したパスワードが6文字以下の場合、「より複雑なパスワードにしてください。」とメッセージが表示されます。半角の英語と数字を組み合わせて6文字以上のパスワードを設定し直してください。

7 プロフィール画像を設定する

ここをクリックしてプロフィール画像を設定できる

後からでもプロフィール画像は設定できる

1 ［今はしない］をクリック

8 自己紹介の文章を入力する

自己紹介の文章は後から変更できる

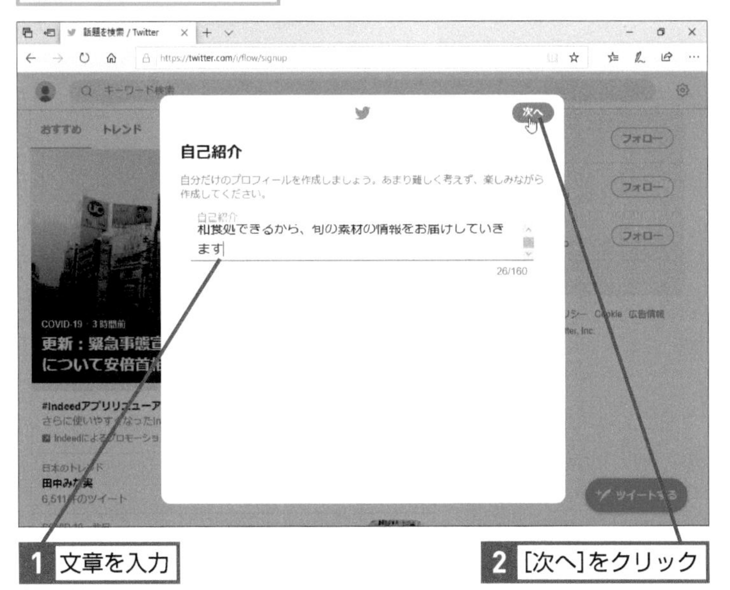

1 文章を入力

2 ［次へ］をクリック

HINT!

プロフィール画像を後から登録するには

手順7ではプロフィール画像の登録をスキップしましたが、Twitterのホーム画面で後からプロフィール画像を登録できます。プロフィール画像に関する決まりはありませんが、企業や会社の場合、自社のロゴや製品画像を登録するといいでしょう。また店舗などの場合は、建物の外観や店内の画像、自分の顔写真を登録するケースもあります。ただし、著作権や肖像権を侵害する画像は使ってはいけません。芸能人の画像やアニメのキャラクターなどの画像は利用しないようにしてください。

アカウントの登録後にTwitterのホーム画面を表示しておく

▼Twitterのホーム画面
https://twitter.com/home

1 ここをクリック

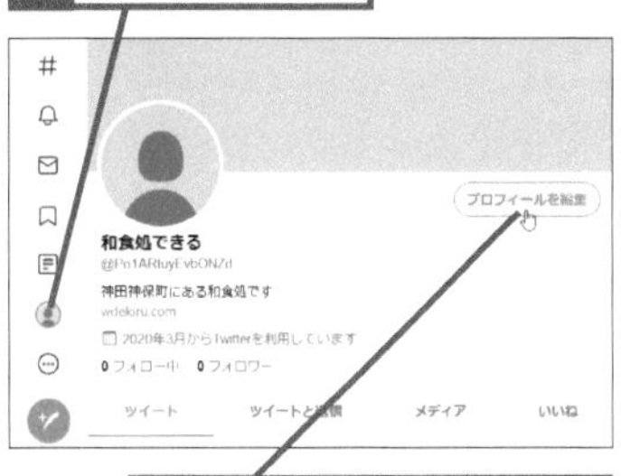

2 ［プロフィールを編集］をクリック

3 ここをクリック

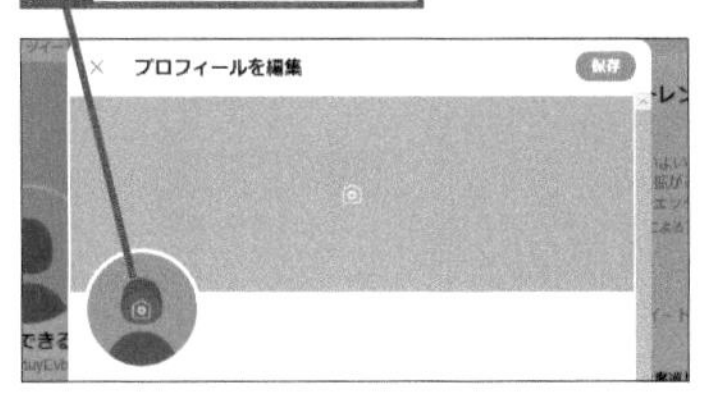

表示された画面で写真を選択し、［開く］をクリックする

52 アカウント作成

次のページに続く

9 興味のあるトピックを設定する

興味のある分野を設定できる

ここでは興味のあるトピックを設定しない

1 [今はしない] をクリック

10 おすすめアカウントを設定する

フォローするユーザーを選択できる

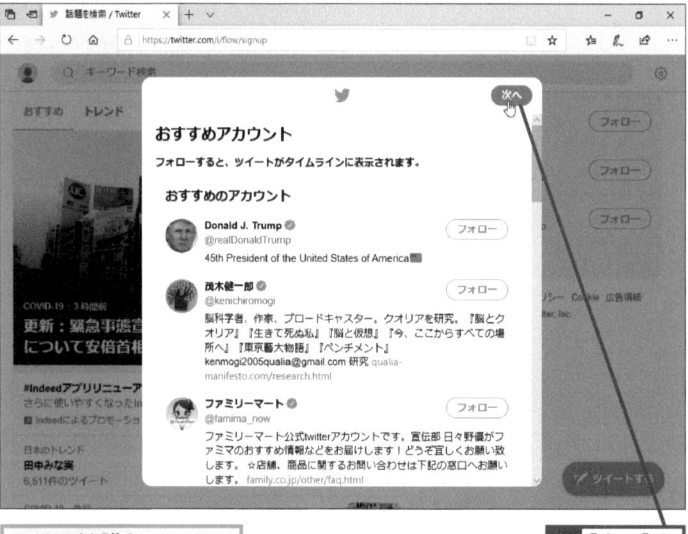

ここでは誰もフォローしない

1 [次へ] をクリック

HINT! 興味のあるトピックを選択するとどうなるの？

手順9で興味のあるトピックを選ぶと、特定のトピックに関してTwitterで投稿しているユーザーがおすすめアカウントとして表示されます。例えば[テレビ]や[野球]などのトピックを選ぶと、テレビで活躍している芸能人や俳優・女優のほか、野球選手や野球関係者などのアカウントがおすすめのアカウントとして表示され、フォローがしやすくなります。

HINT! 「フォロー」って何？

手順10で表示される［フォロー］とは、Twitterを利用している特定のユーザーを登録して、そのユーザーが投稿したメッセージ（ツイート）を自分のホーム画面に時系列で表示させる機能のことです。興味や関心のあるユーザーの発言やコメントを日々チェックしたいというときに利用します。［おすすめのアカウント］には、話題の人物やテレビによく登場する芸能人、多くの人の耳目や注目を集める発言をした人などが表示されます。フォローを実行することで、同じ興味や関心を持っている人のメッセージを確認できるようになります。なお、自分のことをフォローしてくれた人を「フォロアー」と呼びます。ある人のファンになるのがフォロー、自分のファンになってくれた人がフォロワーと考えるとイメージがしやすいでしょう。

間違った場合は？

手順11で［通知を許可］をクリックすると通知機能がオンになります。オフにするには、次ページのHINT!を参考にして、［Push notifications］をオフに設定しましょう。

11 通知の設定をする

ここでは通知をオフにする

1 [今はしない]をクリック

12 Twitterのアカウントが作成された

作成したアカウントのホーム画面が表示された

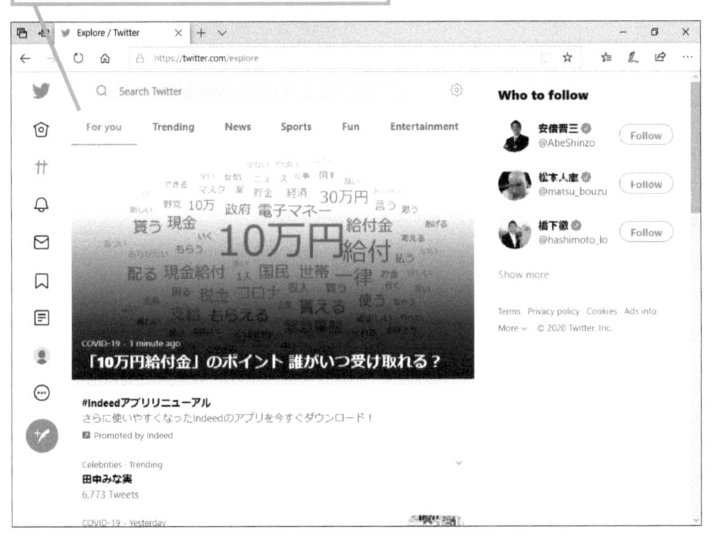

HINT! 通知をオンにするとどうなるの？

手順11で［通知を許可］をクリックすると、自分がフォローしている人が新しいメッセージを投稿したときに通知が届きます。通知機能をオフにした場合でも、手順12の画面で[…]をクリックし、［Settings and privacy］-［Notifications］-［Push notifications］の順にクリックして［Push notifications］をオンに設定すれば通知機能がオンになります。

HINT! メニューを日本語で表示するには

手順12の画面で[…]をクリックし、［Settings and privacy］-［Account］-［Display language］の順にクリックして［Change display language］の画面を表示します。［Display language］で［Japanese - 日本語］を選択し、［Save］をクリックするとメニューが日本語で表示されるようになります。

Point 話題のトピックを提供しよう

Twitterの長所は、スマートフォンやパソコンから気軽にコメントやメッセージを投稿できることです。そればかりでなく、今、話題になっている人物や情報、多くの人が関心・興味を持っていることなどをすぐに確認できます。ふとしたことがきっかけで、自分が投稿したメッセージが多くの人の関心や興味を集めることもあります。自分のホームページを多くの人に知ってもらえるようにTwitterで投稿して、多くのフォロワー（ファン）が増えるようにするといいでしょう。

レッスン

53 Twitterのつぶやきを表示するには

タイムライン

ページには、Twitterで自分がツイートした内容を表示させることができます。ツイートの内容をページに表示するにはHTMLソースを使います。

ウィジェットのコードを取得する

1 タイムラインのコードを表示する

埋め込み設定のWebページを表示しておく

▼埋め込み設定のWebページ
https://publish.twitter.com/#

タイムラインを表示したいTwitterのURLを入力する

1 「@（TwitterのID）」と入力

What would you like to embed?

@Po1ARtuyEvbONZd

Twitterのホーム画面でプロフィール画像のアイコンをクリックすると、自分のIDを確認できる

2 ここをクリック

画面が自動的に下にスクロールした

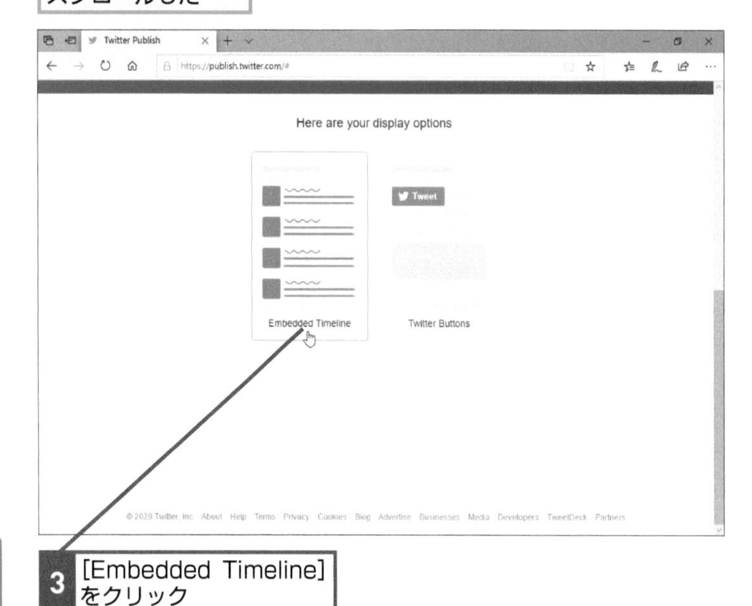

キーワード

タイムライン	p.212
パーツ一覧ビュー	p.213
[パーツのプロパティ] ボタン	p.213

HINT!

「ウィジェット」って何？

「ウィジェット」はTwitterが提供する、ホームページ向けの部品のことです。Twitterのウィジェットを、ホームページ・ビルダーで利用すると、ホームページ・ビルダーで作成したページにTwitterのタイムラインが表示できるようになります。

HINT!

「タイムライン」って何？

Twitterでは、利用者が投稿したメッセージ（ツイート）が時系列で表示されます。新しいツイートは上に、古いツイートが下に表示されます。このように、時系列で並んだ一連のツイートのことを「タイムライン」といいます。

HINT!

好きな言葉でタイムラインの検索ができる

Twitterでは、自分のタイムライン以外のツイートのウィジェットを作成することができます。ウィジェットを作成するときに［検索］をクリックすると検索ウィジェットを作成できます。

2 コードをコピーする

コードが表示された

1 コードをクリック

クリックするだけでコードがクリップボードにコピーされる

Twitterのタイムラインを挿入する

1 パーツの一覧を表示する

ここでは左サイドバーにTwitterのタイムラインを挿入する

1 ここにマウスポインターを合わせる

2 [HTMLソース]をクリック

HINT! フォローやメンションのボタンを挿入できる

フォローやメンションのボタンをページに挿入できます。手順1で、[Embedded Timeline]の代わり[Twitter buttons]をクリックします。[Follow Button]をクリックすると、指定したユーザーをフォローするボタンが、[Mention button]をクリックすると、指定したユーザーにメンションを送るためのウィンドウが表示されるボタンを挿入できます。

HINT! どうして［HTMLソース］パーツを使うの？

ホームページ・ビルダーにはTwitterのタイムラインを表示するための[Twitterタイムライン]パーツが用意されています。ところが、[Twitterタイムライン]パーツを使って、ウィジェットのコードを貼り付けるとエラーになってしまうことがあります。これは、Twitter側でタイムラインの形式が変更されたときなどの理由で、ホームページ・ビルダーと連携が取れないことがあるためです。[HTMLソース]パーツは、貼り付けることができるコードには制限がありません。そのため、たとえTwitterのタイムラインの形式が変わっても、タイムラインを正しく表示できます。

間違った場合は？

右ページの手順1で［SNS］ボタンをクリックしてしまったときは、下に表示される［HTMLソース］にマウスポインターを合わせてクリックします。

次のページに続く

2 パーツを選択する

[HTMLソース] の一覧が表示された

1 ここにマウスポインターを合わせる

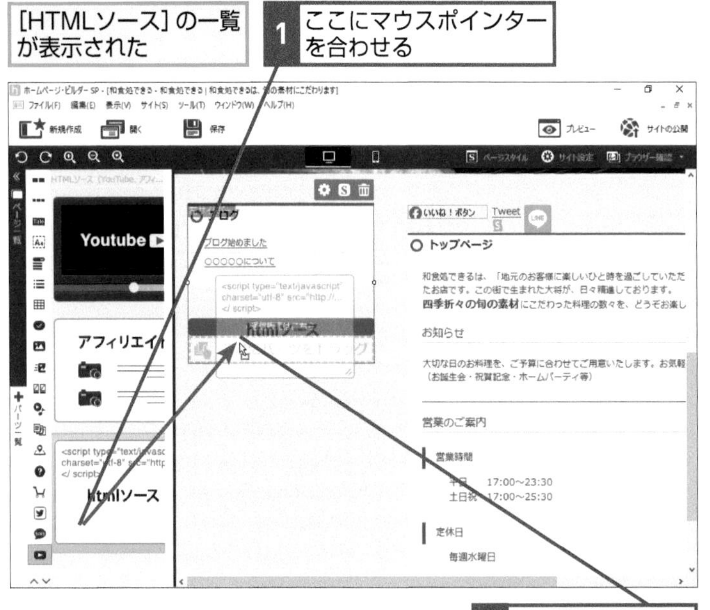

2 ここまでドラッグ

3 [パーツのプロパティ] ダイアログボックスを表示する

ここにTwitterのタイムラインを設定する

1 [パーツのプロパティ] をクリック

HINT!
ウィジェットはコードで管理される

Twitterのウィジェットは、JavaScriptのコードで提供されます。コードは185ページの手順2の画面で表示されます。このときに、コードを編集してしまうとウィジェットが正しく動作しません。絶対に編集しないようにしましょう。もし、間違ってコードを編集してしまったときは、[キャンセル] ボタンをクリックしてから、もう一度ウィジェットを作成します。

4 ウィジェットの作成を開始する

[パーツのプロパティ]ダイアログボックスが表示された

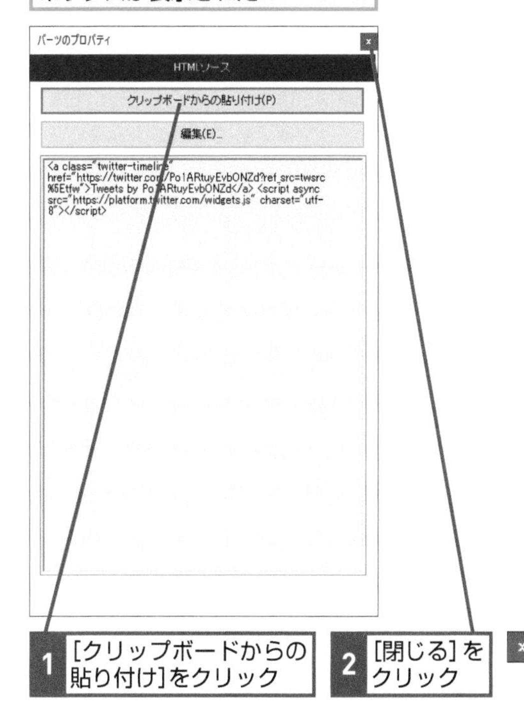

5 Twitterタイムラインの設定が完了した

Twitterタイムラインの設定が完了した

レッスン⑰を参考に保存しておく

レッスン㊲を参考に、更新したデータを転送しておく

HINT! ウィジェットのデザインを変更するには

ウィジェットを作成するときに、デザインを変更できます。デザインを変更したいときは、184ページの手順1でタイムラインのプレビューが表示されたときに［set customization options］のリンクをクリックします。次の項目が表示されるので、調整してみましょう。

●What size would you like your timeline to be
ページに埋め込むタイムラインの横と縦の大きさをピクセルで指定できます。ただし、通常は変更する必要はありません。

●How would you like this to look
タイムラインの外観を変更できます。[Light]（明るい）と[Dark]（暗い）のテーマとリンクの色を設定できます。

●What language would you like to display this in
タイムラインのユーザーインタフェースの言語を設定します。[Automatic]にすると英語で表示されます。[Japanese]にすると、ツイート以外のユーザーインターフェイスが日本語で表示されます。

間違った場合は？

手順5でコード以外のものが貼り付けられた場合は、もう一度184ページの手順1からやり直しましょう。

次のページに続く

ブラウザーでツイートを投稿する

1 Twitterからツイートを投稿する

ブラウザーでTwitterを表示しておく

1 [ツイート]をクリック

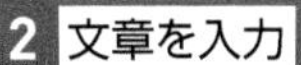
2 文章を入力

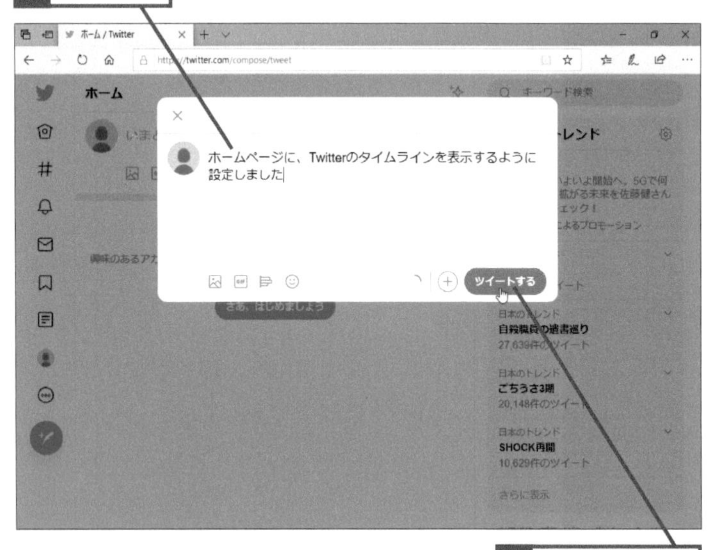

3 [ツイートする]をクリック

HINT! 何をツイートすればいいの？

Twitterを使った情報発信は、ホームページでの情報発信よりも情報の鮮度が新鮮で伝搬力があるのが特徴です。そのため、ホームページを更新した内容は更新しっぱなしにしただけでは、見てくれる人を呼び込むことはできません。ホームページを更新したら、更新したことをTwitterに投稿すれば、Twitterからホームページへユーザーを呼び込むこともできます。また、新製品の紹介なども、ただ、ホームページに掲載するだけではなく、Twitterを使って宣伝しましょう。

HINT! ハッシュタグって何？

Twitterでは、「#」で始まる文字列のことをハッシュタグと呼びます。ハッシュタグはイベントやお店に関する話題のように、特定の話題を区別するために使われます。ハッシュタグを検索すれば、そのハッシュタグに関する話題をタイムラインに表示することができます。

間違った場合は？

手順1で文章の入力を間違えたときは、キーで削除してからもう一度入力し直します。

テクニック いくつものタイムラインをページに挿入できる

ページにはTwitterのタイムラインをいくつも挿入することができます。例えば、お店を運営しているときは、お店としてのタイムラインと、店主個人のタイムラインの両方を1つのページに挿入することができます。このように2つのタイムラインを併用すると、お店のタイムラインでは、新商品や新しいサービスのアナウンスを行い。店主個人のタイムラインでは、お店の裏話などの「やわらかい」話題を提供することができます。ホームページを見てくれる人は、ページに掲載されている最新の情報はもちろん、そのホームページを作っている人がどんな人なのかも興味を持つことが多いです。製品と人柄の両方で集客してみましょう。

テクニック Twitterの用語を覚えておこう

Twitterでは、「フォロー」や「リプライ」など、聞き慣れない用語が使われます。Twitterを利用するときは、以下の表を参考に、よく使われる基本的な用語を覚えておきましょう。

●Twitterの用語

用語	解説
タイムライン	自分または、ほかの人の書き込み。時系列で表示される
フォロー	ほかの人のツイートを購読する機能。フォローするとその人のツイートが自分のタイムラインに表示される。フォローされることは「フォロワー」と呼ばれる
メンション	自分のユーザー名が含まれているツイートのこと。自分のユーザー名が含まれているツイートは、自分のタイムラインに表示される
リプライ	返信という意味。ツイートに対して、返事を行うこと。メンションとは異なり、送ったユーザーと送られたユーザーの双方をフォローしていないとみることはできない
リツイート	ほかの人のツイートを、自分のフォロワーに届ける仕組みのこと。RT と略されることもある

2 ホームページ上の表示を確認する

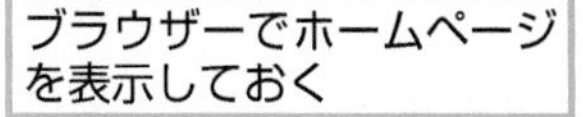

投稿したツイートが表示されたことを確認しておく

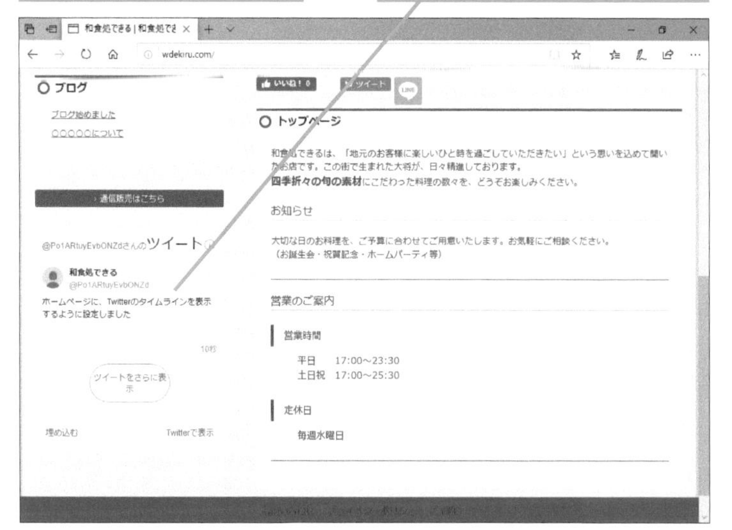

Point

Twitterで情報発信してお客さんを呼ぼう

インターネットには非常にたくさんのホームページがあります。ホームページを作っただけでは、見にきてくれる人はほとんどいないといってもよいでしょう。そこで、重要なのがホームページの宣伝手段です。うまく宣伝することができれば、ホームページを訪れてくれる人が増えることでしょう。Twitterをうまく利用して、ホームページにお客さんを集めてみましょう。

レッスン
54 更新作業について知ろう
投稿記事

ホームページ・ビルダーには、ページの更新がやりやすいように「投稿記事」と呼ばれる特別なページが用意されています。まずは、概要を覚えましょう。

ホームページは常に更新しよう

ホームページに掲載されている情報は鮮度が重要です。常に新しい情報が掲載されていれば、ページを見る人も頻繁に訪れてくれることでしょう。ただし、ページの中には、あまり更新する必要のないページと、頻繁に更新する必要のあるページがあります。例えば、コンセプトや地図、会社概要などのページは、一度作っておけばよほどのことがない限り更新の必要はありません。しかし、取り扱っている商品やサービス、キャンペーンのページは情報の鮮度が重要なので、頻繁に更新する必要があります。ホームページ・ビルダーには、頻繁に更新するページを簡単に作れるように「投稿記事」という仕組みが用意されています。

コンセプトや地図などのページは頻繁に更新する必要はない

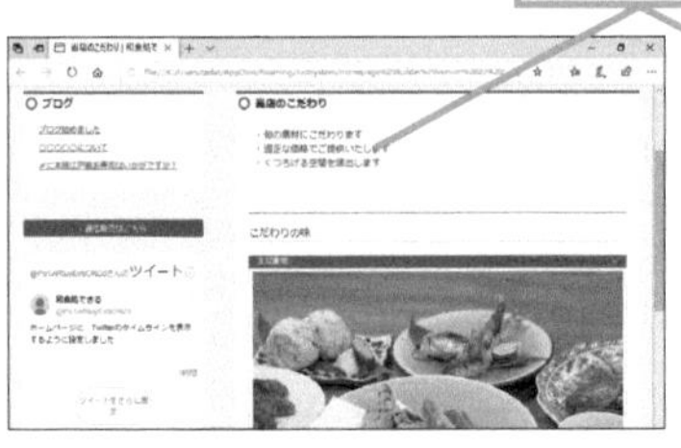

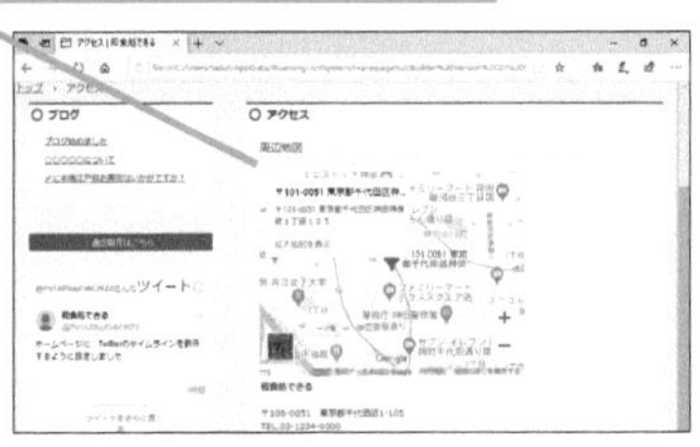

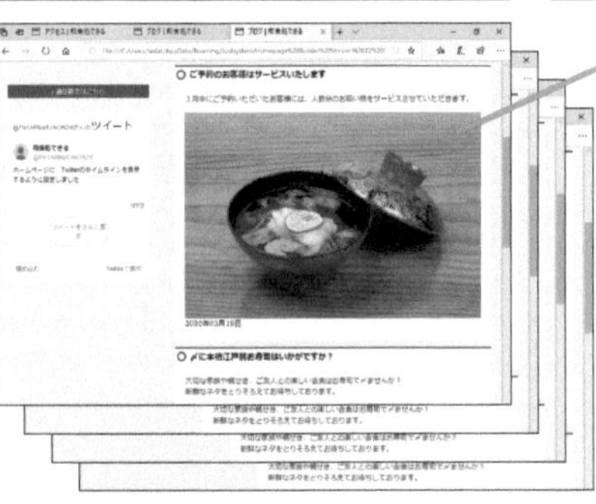

新製品情報は積極的に更新したほうがいい

投稿タイプとは

すべての投稿が、1つのページに表示されてしまうと、ページが見にくくなってしまいます。投稿をカテゴリーごとに分ける役割を持つのが「投稿タイプ」と呼ばれるものです。記事を投稿するときは、同じ投稿タイプを持つ記事だけをまとめて表示できるようになっています。

▶キーワード

ページ p.214

HINT!

記事を更新したらSNSでも告知しよう

記事を投稿しただけでは、ホームページを訪れてくれる人は少ないでしょう。新しい記事を投稿したときは、TwitterやFacebookなどのSNSにも告知しておきましょう。そうすれば、SNS経由でホームページを訪れてくれる人が増えるはずです。

投稿記事を活用しよう

投稿記事の仕組みを使うと、ページ全体を編集するのではなく、記事を投稿するだけで、ページの最後に新しい記事が追加されます。ページの見た目は、ブログやニュースサイトに近いものになります。また、すでに投稿された記事の修正も簡単にできるようになっているのが特徴です。頻繁に更新しなければいけない情報や、新しい情報は投稿記事として作成すれば、少ない手間でホームページを更新できるので覚えておきましょう。

元の記事を残しつつ、新しい記事をどんどん追加できる

ご予約のお客様はサービスいたします

3月中にご予約いただいたお客様には、人数分のお吸い物をサービスさせていただきます。

ご予約のお客様サービスを延長いたします

ご好評につき今月もご予約いただいたお客様には、人数分のお吸い物をサービスさせていただきます。

後から特定の記事だけを修正できる

HINT!

記事をカテゴリーで分けよう

「投稿タイプ」の仕組みを使うと、記事をカテゴリーごとに分けることができます。ページに掲載するときは、同じカテゴリーの記事だけを表示できるため、記事を分かりやすく整理できるでしょう。記事を書くときは、すべての記事を1つのカテゴリーとして書くのではなく、記事の種類にあった投稿タイプを設定して、その投稿タイプを使って記事を書きましょう。そうすることで、ページを見に来てくれた人が、情報に埋もれずに分かりやすく記事を読むことができるようになります。

Point

ページの役割を考えよう

ホームページには、あまり更新しないページと、頻繁に更新しなければいけないページの2つがあります。例えば、トップページや会社概要などのページは、一度作っておけば特別な事情がない限り更新する必要はありません。しかし、ニュースや新製品、サービスなどを紹介するページは、新しいトピックがあるたびに更新する必要があります。このように、頻繁に更新するページは「投稿記事」の機能を使いましょう。

レッスン

55 記事の作成をはじめるには

投稿

ホームページの更新をするために、「投稿記事」に記事を投稿してみましょう。ここでは、はじめから用意されている「ブログ」に記事を投稿します。

1 記事の作成を開始する

ここでは［ブログ］に投稿する記事を作成する

1 ［ページの追加］をクリック

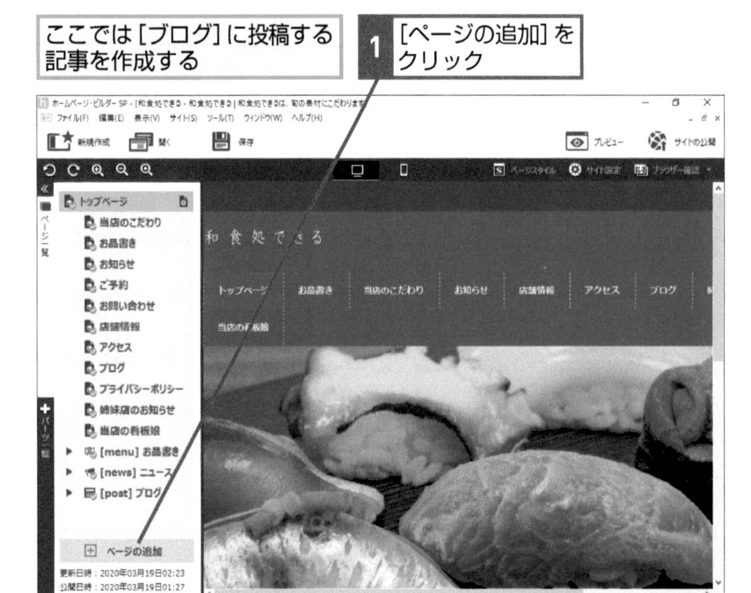

2 ［投稿］をクリック

キーワード

テンプレート	p.212
ページ	p.214

HINT! 新しいカテゴリーの記事を作るには

テンプレートに用意されている記事がそのまま使えることはほとんどありません。新しいカテゴリーの記事を作りたいことがほとんどでしょう。新しいカテゴリーの記事を作るには、［パーツ一覧］から［投稿一覧］をページに挿入します。［パーツのプロパティ］をクリックして、［管理］ボタンをクリックすると、オリジナルの投稿タイプを追加することができます。さらに、［パーツのプロパティ］で、新しく作成した投稿タイプを選択すると、その投稿タイプとして投稿された記事が、パーツに表示されるようになります。

HINT! 書きかけの投稿を保存できる

書きかけの投稿は、ステータスを［下書き］にしておきましょう。下書きに設定した投稿は、サーバーへと公開されません。記事が完成したら［公開する］に設定して、記事をサーバーに公開します。

間違った場合は？

手順1で［投稿］以外をクリックしてしまったときは、［キャンセル］ボタンをクリックしてダイアログボックスを閉じてから、もう一度［投稿］をクリックします。

2 記事のタイトルを入力する

［投稿記事の新規作成］画面が表示された

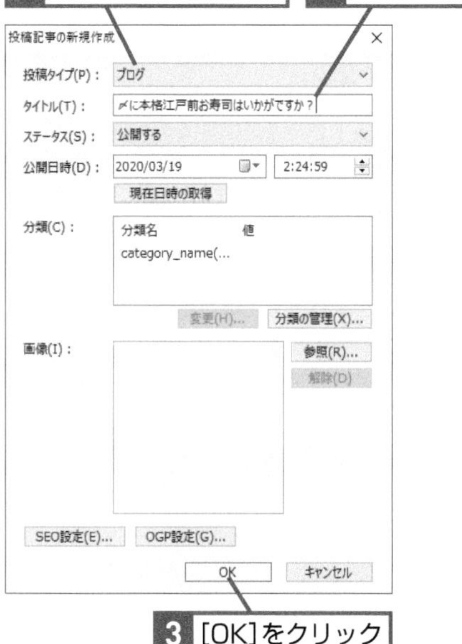

3 記事のページが作成された

入力したタイトルが表示された

レッスン⑰を参考に、保存しておく

HINT!
「投稿タイプ」って何？

投稿タイプは、どこに記事を書くかを示すためのものです。投稿一覧のパーツには、「どの投稿タイプの記事を表示するのか」が設定されています。例えば、ブログとして投稿した記事は、「ブログ」が設定されている投稿一覧に表示されるようになっています。投稿タイプは自由に追加することができるので、さまざまなカテゴリーの記事を作れるようになっています。

HINT!
「公開日時」って何？

公開日時は、記事に表示される日時のことです。公開日時を未来にしたからといって、未来に自動的に投稿されるということはありません。その記事を書いた日付を設定しましょう。

Point
新しい情報は記事として投稿しよう

新しい情報は、「投稿記事」として作成するのが便利です。投稿記事のカテゴリーは、テンプレートによって、あらかじめいくつか用意されていますが、自分で作成することもできます。記事を投稿すると、新しく投稿した記事がページに追加されます。なお、記事を投稿しただけではインターネットのサーバーには反映されません。記事を書いたら、必ず［サイトの公開］を行い、投稿した記事がインターネットのサーバーに公開されるようにしましょう。

レッスン 56

記事を編集するには

記事の編集

投稿した記事は、ほかのページと同じように自由に編集することができます。ここでは、すでに投稿した記事を編集してみましょう。

1 編集する記事を選択する

ここではトップページから作成した記事を表示する

1 編集する記事のタイトルをクリック

記事一覧に表示されないときは右のHINT!を参考に、表示しておく

2 記事の編集を開始する

記事が表示された

1 ここをクリック

〆に本格江戸前お寿司はいかが

キーワード

ページ p.214

HINT! 記事はページと同じように編集できる

記事は、ページと同じように編集することができます。また、文字の大きさや色を変えたり、記事に画像を挿入したりすることもできます。なお、文字の編集方法については、レッスン⓯を参照してください。

HINT! 記事が隠れているときは

投稿記事の左には、表示を折り畳めるボタンがあります。記事のタイトルが隠れているときは、以下の手順で一覧を表示してください。

1 ここをクリック

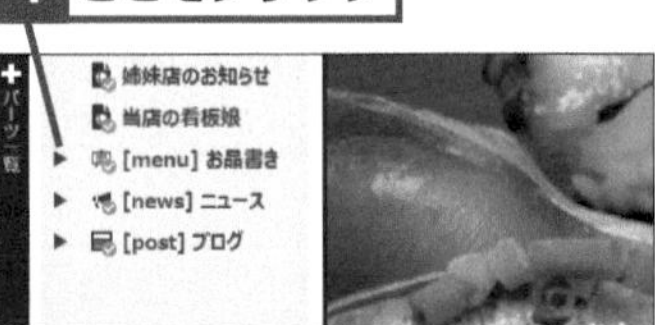

記事の一覧が表示された

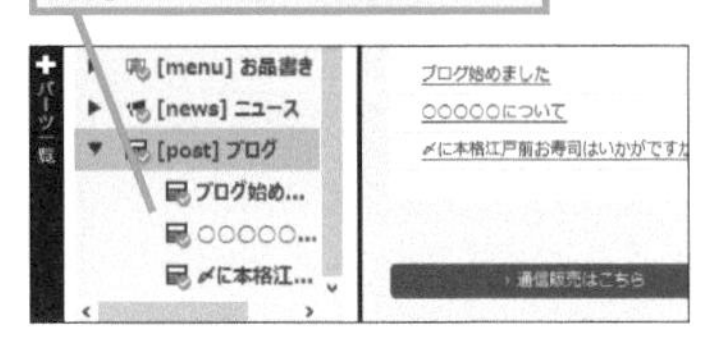

間違った場合は？

手順1で違うページを開いてしまったときは、手順1からやり直し、正しいページを開き直します。

テクニック ブログを充実させて閲覧者を集めよう

ブログの記事は投稿した順番に時系列に表示されます。そのため、旬な情報や近況の報告、お得な情報など、閲覧者のためになるような記事を書くのに向いています。記事を書くときは、テンプレートに用意されているサンプルを必ず削除してから書き始めましょう。ブログの記事は1つだけ書いたら終わりではありません、なるべく頻繁に投稿ができるような内容にするのがコツです。訪問者のためになるような情報を頻繁に投稿をすれば、何度も訪れてくれる訪問者が増えるため、集客につなげることができます。また、ブログの記事を投稿するときは、文章だけではなく、写真を添えるようにします。文章だけの記事よりも、写真を添えた記事の方がより臨場感や説得力のある内容になるので覚えておきましょう。

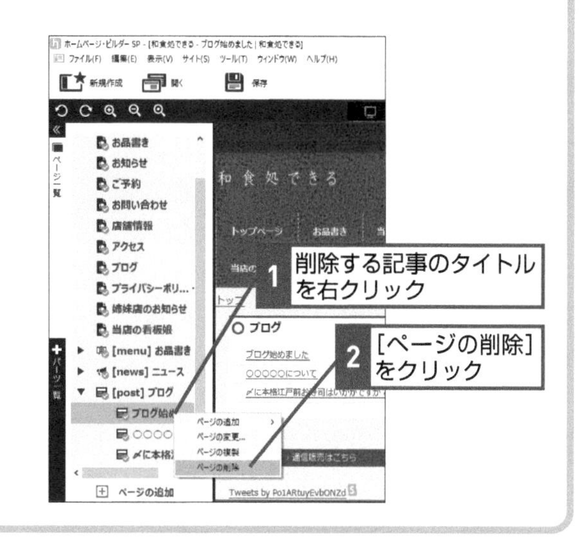

3 記事を編集する

編集画面が表示された

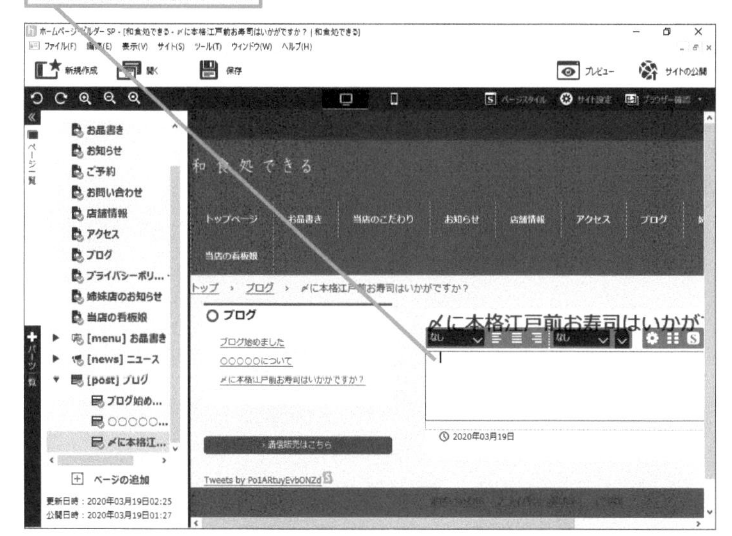

ページと同じように文字を入力したり、画像を挿入したりできる

編集が終わったら、レッスン⑰を参考に、保存しておく

HINT! 記事の順番を自由に並べ替えることはできない

記事が表示される順番は、「日付」、「タイトル」の順番で並べ替えることができます。ただし、任意の順番で並べ替えることはできないので注意しましょう。

Point 記事を修正したら必ずサイトを公開する

記事を修正しても、パソコンに保存されているホームページの記事が修正されるだけです。記事の修正が終わったら、[サイトの公開]ボタンをクリックして、インターネットのサーバーに修正した記事を公開しましょう。インターネットのサーバーに公開したら、ブラウザーを使って、記事が正しい内容かどうかを確認します。もし、間違っていたときは、もう一度記事を修正して、インターネットに公開しましょう。ブラウザーを使って内容が正しいのかが確認できたら、ホームページの更新は終了です。

この章のまとめ

●更新したホームページを宣伝しよう

ホームページは作りっぱなしにするだけではなく、定期的に更新するように心がけましょう。そうすれば、ホームページを訪れる人は、一度だけではなく何度でも見に来てくれるはずです。ホームページは、「投稿記事」の機能を使うと簡単に更新できます。ホームページを更新したら、ホームページをインターネットに公開するとともに、ホームページの宣伝も忘れないようにしましょう。ホームページに掲載した最新の情報は、TwitterやFacebookなどのSNSで告知するのが効果的です。そうすれば、TwitterやFacebook経由でホームページに訪れてくれる人も増えるでしょう。また、TwitterやFacebookなどのSNSに自分のホームページがシェアされれば、口コミの効果でホームページを利用してくれる人が増えることもあります。ホームページは作ったら終わりというわけではありません、自分のホームページをどんどん成長させていきましょう。

SNSやブログを活用してホームページを広める

SNSと連携したり、ブログで記事を更新することで、活発な印象を与えて、アクセス数を増やす

付録1　ダウンロードしたサンプルファイルを開くには

ここでは、本書のホームページからダウンロードしたサンプルファイルを使う方法を説明します。サンプルには、ホームページ・ビルダー SPで使うサイトと画像ファイルが含まれています。ブラウザーでダウンロードしてから使いましょう。

1 [エクスプローラー] を起動する

サンプルファイルは以下のURLからダウンロードできる

▼サンプルファイルのダウンロードページ
https://book.impress.co.jp/books/1119101130

サンプルファイルをダウンロードしておく

デスクトップを表示しておく

[エクスプローラー] をクリック

2 [ダウンロード] フォルダーを開く

[エクスプローラー] が起動した

[ダウンロード] をダブルクリック

3 ダウンロードしたファイルを開く

ダウンロードした圧縮ファイルを開く

[500876] をダブルクリック

4 サンプルファイルを[ドキュメント]フォルダーにコピーする

ダウンロードしたファイルが開かれた

❶[500876]にマウスポインターを合わせる

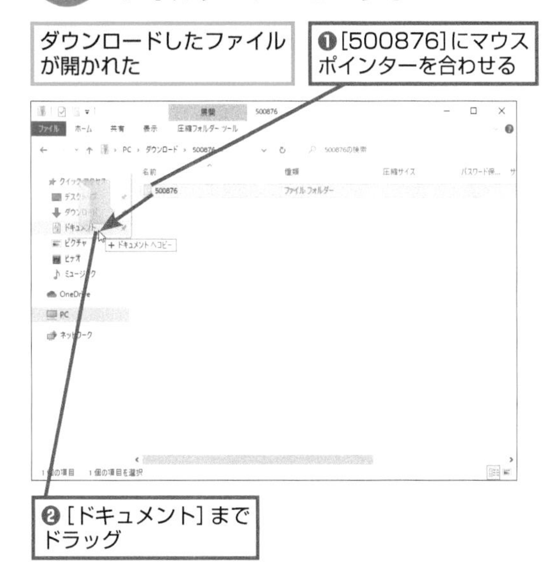

❷[ドキュメント]までドラッグ

次のページに続く

5 サイトのインポートを開始する

ホームページ・ビルダーを起動しておく

❶[サイト]をクリック

❷[サイトのインポート]をクリック

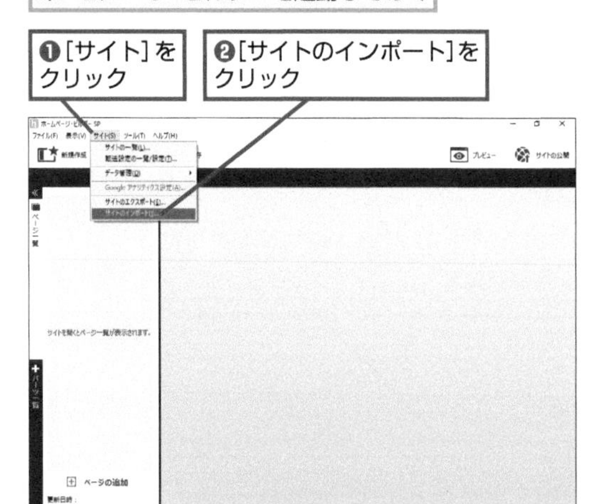

6 インポートするサイトを選択する

[サイトのインポート] ダイアログボックスが表示された

❶[参照]をクリック

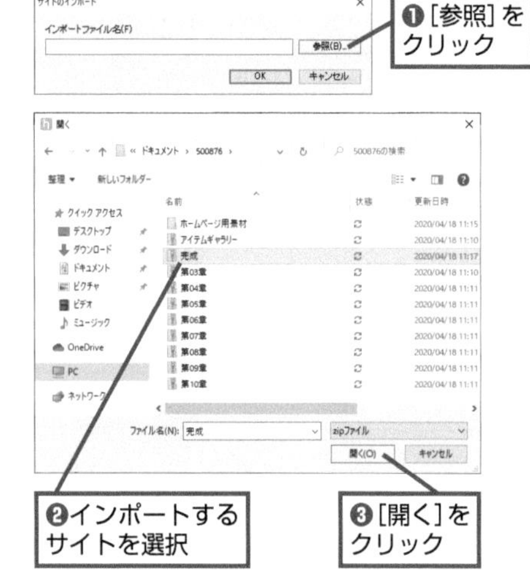

❷インポートするサイトを選択

❸[開く]をクリック

HINT! タイトルバーに表示される名前は手順と異なる

ホームページ・ビルダーのタイトルバーには、サイト名が表示されます。サンプルファイルからサイトをインポートした場合は、本書で紹介している画面とサイト名が異なりますが、ページの内容は同じです。必要に応じて、右のHINT!を参考に、サイト名を変更しましょう。

7 サイトをインポートする

インポートするサイトが選択された

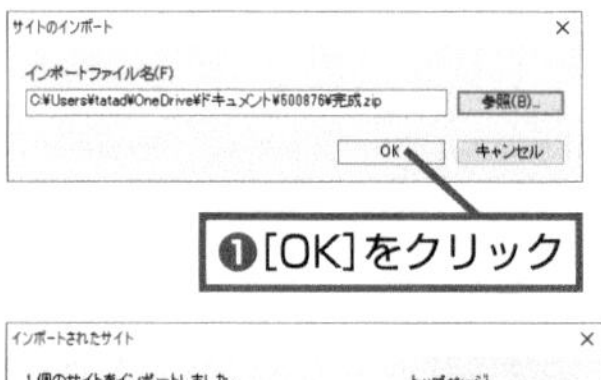

❶[OK]をクリック

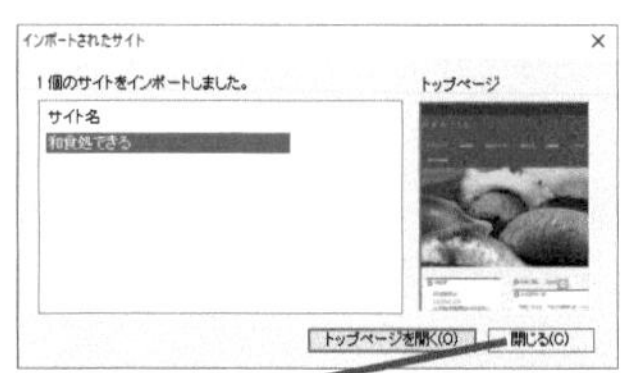

❷[閉じる]をクリック

レッスン⓬を参考に、サイトを開いておく

HINT! サイト名を変更するには

インポートしたサイトのサイト名を変更できます。サンプルのサイト名は章ごとにサイト名が違います。本書の手順と同一のサイト名にするときは、以下の手順でサイト名を変更しておきましょう。

❶[サイト]をクリック

❷[サイト一覧/設定]をクリック

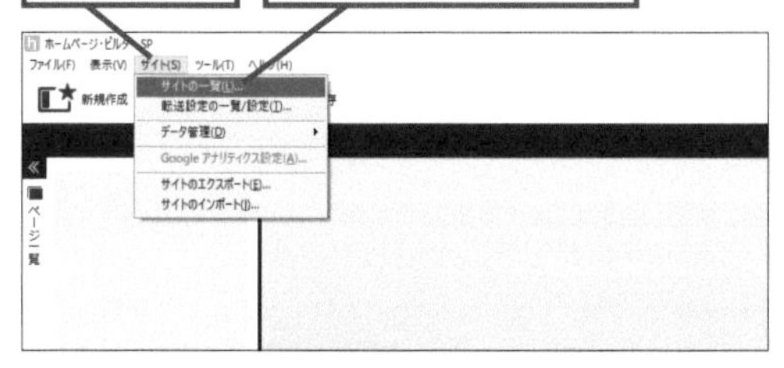

❸名前を変更するサイトのサイト名をクリック

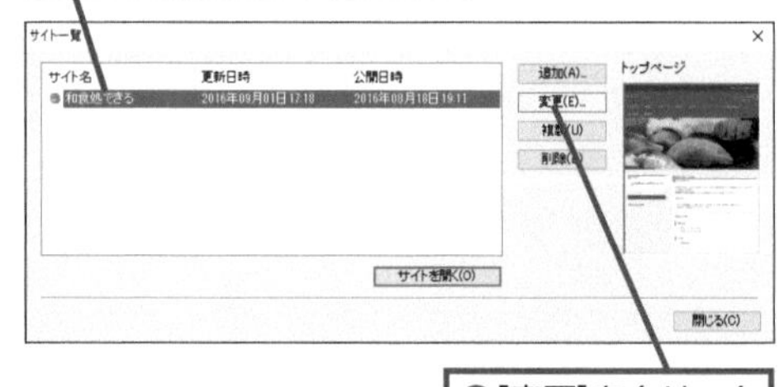

❹[変更]をクリック

付録

付録2　アイテムギャラリーをインポートするには

アイテムギャラリーを含むサイトは、アイテムギャラリーのアイテムリストをあらためてインポートする必要があります。以下の手順でサンプルファイルの中の［アイテムギャラリー.zip］をインポートしましょう。

1 ［パーツのプロパティ］ダイアログボックスを表示する

［第09章.zip］［第10章.zip］［完成.zip］をインポートするときは、アイテムギャラリーをインポートする必要がある

ここでは［完成.zip］をインポートし、アイテムギャラリーをインポートする

レッスン⑬を参考に、［お品書き］のページを開いておく

アイテムギャラリーが読み込まれない

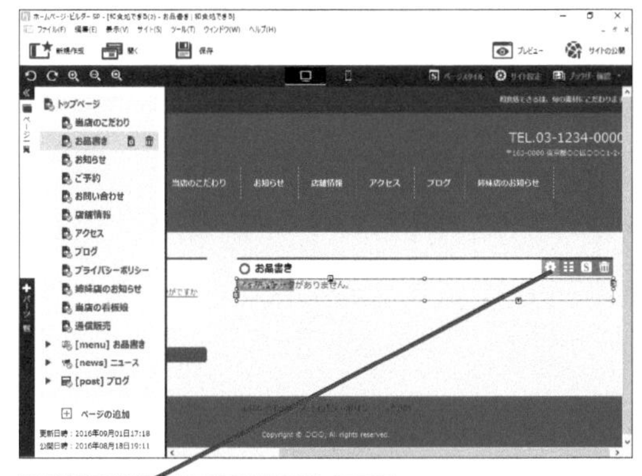

［パーツのプロパティ］をクリック

2 ［アイテムデータの管理］ダイアログボックスを表示する

［パーツのプロパティ］ダイアログボックスが表示された

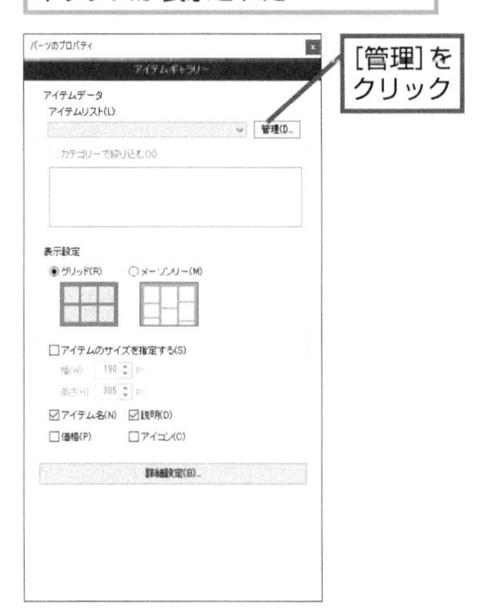

［管理］をクリック

3 アイテムリストをインポートする

［アイテムデータの管理］ダイアログボックスが表示された

❶［アイテムリスト］をクリック

❷［インポート］をクリック

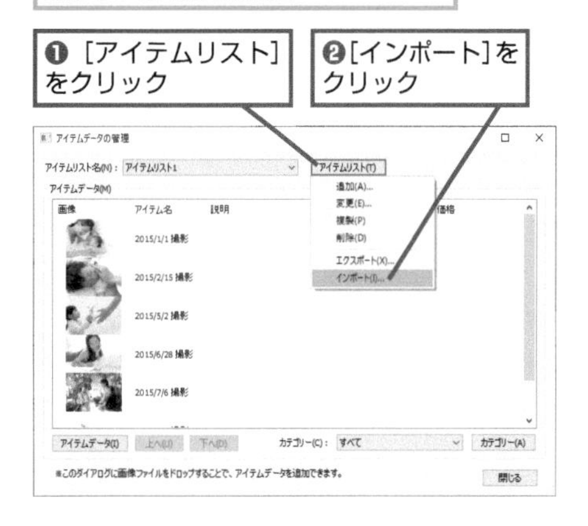

4 インポートするアイテムリストを選択する

［アイテムリストのインポート］ダイアログボックスが表示された

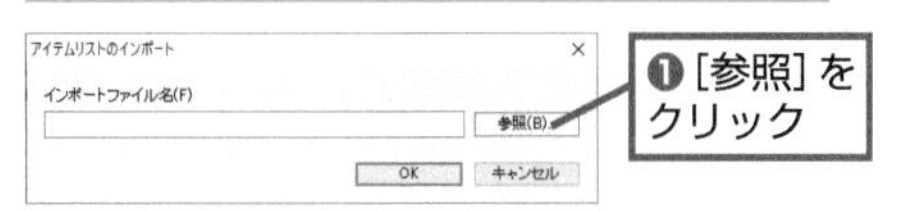

❶［参照］をクリック

❷インポートするアイテムリストを選択

ここでは［アイテムギャラリー.zip］を選択する

❸［開く］をクリック

次のページに続く

付録

5 アイテムリストをインポートする

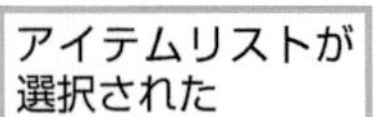

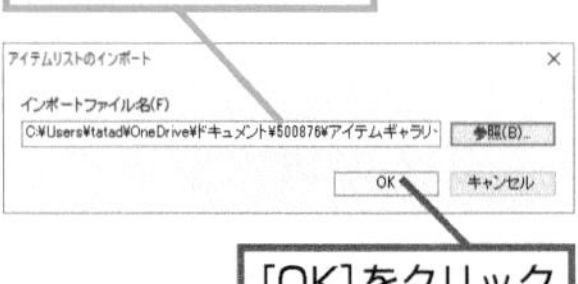

[OK]をクリック

6 インポートしたアイテムリストを確認する

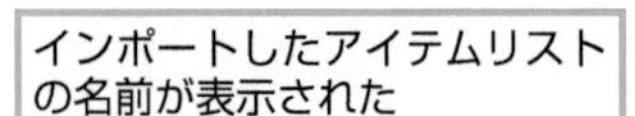

[アイテムリストを開く]
をクリック

7 [アイテムデータの管理] ダイアログボックスを閉じる

インポートしたアイテムリストの
内容が表示された

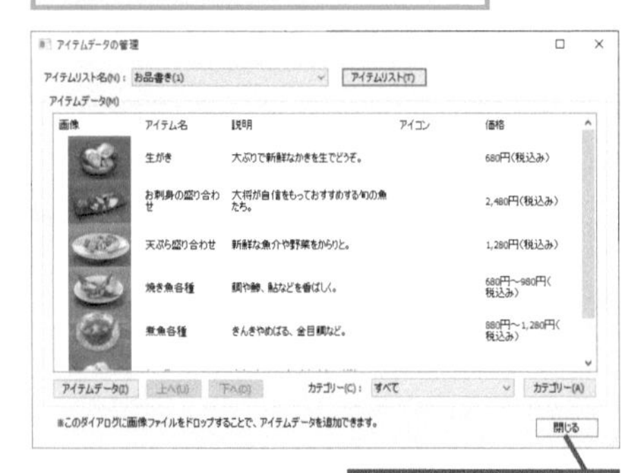

[閉じる]をクリック

8 [パーツのプロパティ] ダイアログボックスを閉じる

ホームページ・ビルダー
に戻る

[閉じる]を
クリック

9 アイテムリストがインポートされた

選択したアイテムリストの
内容が表示された

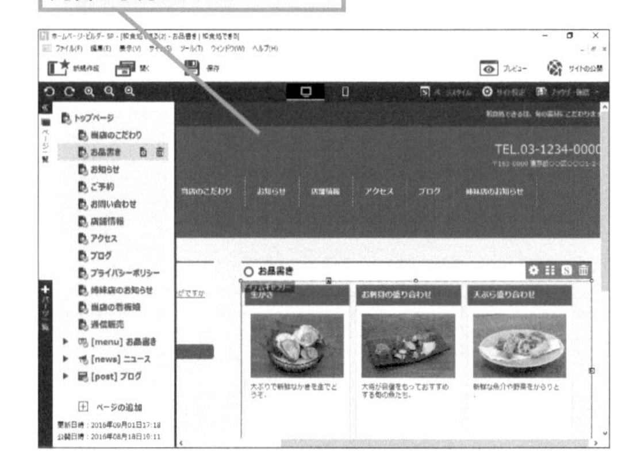

付録3　ホームページ・ビルダー サービスに申し込むには

ホームページを公開するには、インターネットのサーバースペースが必要です。ここでは、ジャストシステムが提供するホームページ公開サービス「ホームページ・ビルダー　サービス」の利用申し込みの手順を説明します。

1 ［ホームページ・ビルダー サービス］のWebページを表示する

ホームページ・ビルダーサービスに申し込む

ブラウザーを起動しておく

［最大化］をクリックして、画面を最大にしておく

▼ホームページ・ビルダー サービス
http://hpbs.jp/

❶ホームページ・ビルダー サービスのURLを入力

❷［Enter］キーを押す

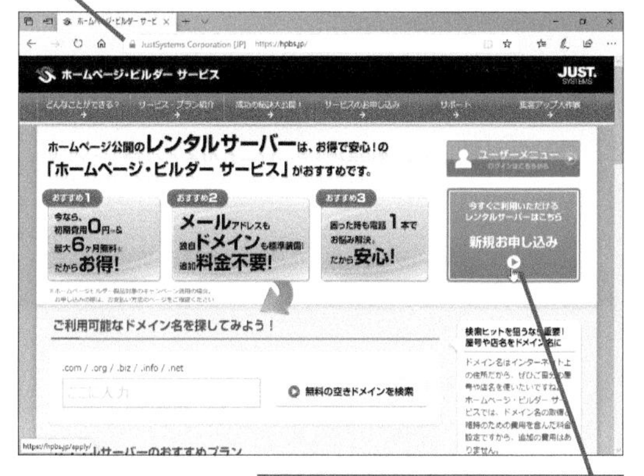

❸［新規お申し込み］をクリック

2 ホームページ・ビルダー サービスのプランを選択する

ここでは［ぴったり10GBプラン］を申し込む

❶ここを下にドラッグしてスクロール

❷［新規お申し込み］をクリック

3 ドメイン名を入力する

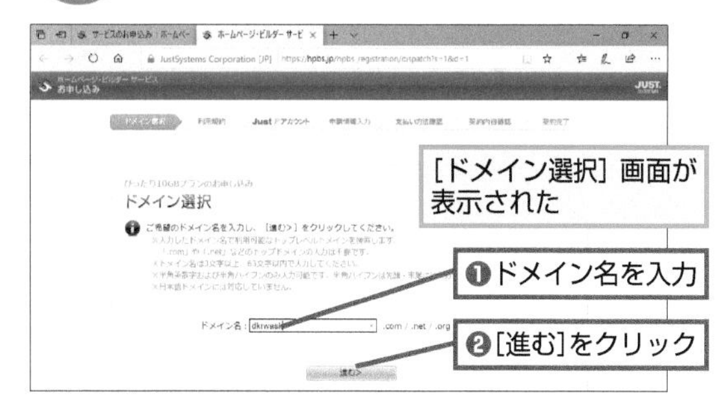

［ドメイン選択］画面が表示された

❶ドメイン名を入力

❷［進む］をクリック

4 ドメイン名を選択する

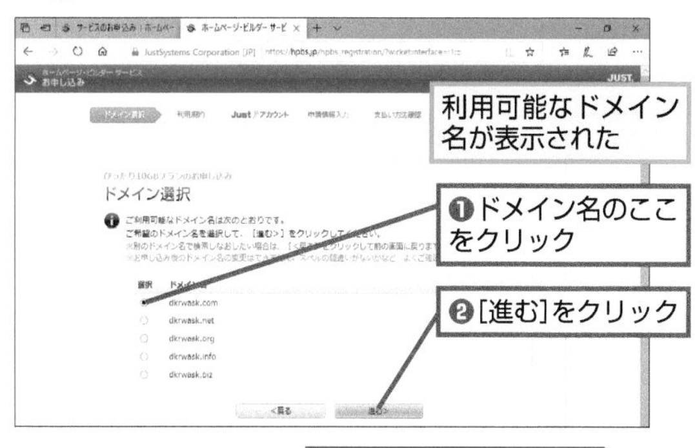

利用可能なドメイン名が表示された

❶ドメイン名のここをクリック

❷［進む］をクリック

HINT! 「ドメイン名」って何？

ドメイン名とは、ホームページを公開する場所のことです。たとえばURLが、http://dekiru.impress.co.jp/のときは「impress.co.jp」がドメイン名、「dekiru」はサブドメイン名と呼ばれています。ホームページ・ビルダー　サービスを利用すれば、ドメイン名を自分で決めて、ホームページを公開することができます。

次のページに続く

5 利用規約に同意する

[利用規約]画面が表示された

[「ホームページ・ビルダー サービス」利用規約]の内容を確認しておく

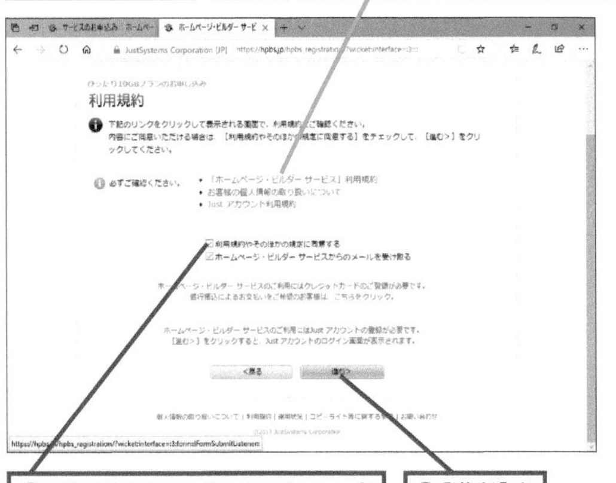

❶ここをクリックしてチェックマークを付ける

❷[進む]をクリック

6 Justアカウントの新規登録を開始する

Justアカウントのログイン画面が表示された

[新規登録]をクリック

HINT! 「Justアカウント」って何？

ホームページ・ビルダー サービスを利用するにはJustアカウントが必要です。Justアカウントとはジャストシステムが提供しているサービスを利用するためのアカウントです。ジャストシステムでは、ホームページ・ビルダー サービスのほかにも、オンラインストレージのインターネットディスクなどのサービスがあります。

7 Justアカウントの登録画面を表示する

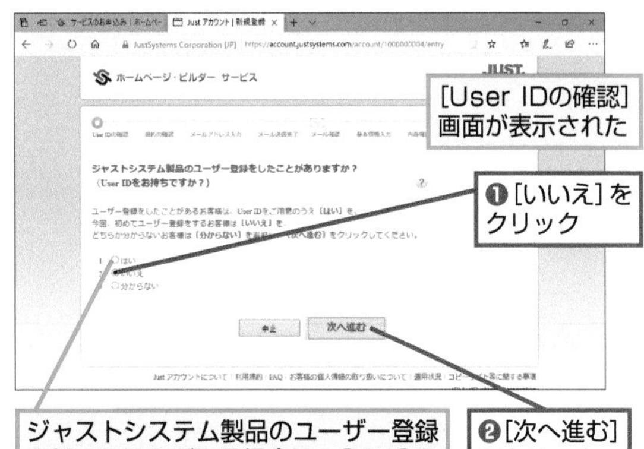

[User IDの確認]画面が表示された

❶[いいえ]をクリック

ジャストシステム製品のユーザー登録を行ったことがある場合は、[はい]をクリックする

❷[次へ進む]をクリック

8 利用規約に同意する

[お客様の個人情報の取り扱いについて]と[Justアカウント会員規約]をクリックして利用規約を確認しておく

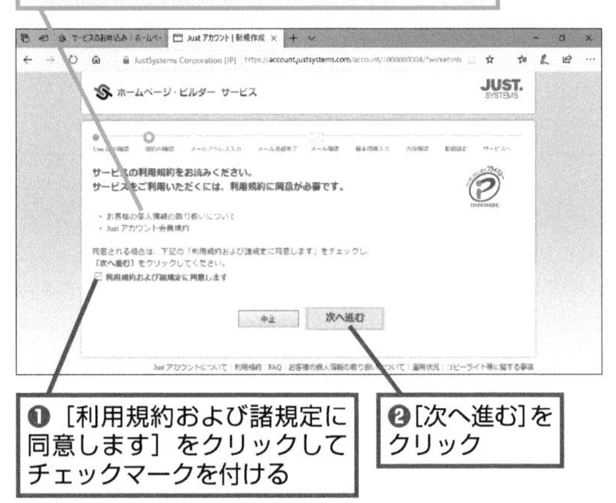

❶[利用規約および諸規定に同意します]をクリックしてチェックマークを付ける

❷[次へ進む]をクリック

9 メールアドレスを入力する

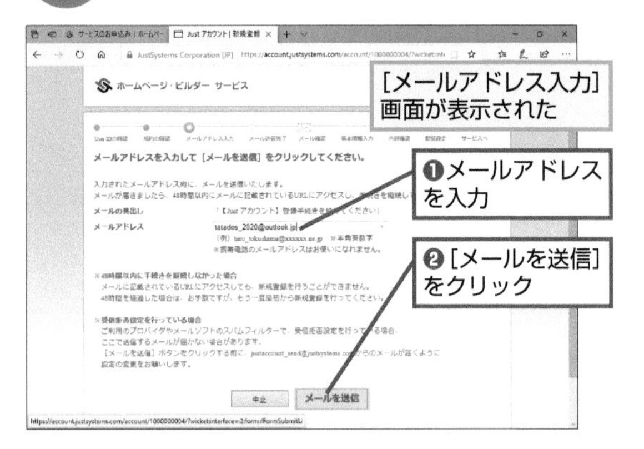

[メールアドレス入力]画面が表示された

❶メールアドレスを入力

❷[メールを送信]をクリック

付録

10 Justアカウントの登録画面を閉じる

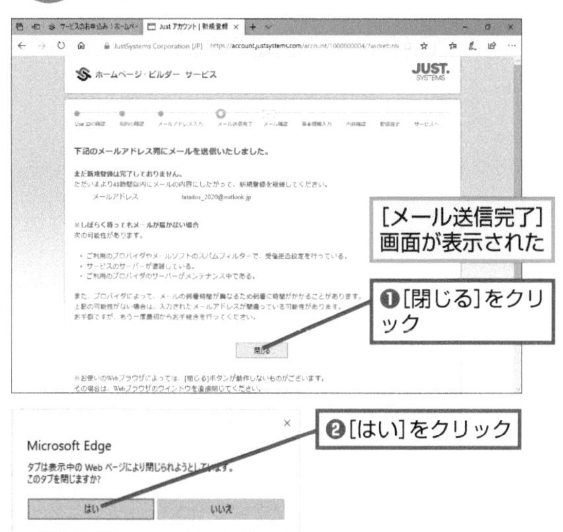

11 登録ページを再度表示する

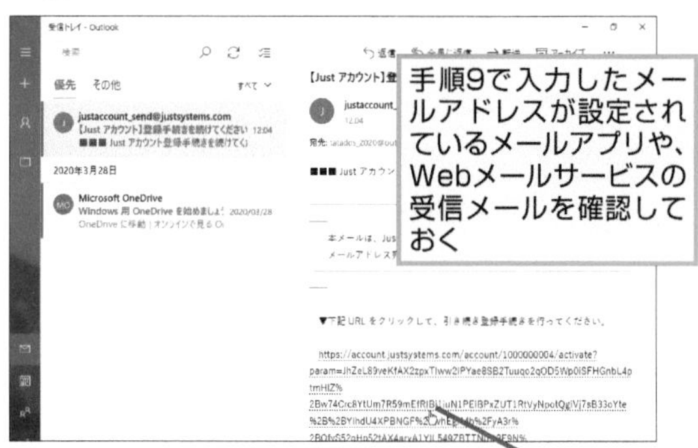

手順9で入力したメールアドレスあてに、ジャストシステムからJustアカウント登録手続きのメールが届いた

12 [法人登録] を選択する

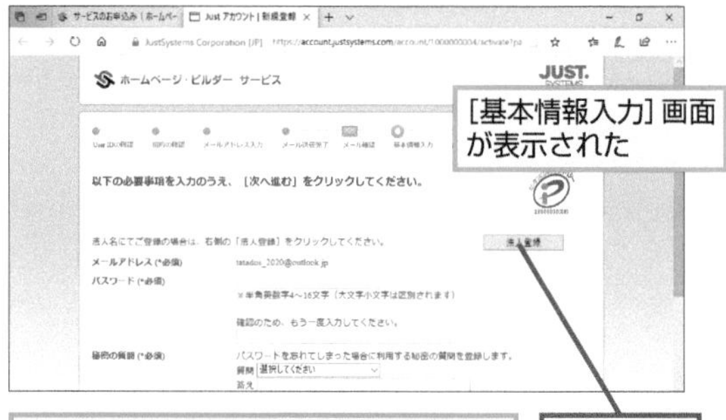

個人で登録する場合は、[法人登録] をクリックせずに、手順13に進む

[法人登録]をクリック

13 基本情報を入力する

必要事項を入力する画面が表示された

個人で申し込む場合は、個人の情報のみ入力する

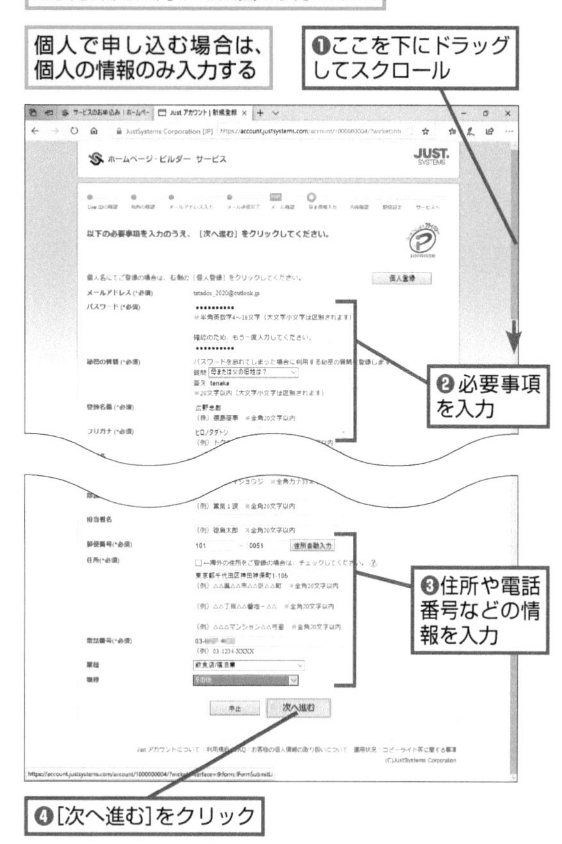

❹[次へ進む]をクリック

14 [基本情報] を登録する

[内容確認]画面が表示された

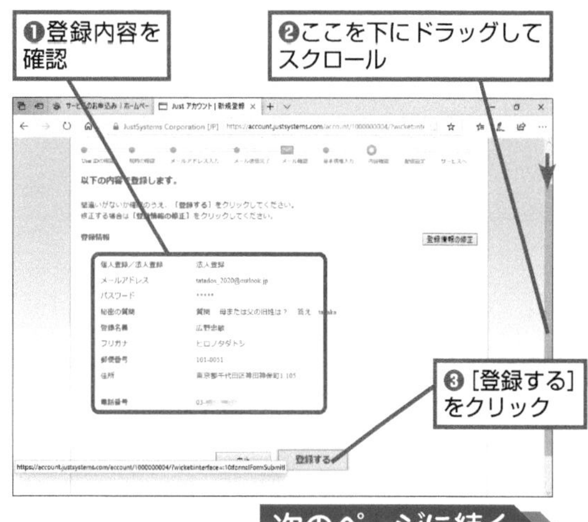

次のページに続く

15 Justアカウントの登録画面に戻る

[配信設定] 画面が表示された

User IDが表示された

❶User IDをメモする

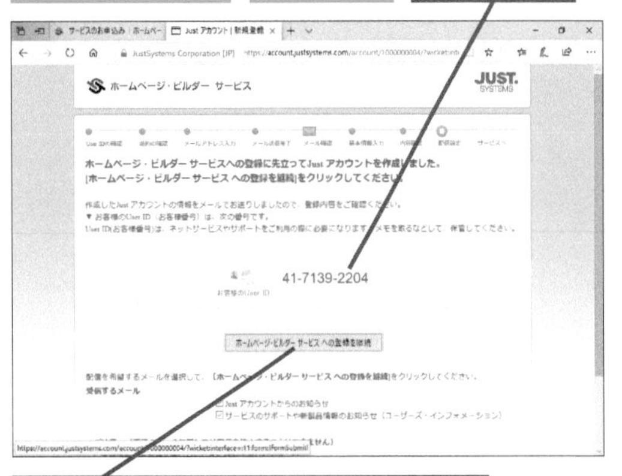

❷ [ホームページ・ビルダー サービスへの登録を継続]をクリック

16 ドメインの申請を開始する

ドメインの申請画面が表示された

❶ここを下にドラッグしてスクロール

❷担当者や会社の名前を入力

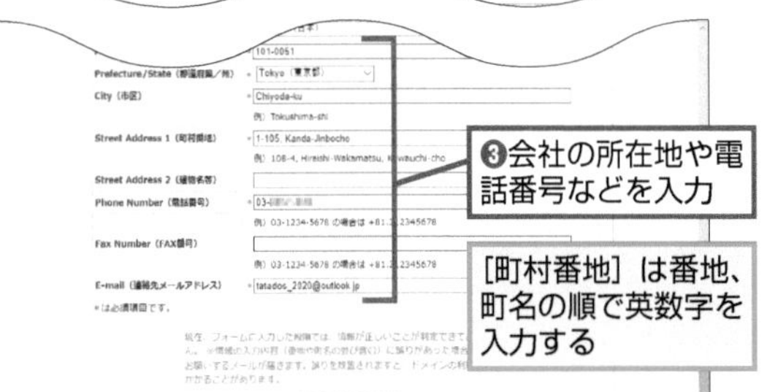

❸会社の所在地や電話番号などを入力

[町村番地] は番地、町名の順で英数字を入力する

❹[進む]をクリック

17 支払方法を選択する

支払方法の選択画面が表示された

ここでは支払方法としてクレジットカードを選択する

❶[クレジットカード]をクリック

❷[進む]をクリック

18 クレジットカードの情報を入力する

クレジットカードの登録画面が表示された

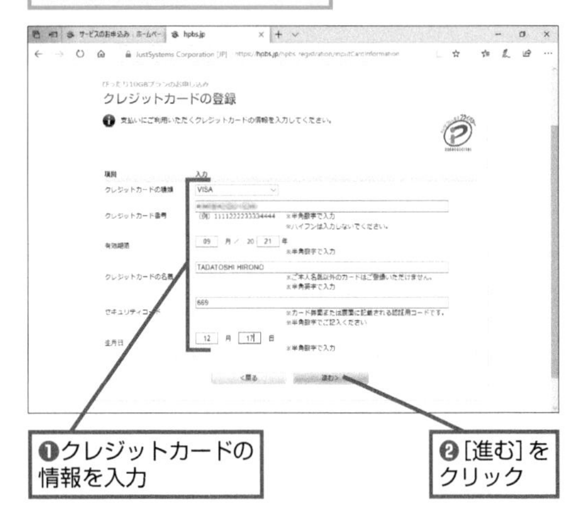

❶クレジットカードの情報を入力

❷[進む]をクリック

「User ID」って何？

User IDはサポートに問い合わせをするときなどに必要な情報です。必ずメモをとって忘れないようにしておきましょう。

サーバーの設定が完了するとメールが届く

ホームページ・ビルダー サービスは、申し込んですぐに使えるわけではありません。サービスの申し込み手続きが完了してから、実際にサービスが使えるようになるまでには1時間程度の時間がかかることがあります。サービスの設定が完了すると、手順9で登録したメールアドレスあてに「ホームページ・ビルダー サービス ○○プラン サーバー設定完了のお知らせ」という件名のメールが届きます。

19 クレジットカードの情報を確認する

入力したクレジットカードの情報が表示された

❶クレジットカードの情報を確認

❷[進む]をクリック

20 入力した内容を確認する

入力した内容が表示された

❶入力した内容を確認

❷ここを下にドラッグしてスクロール

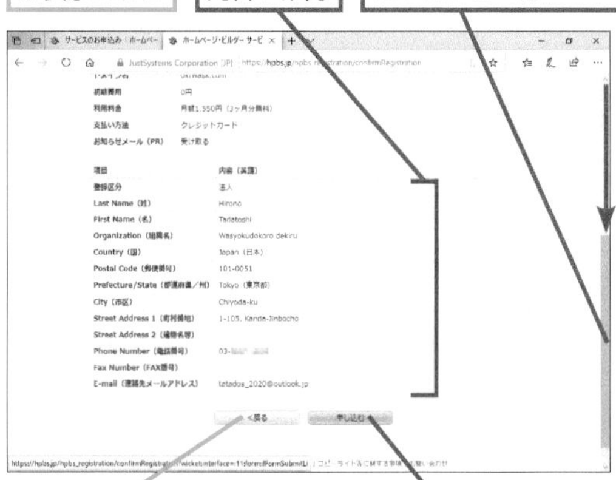

入力した内容を修正するときは[戻る]をクリックする

❸[申し込む]をクリック

設定完了のメールは必ず保存しておく

「ホームページ・ビルダー サービス ○○プラン サーバー設定完了のお知らせ」のメールには、ホームページ・ビルダー サービスについての重要事項が記載されています。破棄しないで必ず保存しておきましょう。できれば、メールの内容を印刷して保管しておきましょう。

サーバーの設定を確認・変更するには

サーバーの設定は、ホームページ・ビルダー サービスのコントロールパネルを使って確認・変更することができます。コントロールパネルにログインするためのユーザー名とパスワードは、手順21の後に送られてくるサーバー設定完了のメールに記載されています。Justアカウントだけでは、コントロールパネルにログインできないので注意しましょう。

▼ホームページ・ビルダー サービス
コントロールパネル
https://cp.js-hpbs.jp/Login.aspx

21 ドメインの申請が完了した

「契約完了」と表示され、ホームページ・ビルダー サービスの契約が完了した

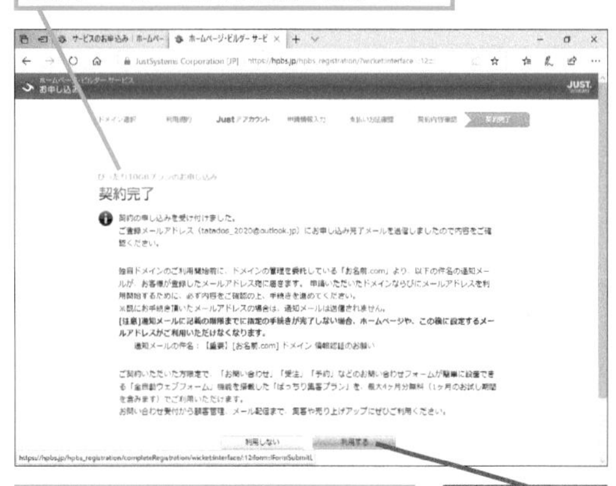

ここでは、問い合わせフォームを設置できる機能を搭載した「ばっちり集客プラン」は利用しない

[利用しない]をクリック

ブラウザーを終了しておく

メールで[ドメイン情報認証のお願い]が届いた場合は、メール本文の指示にしたがって、認証しておく

付録

付録4　ローマ字変換表

ローマ字入力を利用していて、どのキーを組み合わせていいか分からなくなったときは、以下のローマ字変換表を参照してください。同じ文字でも、いろんなキーの組み合わせで入力が可能です。

あ行

あ a	い i yi	う u wu whu	え e	お o	ぁ la xa	ぃ li xi lyi xyi	ぅ lu xu	ぇ le xe lye xye	ぉ lo xo
						いぇ ye			
					うぁ wha	うぃ whi		うぇ whe	うぉ who

か行

か ka ca	き ki	く ku cu qu	け ke	こ ko co	きゃ kya	きぃ kyi	きゅ kyu	きぇ kye	きょ kyo
					くゃ qya		くゅ qyu		くょ qyo
					くぁ qwa qa	くぃ qwi qi qyi	くぅ qwu	くぇ qwe qe qye	くぉ qwo qo
が ga	ぎ gi	ぐ gu	げ ge	ご go	ぎゃ gya	ぎぃ gyi	ぎゅ gyu	ぎぇ gye	ぎょ gyo
					ぐぁ gwa	ぐぃ gwi	ぐぅ gwu	ぐぇ gwe	ぐぉ gwo

さ行

さ sa	し si ci shi	す su	せ se ce	そ so	しゃ sya sha	しぃ syi	しゅ syu shu	しぇ sye she	しょ syo sho
					すぁ swa	すぃ swi	すぅ swu	すぇ swe	すぉ swo
ざ za	じ zi ji	ず zu	ぜ ze	ぞ zo	じゃ zya ja jya	じぃ zyi jyi	じゅ zyu ju jyu	じぇ zye je jye	じょ zyo jo jyo

た行

た ta	ち ti chi	つ tu tsu	て te	と to	ちゃ tya cha cya	ちぃ tyi cyi	ちゅ tyu chu cyu	ちぇ tye che cye	ちょ tyo cho cyo
		っ ltu xtu			つぁ tsa	つぃ tsi		つぇ tse	つぉ tso
					てゃ tha	てぃ thi	てゅ thu	てぇ the	てょ tho
					とぁ twa	とぃ twi	とぅ twu	とぇ twe	とぉ two

だ da	ぢ di	づ du	で de	ど do	ぢゃ dya	ぢぃ dyi	ぢゅ dyu	ぢぇ dye	ぢょ dyo
					でゃ dha	でぃ dhi	でゅ dhu	でぇ dhe	でょ dho
					どぁ dwa	どぃ dwi	どぅ dwu	どぇ dwe	どぉ dwo

な行

な na	に ni	ぬ nu	ね ne	の no	にゃ nya	にぃ nyi	にゅ nyu	にぇ nye	にょ nyo

は行

は ha	ひ hi	ふ hu fu	へ he	ほ ho	ひゃ hya	ひぃ hyi	ひゅ hyu	ひぇ hye	ひょ hyo
					ふゃ fya		ふゅ fyu		ふょ fyo
					ふぁ fwa fa	ふぃ fwi fi fyi	ふぅ fwu	ふぇ fwe fe fye	ふぉ fwo fo
ば ba	び bi	ぶ bu	べ be	ぼ bo	びゃ bya	びぃ byi	びゅ byu	びぇ bye	びょ byo
					ヴぁ va	ヴぃ vi	ヴ vu	ヴぇ ve	ヴぉ vo
					ヴゃ vya	ヴぃ vyi	ヴゅ vyu	ヴぇ vye	ヴょ vyo
ぱ pa	ぴ pi	ぷ pu	ぺ pe	ぽ po	ぴゃ pya	ぴぃ pyi	ぴゅ pyu	ぴぇ pye	ぴょ pyo

ま行

ま ma	み mi	む mu	め me	も mo	みゃ mya	みぃ myi	みゅ myu	みぇ mye	みょ myo

や行

や ya		ゆ yu		よ yo	ゃ lya xya		ゅ lyu xyu		ょ lyo xyo

ら行

ら ra	り ri	る ru	れ re	ろ ro	りゃ rya	りぃ ryi	りゅ ryu	りぇ rye	りょ ryo

わ行

わ wa	うぃ wi		うぇ we	を wo	ん nn	ん n'	ん xn		

っ：n 以外の子音の連続でも変換できる。　例：itta → いった
ん：子音の前のみ n でも変換できる。　例：panda → ぱんだ
ー：キーボードの キーで入力できる。
※「ヴ」のひらがなはありません。

用語集

API（エーピーアイ）
Application Programming Interfaceの略称。外部のサービスを利用するための決まった手続きや方法のことをいう。例えばホームページに地図を挿入するには、地図サービスのAPIを使う。ただし、APIキーの取得には専門知識が必要で、無料で利用できないこともあるため、HTMLソースを利用して、地図を埋め込んでもいい。
→HTMLソース

APIキーを利用せずに、HTMLソースを取得して地図などをホームページに追加できる

FTP（エフティーピー）
File Transfer Protocolの略称。パソコンのファイルをプロバイダーのサーバーに転送するときに使う仕組み。
→サーバー

FTPアカウント（エフティーピーアカウント）
サイトやホームページの転送のためにFTPサーバーに接続するためのユーザーIDとパスワードのこと。プロバイダーの接続アカウントとは違うことがある。
→FTPサーバー

FTPサーバー（エフティーピーサーバー）
プロバイダーに用意されている、パソコンのファイルをサーバーに転送するためのサーバーのこと。ホームページのファイルは、FTPサーバーを使ってホームページ公開用のサーバースペースにアップロードする。
→サーバー

GIFファイル（ジフファイル）
Graphics Interchange Formatの略称。256色までの色を使用できる、ホームページでよく使われる画像形式の1つ。

HTML（エイチティーエムエル）
HyperText Markup Languageの略称。ホームページを作成するための言語のこと。ホームページの内容はHTMLで書かれている。ホームページ・ビルダーを使えば、HTMLを知らなくてもホームページを作ることができる。

HTMLソース（エイチティーエムエルソース）
HTMLファイル形式で提供されている動画や地図、アクセスカウンター、時計、アクセス解析、カレンダーなどのパーツのことをHTMLソースと呼ぶ。ホームページ・ビルダーでは、[HTMLソース] パーツを利用してHTMLソースをホームページに埋め込める。

HTMLソースを利用して、YouTubeの動画などを挿入できる

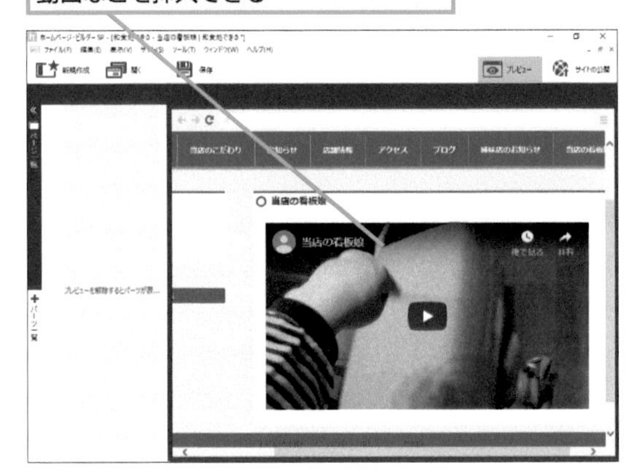

HTMLファイル（エイチティーエムエルファイル）
ホームページを構成する中心となるファイルのこと。HTMLファイルには画像の挿入の指示やリンクの指示などが記述されており、ブラウザーで表示すると画像の表示やリンクの移動ができるようになる。
→HTML、リンク

JPEGファイル（ジェイペグファイル）
Joint Photographic Experts Groupの略称。写真など、フルカラーの画像を保存するのに適した画像形式。ホームページで利用できる。デジタルカメラで撮影した写真は、JPEGファイルとして保存されることが多い。

PNGファイル（ピーエヌジーファイル）
Portable Network Graphicsの略称。画像ファイル形式の1つ。フルカラーの画像を扱える、透明色を設定できるなどの特徴を持つ。

SEO（エスイーオー）
サーチエンジン最適化（Search Engine Optimization）の略称。一般に、検索サイトになるべく上位に表示させるための手法や技法のことをいう。

SNSボタン（エスエヌエスボタン）
TwitterやFacebookなどのSNS（Social Networking Service）ページをシェアするためのボタンのこと。ページに挿入されたSNSボタンをクリックすると、そのページのURLなどが自分のアカウントでSNSに投稿される。

いいね！ボタンやツイートボタン、LINEで送るボタンを挿入できる

URL（ユーアールエル）
Uniform Resource Locatorの略称。インターネット上の場所を表すためのもの。「アドレス」と呼ばれることもある。ホームページのURLは「http://」か「https://」で始まる。

WordPress（ワードプレス）
ブログや企業や店舗、個人のホームページを作ることができるCMSのこと。ホームページ・ビルダーにはWordPressとの強力な連携機能がある。WordPressを使うには対応したサーバーが必要。
→ホームページ・ビルダー サービス

WordPressテンプレート（ワードプレステンプレート）
ホームページ・ビルダーにあらかじめ用意されているWordPressページを作るためのひな型のこと。WordPressテンプレートを使うと簡単にデザインやレイアウトが整ったWordPressのページを作成できる。
→WordPress、テンプレート

アイテムギャラリー
ホームページに複数の写真を簡単に掲載するためのパーツ。アイテムリストと呼ばれるデータに写真を登録すると、その写真をまとめてホームページに挿入できる。

画像を一覧で表示するリストを作成し、好きな画像を追加できる

アクセス解析
ホームページを訪問しにきた人の情報を収集する仕組み。または、収集したデータを集計したりグラフ化して分析すること。

ウェブアートデザイナー
ホームページ・ビルダーに付属している、ページに挿入するための素材を作成するためのソフトウェア。写真を加工したり、テンプレートで用意されているボタンや写真などの素材を組み合わせて画像を作成できる。

画像の編集や加工ができるソフトウェアが付属している

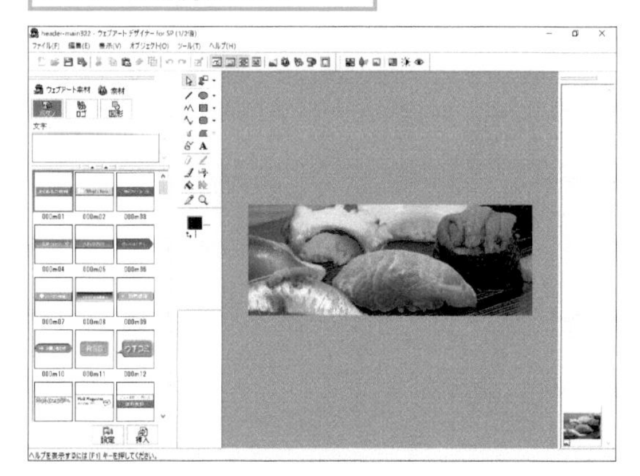

改行
文章の途中で行を分ける操作のこと。[Ctrl] キーを押しながら [Enter] キーを押すと、文章の途中で改行できる。

[Enter] キーを押すと、カーソルの前後で段落に分かれる

和食処できるは、「地元のお客様に楽しいひと時を過ごしていただきたい」という思
たお店です。この街で生まれた大将が、日々精進しております。

四季折々の旬の素材にこだわった料理の数々を、どうぞお楽しみください。

[Ctrl]＋[Enter]キーを押すと、文章内で改行される

和食処できるは、「地元のお客様に楽しいひと時を過ごしていただきたい」という思
たお店です。この街で生まれた大将が、日々精進しております。
四季折々の旬の素材にこだわった料理の数々を、どうぞお楽しみください。

お知らせ

ガイドメニュー
ホームページ・ビルダー SPを起動したときに最初に表示される画面のこと。ガイドメニューに表示される案内に従ってホームページ・ビルダーを操作すれば、テンプレートからホームページの骨格を作成できる。

ホームページ・ビルダー SPを起動すると、ガイドメニューが表示される

インターネットに接続されていない状態で起動すると、ガイドメニューにメッセージが表示される

拡張子
ファイル名の後ろに付加する「.」以降の部分。例えば、「index.html」の拡張子は「.html」となる。

キャンバス
ウェブアートデザイナーを起動した後に表示される白い長方形の領域のこと。キャンバスで写真やイラストなどの素材を一時的に置きながら作業を行う。キャンバス上で素材を重ねることで新しい画像を作成できる。キャンバスのサイズは後から自由に変更が可能。
→ウェブアートデザイナー

パソコンにある画像やテンプレートの素材をキャンバスに読み込んで加工ができる

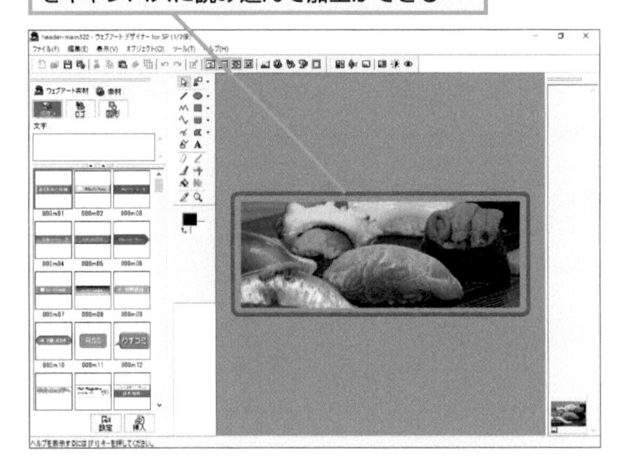

更新
すでにあるページを編集したり、サイトに新しいページを作ること。ホームページ・ビルダー上でサイトを更新してからプロバイダーのサーバーにファイルを転送することで、サーバー上のサイトも同様に更新される。
→サーバー

コンテンツ
一般的にコンテンツは「内容」という意味を持つ。ホームページのコンテンツは、ホームページに書かれている内容という意味を持つ。また、1つのテーマで作られたホームページ全体を「コンテンツ」と呼ぶこともある。

サーバー
常にインターネットに接続されていて、ほかのコンピューターやパソコンにさまざまな機能やデータを提供するためのコンピューターのこと。ホームページは「Webサーバー」(ウェブサーバー) と呼ばれるサーバーを利用している。また、メールを配信するメールサーバーもサーバーの1つ。

サーバー容量
サーバーで利用できるハードディスクの容量のこと。単にディスク容量と呼ばれることもある。

サイトナビゲーション
サイト内のページへのリンクが設定されたメニューのこと。「ナビゲーションメニュー」や単に「ナビゲーション」と呼ばれることもある。利用者はサイトナビゲーションをクリックすることで、サイト内のさまざまなページをブラウザーに表示できる。通常はサイト内のすべてのページにサイトナビゲーションが設定される。

テンプレートを利用すると、コンテンツへのリンクが設定されたメニューが挿入される

スマートフォン向けのサイトでは、サイトナビゲーションの開閉を設定できる

ショートカットメニュー
マウスの右ボタンをクリックしたときに表示されるメニューのこと。「コンテキストメニュー」と呼ばれることもある。ショートカットメニューは、マウスポインターの位置や選択されている対象によって異なった内容が表示される。

編集対象のオブジェクトやパーツを右クリックして操作できる

書体
→フォント

[スタート] メニュー
ソフトウェアを起動するときに使うWindowsのメニュー。ホームページ・ビルダーは、デスクトップや[スタート] メニューから起動する。Windows 8.1には[スタート] メニューはなく、[Windows] キーを押したときに[スタート] 画面が表示され、そこからホームページ・ビルダーを起動できる。

Windows 10では、[スタート] メニューからでも起動が可能

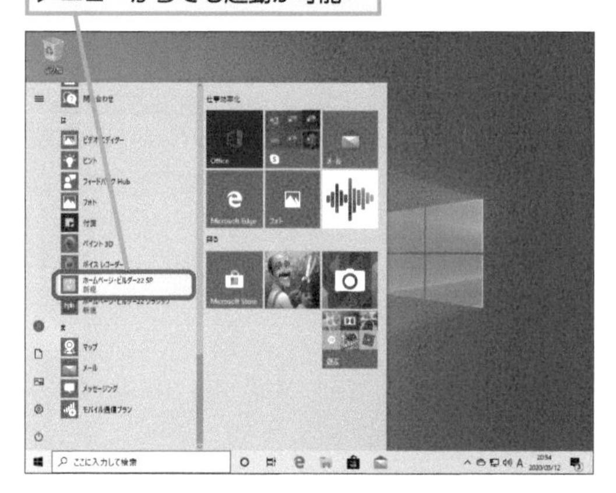

Windows 8.1では、アプリビューかデスクトップのショートカットアイコンで起動できる

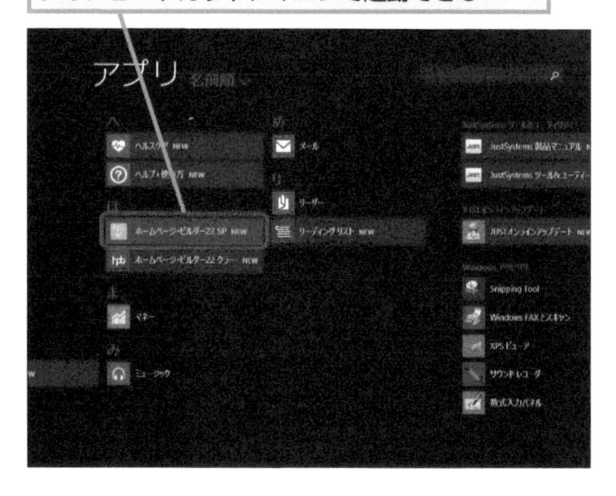

属性
ページ内に配置された要素の性質を定義するためのもの。文字には色などの属性が、画像には基になるファイル名などの属性がある。

ターゲット
ターゲット（target）は、「的」や「目標」という意味の言葉。例えば、リンクの設定時にリンク先のページをどのウィンドウで表示するかをターゲットの項目で設定できる。
→リンク

タイムライン
一般的には時系列で表示される投稿や書き込みのことをタイムラインという。FacebookやTwitterなどで利用される。ホームページ・ビルダーでは、Twitterのタイムラインをページに挿入できる。

自分がTwitterで投稿したメッセージをページ内に表示できる

段落
文章を1つのまとまりにしたもの。ページに文章を挿入するには、段落を作ってその段落に文章を入力する。

通常サイト
ホームページ・ビルダー SPで作成できるサイトの種類の1つで、テンプレートを元に、ページの追加や削除、文字や写真の編集、デザインの変更、パーツの追加などを施して作成するホームページまたはサイトのこと。

定義リスト
辞書のように見出しと内容のペアで構成される箇条書きのこと。

ディレクトリ
ファイルを整理、分類するための入れ物。名前の付いた引き出しのようなもので、ファイルはディレクトリに格納される。なお、パソコンのハードディスクでは「フォルダー」という言葉が使われ、インターネットのサーバーでは「ディレクトリ」という言葉が使われるが、どちらも同じ意味。

テキスト形式
読み書きできる文字や改行などで構成された内容のファイルやファイル内の形式のこと。テキスト形式ではないファイルのことは、バイナリ形式と呼ばれる。

テキストボックス
文字の入力や編集ができる領域のこと。パーツにマウスポインターを合わせて、フォーカス枠が表示された領域のテキストボックスをクリックすると、カーソルが表示され、文字の入力や編集が可能になる。テンプレートを利用した場合、見出しと本文のテキストボックスがあらかじめセットで用意されていることが多い。

テンプレートを利用すれば、見出しや本文のテキストボックスをすぐに利用できる

テンプレート
ひな形のこと。テンプレートを元にしてホームページを作成できる。ホームページ・ビルダーにはデザインやレイアウトが異なるさまざまなテンプレートが用意されている。

ホームページの用途や目的に応じて、さまざまなカテゴリーが用意されている

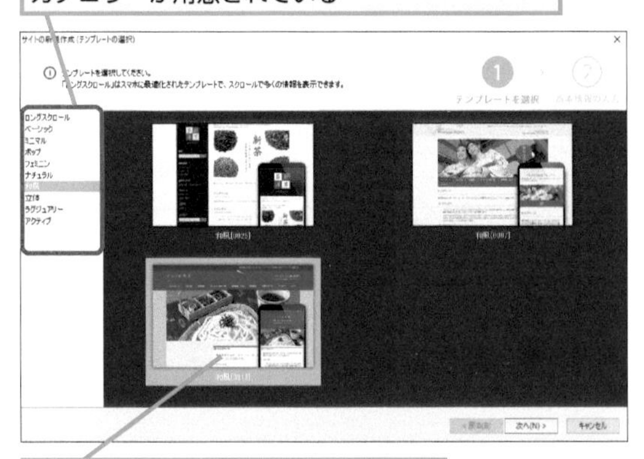

カテゴリーの中から好きなデザインのテンプレートを選択できる

テンプレートギャラリー

ひな形のこと。テンプレートを元にしてホームページを作成できる。ホームページ・ビルダーにはデザインやレイアウトが異なるさまざまなテンプレートが用意されている。

ウェブアートデザイナーを起動すると、一覧から素材を選べる

トップページ

ホームページの入り口となるページのこと。一般的に目次の役目を持つページのことを指す。単にホームページと呼ばれることもある。

→リンク

ナビバー

ホームページ・ビルダーのツールバーの上にあるボタンの集まりのこと。ホームページ・ビルダーでよく使う機能を呼び出せる。

[新規作成][開く][サイトの公開]など、よく使う項目が表示されている

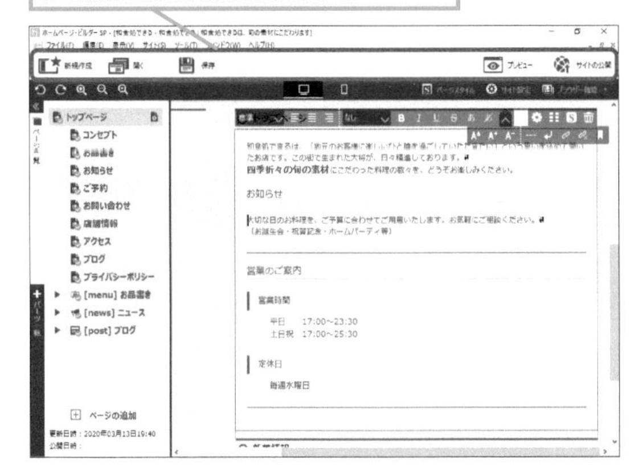

パーツ

ページに挿入できる部品のこと。サイトナビゲーション、ページタイトル、テキストボックス、リスト/定義リスト、表などさまざまなものがある。ホームページ・ビルダーSPでは、パーツを挿入してページを作成する。

パーツ一覧ビュー

パーツの一覧が表示されるウィンドウのこと。ホームページ・ビルダーSPで利用できる。

ページに挿入できるパーツが一覧で表示される

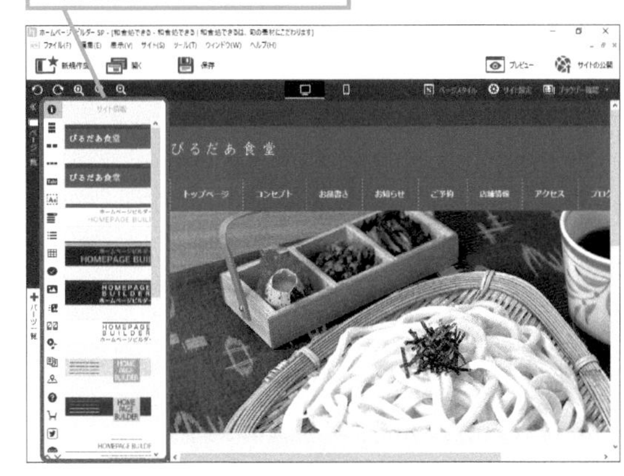

[パーツのプロパティ]ボタン

プロパティとは属性という意味を持つ。ホームページ・ビルダーSPで[パーツのプロパティ]ダイアログボックスを表示するためのボタンのこと。[パーツのプロパティ]でパーツの外見や詳細を設定できる。

歯車の形をした[パーツのプロパティ]で、パーツの見た目や配置方法を変更できる

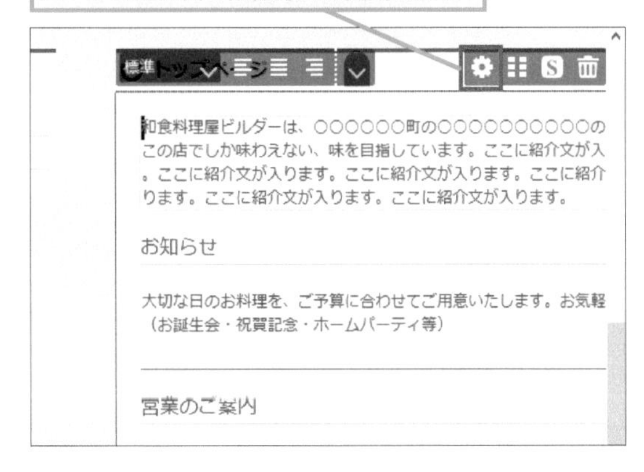

ハイパーリンク

ホームページから別のホームページへと移動する手段のこと。文字や画像にリンクを設定すると、その文字や画像をクリックしたときに、別のホームページへ移動できる。「リンク」と省略されることもある。

→リンク

ハンドル

画像を選択したときに表示される四角いマークのこと。ハンドルをドラッグすれば、画像の大きさを変更できる。

画像に表示される白いハンドルをドラッグして、大きさを変更できる

ピクセル

画面を構成する最小単位のことで、「ドット」や「画素」とも呼ばれる。画像の大きさはピクセルの単位で表現される。

フォーカス枠

ホームページ・ビルダーで操作の対象を示すための枠のこと。さまざまな操作は、フォーカス枠で囲まれているオブジェクトに対して実行される。

→オブジェクト

編集可能な領域には、黄緑色のフォーカス枠が表示される

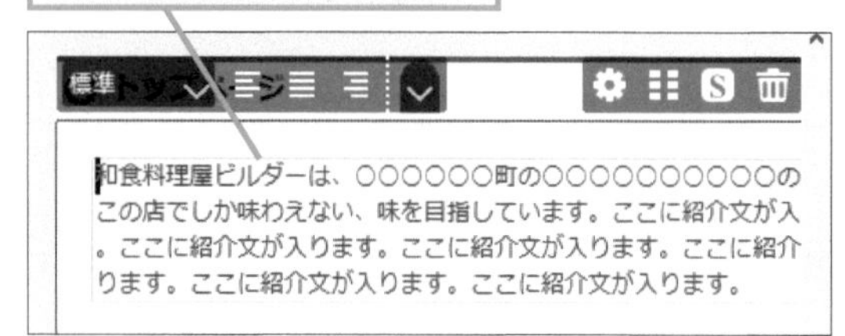

フォトモーション

さまざまな動きや効果を持った画像のこと。画像をスクロールさせたり、スライドショー形式で表示させたりできる。

画像の一覧を横方向にスクロールさせながら表示できる

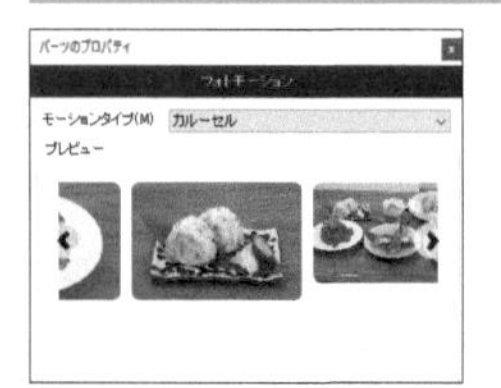

フォルダー

→ディレクトリ

フォント

文字の書体のこと。ページに入力した文字の書体を変えることで、文字の形を変化させられる。

ページ

ホームページ・ビルダーでは、編集中の1つのファイルをページと呼ぶ。「ページを編集する」とはホームページのファイルの1つを修正するという意味。

ページ一覧ビュー

ホームページ・ビルダー SPで、サイト内のページが表示されるウィンドウのこと。

サイトに含まれる、すべてのページが一覧で表示される

ページタイトル

ページタイトルとは、内容を簡潔に表す見出しのこと。ページを見た人がひと目でページの内容を理解できるような内容にしておく。テンプレートから作成したページには、ページタイトルがあらかじめ挿入されている。

→テンプレート

テンプレートから作成したページには、ページタイトルがはじめから挿入されている

ホームページ
ブラウザーで閲覧でき、サーバーから提供される情報のこと。Webページ（ウェブページ）や単にページと呼ばれることもある。もともとはトップページと呼ばれるサーバーの最も上位にあるページだけを示す言葉だったが、現在ではWebサーバーからの情報を総称する用語として使われる。
→サーバー、トップページ、ページ

ホームページ・ビルダー SP
テンプレートから作成したページにパーツと呼ばれる部品を配置していくことでホームページを作成する新しいホームページ・ビルダー。ホームページ・ビルダー18など、以前のバージョンで作成したサイトやページを開くことはできない。

ホームページ・ビルダー クラシック
以前のバージョンと互換を持つホームページ・ビルダー。ホームページ・ビルダー 18以前で作成したサイトを開いて編集することができる。

ホームページ・ビルダー サービス
ジャストシステムが提供しているホームページを開設するためのサービス。独自ドメインを使ったホームページを作ることができる。

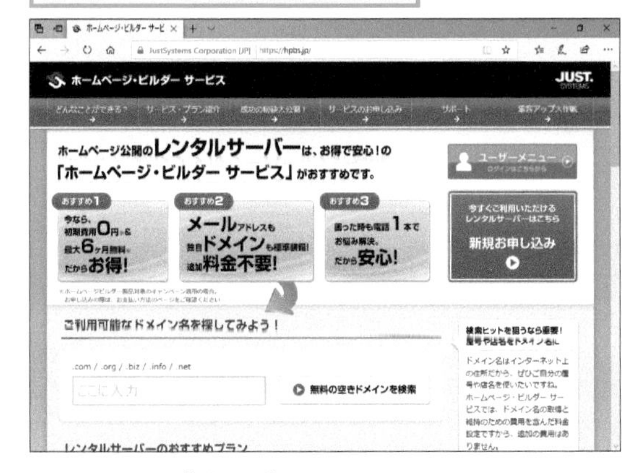

ホスティングサービス
インターネットのサーバーを貸与するサービスのこと。一般的にプロバイダーが提供するホームページのサービスよりも高機能や高性能のことが多い。
→サーバー

ボタン
ホームページに挿入できるパーツの1つ。ボタンにURLを設定しておくと、ボタンをクリックしたときにブラウザーに別のページを表示できる。

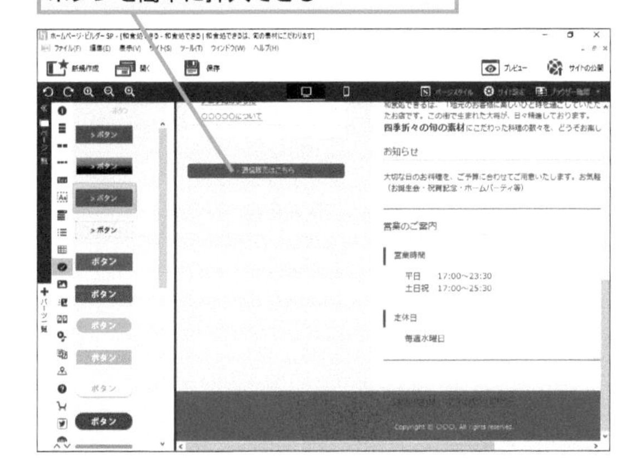

見出し
ホームページに挿入できる部品の1つ。見出しには1〜4までの4つのレベルがある。

リスト
箇条書きのこと。リストは行頭にマークやシンボルが配置された箇条書きのことを表す。

リンク
ページから別のページへ移動するための手段。文字や画像にリンクを設定すると、その文字や画像をクリックしたときに、別のページへ移動できる。
→ハイパーリンク、ページ

レイアウト
配置という意味を持つ言葉。ページ内に文字や画像を配置することを指して、ページをレイアウトするという。
→ページ

レスポンシブデザイン
レスポンシブ・ウェブ・デザインと呼ばれることもある。ブラウザーの種類や画面のサイズによって最適化されるホームページのデザイン技法。ホームページ・ビルダー SPで作成したページはレスポンシブデザインに対応しているため、パソコンのブラウザーだけではなく、スマートフォンのブラウザーでも最適なデザインで表示される。

ロゴ
会社名や商品名、ホームページの名称などを独自の字体やデザインで表現したもののこと。

索　引

索引

索引

タ

ナ

ハ

できるサポートのご案内

できるシリーズの書籍の記載内容に関する質問を下記の方法で受け付けております。

電話　FAX　インターネット　封書によるお問い合わせ

質問の際は以下の情報をお知らせください

①**書籍名・ページ**
②書籍の裏表紙にある**書籍サポート番号**
③お名前　④電話番号
⑤質問内容（なるべく詳細に）
⑥ご使用のパソコンメーカー、機種名、使用OS
⑦ご住所　⑧FAX番号　⑨メールアドレス

※電話の場合、上記の①～⑤をお聞きします。
FAXやインターネット、封書での問い合わせについては、各サポートの欄をご覧ください。

裏表紙

■書籍サポート番号

書籍サポート番号
000000

定価：本体 0,000円+税

書籍サポート番号
000000

9784844300000

00000000000000

第1章 — Windows 10をはじめよう
第2章 — Windows 10を使えるようにしよう

ISBN978-4-8443-0000-0
C3055 ¥0000E

※裏表紙にサポート番号が記載されていない書籍は、サポート対象外です。なにとぞご了承ください。

回答ができないケースについて（下記のような質問にはお答えしかねますので、あらかじめご了承ください。）

●書籍の記載内容の範囲を超える質問
書籍に記載していない操作や機能、ご自分で作成されたデータの扱いなどについてはお答えできない場合があります。

●できるサポート対象外書籍に対する質問

●ハードウェアやソフトウェアの不具合に対する質問
書籍に記載している動作環境と異なる場合、適切なサポートができない場合があります。

●インターネットやメールの接続設定に関する質問
プロバイダーや通信事業者、サービスを提供している団体に問い合わせください。

サービスの範囲と内容の変更について

●該当書籍の奥付に記載されている初版発行日から3年が経過した場合、もしくは該当書籍で紹介している製品やサービスについて提供会社によるサポートが終了した場合は、ご質問にお答えしかねる場合があります。
●なお、都合により「できるサポート」のサービス内容の変更や「できるサポート」のサービスを終了させていただく場合があります。あらかじめご了承ください。

電話サポート 0570-000-078（月～金 10:00～18:00、土・日・祝休み）

・**対象書籍をお手元に用意**いただき、**書籍名**と**書籍サポート番号**、**ページ数**、**レッスン番号**をオペレーターにお知らせください。確認のため、お客さまのお名前と電話番号も確認させていただく場合があります
・サポートセンターの対応品質向上のため、通話を録音させていただくことをご了承ください
・多くの方からの質問を受け付けられるよう、1回の質問受付時間はおよそ15分までとさせていただきます
・質問内容によっては、その場ですぐに回答できない場合があることをご了承ください
※本サービスは無料ですが、**通話料はお客さま負担**となります。あらかじめご了承ください
※午前中や休日明けは、お問い合わせが混み合う場合があります　※一部の携帯電話やIP電話からはご利用いただけません

FAXサポート　0570-000-079（24時間受付・回答は2営業日以内）

・必ず上記①～⑧までの情報をご記入ください。メールアドレスをお持ちの場合は、メールアドレスも記入してください（A4の用紙サイズを推奨いたします。記入漏れがある場合、お答えしかねる場合がありますので、ご注意ください）
・質問の内容によっては、折り返しオペレーターからご連絡をする場合もございます。あらかじめご了承ください
・FAX用質問用紙を用意しております。下記のWebページからダウンロードしてお使いください
https://book.impress.co.jp/support/dekiru/

インターネットサポート https://book.impress.co.jp/support/dekiru/（24時間受付・回答は2営業日以内）

・上記のWebページにある「できるサポートお問い合わせフォーム」に項目をご記入ください
・お問い合わせの返信メールが届かない場合、迷惑メールフォルダーに仕分けされていないかをご確認ください

封書によるお問い合わせ
（郵便事情によって、回答に数日かかる場合があります）

〒101-0051
東京都千代田区神田神保町一丁目105番地
株式会社インプレス できるサポート質問受付係

・必ず上記①～⑦までの情報をご記入ください。FAXやメールアドレスをお持ちの場合は、ご記入をお願いいたします（記入漏れがある場合、お答えしかねる場合がありますので、ご注意ください）
・質問の内容によっては、折り返しオペレーターからご連絡をする場合もございます。あらかじめご了承ください

本書を読み終えた方へ
できるシリーズのご案内

※1：当社調べ　※2：大手書店チェーン調べ

Windows 関連書籍

できるWindows 10
2020年改訂5版　特別版小冊子付き

法林岳之・一ヶ谷兼乃・清水理史&できるシリーズ編集部
定価：本体1,000円＋税

基本操作から便利な最新機能まで、Windows 10の知りたいことが満載！電話サポートと動画解説が付いているから安心して読み進められる。

できるWindows10 パーフェクトブック
困った！&便利ワザ大全 2020年改訂5版

広野忠敏&できるシリーズ編集部
定価：本体1,480円＋税

Windows 10の基本操作から最新機能、便利ワザまで詳細に解説。1,000を超えるワザ&キーワード&ショートカットキーで、知りたいことがすべて分かる！

できるゼロからはじめるパソコン超入門
ウィンドウズ 10対応 令和改訂版

法林岳之&できるシリーズ編集部
定価：本体1,000円＋税

大きな画面と文字でいちばんやさしいパソコン入門書。操作に自信がなくても迷わず操作できる！一部レッスンは動画による解説にも対応。

Office 関連書籍

できるWord 2019
Office 2019/Office 365両対応

田中 亘&できるシリーズ編集部
定価：本体1,180円＋税

文字を中心とした文書はもちろん、表や写真を使った文書の作り方も丁寧に解説。はがき印刷にも対応しています。翻訳機能など最新機能も解説！

できるExcel 2019
Office 2019/Office 365両対応

小舘由典&できるシリーズ編集部
定価：本体1,180円＋税

Excelの基本を丁寧に解説。よく使う数式や関数はもちろん、グラフやテーブルなども解説。知っておきたい一通りの使い方が効率よく分かる。

できるPowerPoint 2019
Office 2019/Office 365両対応

井上香緒里&できるシリーズ編集部
定価：本体1,180円＋税

見やすい資料の作り方と伝わるプレゼンの手法が身に付く、PowerPoint入門書の決定版! PowerPoint 2019の最新機能も詳説。

できるOutlook 2019
Office 2019/Office365両対応

ビジネスに役立つ情報共有の基本が身に付く本

山田祥平&できるシリーズ編集部
定価：本体1,480円＋税

メールのやりとり予定表の作成、タスク管理など、Outlookの使いこなしを余すことなく解説。明日の仕事に役立つテクニックがすぐ身に付く。

読者アンケートにご協力ください！

https://book.impress.co.jp/books/1119101130

このたびは「できるシリーズ」をご購入いただき、ありがとうございます。
本書はWebサイトにおいて皆さまのご意見・ご感想を承っております。
気になったことやお気に召さなかった点、役に立った点など、
皆さまからのご意見・ご感想をお聞かせいただき、
今後の商品企画・制作に生かしていきたいと考えています。
お手数ですが以下の方法で読者アンケートにご回答ください。
ご協力いただいた方には抽選で毎月プレゼントをお送りします！

※プレゼントの内容については、「CLUB Impress」のWebサイト（https://book.impress.co.jp/）をご確認ください。

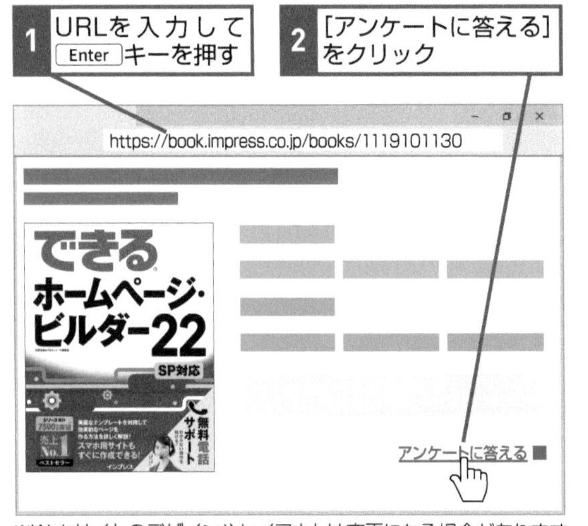

※Webサイトのデザインやレイアウトは変更になる場合があります。

本書のご感想をぜひお寄せください　https://book.impress.co.jp/books/1119101130

「アンケートに答える」をクリックしてアンケートにご協力ください。アンケート回答者の中から、抽選で**商品券（1万円分）**や**図書カード（1,000円分）**などを毎月プレゼント。当選は賞品の発送をもって代えさせていただきます。はじめての方は、「CLUB Impress」へご登録（無料）いただく必要があります。

読者登録サービス CLUB Impress 登録カンタン 費用も無料！
アンケートやレビューでプレゼントが当たる！

本書の内容に関するお問い合わせは、無料電話サポートサービス「できるサポート」をご利用ください。詳しくは220ページをご覧ください。

■著者

広野忠敏（ひろの　ただとし）

1962年新潟市生まれ。パソコンやプログラミング、インターネットなど幅広い知識を生かした記事を多数執筆。走ることが趣味になってしまい、年に数回程度フルマラソンの大会にも出場する「走るフリーランスライター」。主な著書は『できるWindows 10 パーフェクトブック 困った！＆便利ワザ大全 2020年改訂5版』『できるパソコンで楽しむマインクラフト プログラミング入門 Microsoft MakeCode for Minecraft対応』『できるAccess 2016 Windows 10/8.1/7対応』『できるAccess 2019 Office 2019/Office 365両対応』（以上インプレス）など。また、「こどもとIT プログラミングとSTEM教育」（Impress Watch）などのWeb媒体にも記事を執筆している。

STAFF

本文オリジナルデザイン　川戸明子
シリーズロゴデザイン　山岡デザイン事務所<yamaoka@mail.yama.co.jp>
カバーデザイン　鳥海稚子（Office ZASSO）
本文イメージイラスト　フクイヒロシ
本文イラスト　松原ふみこ・福地祐子
撮影　若林直樹（STUDIO海童）
撮影協力　門前仲町 囃子や
http://tabelog.com/tokyo/A1313/A131303/13196293/
編集制作　高木大地

デザイン制作室　今津幸弘<imazu@impress.co.jp>
鈴木　薫<suzu-kao@impress.co.jp>

編集長　大塚雷太<raita@impress.co.jp>

オリジナルコンセプト　山下憲治

■商品に関する問い合わせ先
このたびは弊社商品をご購入いただきありがとうございます。本書の内容などに関するお問い合わせは、下記のURLまたは二次元バーコードにある問い合わせフォームからお送りください。

https://book.impress.co.jp/info/

上記フォームがご利用いただけない場合のメールでの問い合わせ先
info@impress.co.jp

※お問い合わせの際は、書名、ISBN、お名前、お電話番号、メールアドレス に加えて、「該当するページ」と「具体的なご質問内容」「お使いの動作環境」を必ずご明記ください。なお、本書の範囲を超えるご質問にはお答えできないのでご了承ください。

●電話やFAXでのご質問は、220ページの「できるサポートのご案内」をご確認ください。また、封書でのお問い合わせは回答までに日数をいただく場合があります。あらかじめご了承ください。
●インプレスブックスの本書情報ページ https://book.impress.co.jp/books/1119101130 では、本書のサポート情報や正誤表・訂正情報などを提供しています。あわせてご確認ください。
●本書の奥付に記載されている初版発行日から3年が経過した場合、もしくは本書で紹介している製品やサービスについて提供会社によるサポートが終了した場合はご質問にお答えできない場合があります。

■落丁・乱丁本などの問い合わせ先
FAX 03-6837-5023
service@impress.co.jp
※古書店で購入された商品はお取り替えできません。

できるホームページ・ビルダー22 SP対応(エスピーたいおう)

2020年5月11日 初版発行
2024年7月1日 第1版第5刷発行

著　者　広野忠敏(ひろのただとし)&(アンド)できるシリーズ編集部(へんしゅうぶ)

発行人　小川 亨

編集人　清水栄二

発行所　株式会社インプレス
〒101-0051 東京都千代田区神田神保町一丁目105番地
ホームページ https://book.impress.co.jp/

印刷所　株式会社ウイル・コーポレーション
ISBN978-4-295-00876-7 C3055

Printed in Japan